Christian Hopmann/Walter Michaeli/Helmut Greif/Leo Wolters
Technologie der Kunststoffe

Bleiben Sie auf dem Laufenden!

Hanser Newsletter informieren Sie regelmäßig über neue Bücher und Termine aus den verschiedenen Bereichen der Technik. Profitieren Sie auch von Gewinnspielen und exklusiven Leseproben. Gleich anmelden unter
www.hanser-fachbuch.de/newsletter

Die Internet-Plattform für Entscheider!

- **Exklusiv:** Das Online-Archiv der Zeitschrift Kunststoffe!
- **Richtungweisend:** Fach- und Brancheninformationen stets top-aktuell!
- **Informativ:** News, wichtige Termine, Bookshop, neue Produkte und der Stellenmarkt der Kunststoffindustrie

Immer einen Click voraus!

Christian Hopmann
Walter Michaeli
Helmut Greif
Leo Wolters

Technologie der Kunststoffe

Lern- und Arbeitsbuch
für die Aus- und Weiterbildung

4., aktualisierte Auflage

HANSER

Die Autoren:
Prof. Dr.-Ing. Christian Hopmann, Institut für Kunststoffverarbeitung (IKV), Aachen
Prof. Dr.-Ing. Dr.-Ing. E.h. Walter Michaeli, ehemals Institut für Kunststoffverarbeitung (IKV), Aachen
Dr. Helmut Greif M. A., AGIT GmbH, Aachen
Dipl.-Ing. Leo Wolters, Institut für Kunststoffverarbeitung (IKV), Aachen

Bibliografische Information der Deutschen Nationalbibliothek:

Die Deutsche Nationalbibliothek verzeichnet diese Publikation in der Deutschen Nationalbibliografie; detaillierte bibliografische Daten sind im Internet über <http://dnb.ddb.de> abrufbar.

Die Wiedergabe von Gebrauchsnamen, Handelsnamen, Warenbezeichnungen usw. in diesem Werk berechtigt auch ohne besondere Kennzeichnung nicht zu der Annahme, dass solche Namen im Sinne der Warenzeichen- und Markenschutzgesetzgebung als frei zu betrachten wären und daher von jedermann benutzt werden dürften.

Alle in diesem Buch enthaltenen Verfahren bzw. Daten wurden nach bestem Wissen dargestellt. Dennoch sind Fehler nicht ganz auszuschließen. Aus diesem Grund sind die in diesem Buch enthaltenen Darstellungen und Daten mit keiner Verpflichtung oder Garantie irgendeiner Art verbunden. Autoren und Verlag übernehmen infolgedessen keine Verantwortung und werden keine daraus folgende oder sonstige Haftung übernehmen, die auf irgendeine Art aus der Benutzung dieser Darstellungen oder Daten oder Teilen davon entsteht.

Dieses Werk ist urheberrechtlich geschützt. Alle Rechte, auch die der Übersetzung, des Nachdruckes und der Vervielfältigung des Buches oder Teilen daraus, vorbehalten. Kein Teil des Werkes darf ohne schriftliche Einwilligung des Verlages in irgendeiner Form (Fotokopie, Mikrofilm oder einem anderen Verfahren), auch nicht für Zwecke der Unterrichtsgestaltung – mit Ausnahme der in den §§ 53, 54 URG genannten Sonderfälle –, reproduziert oder unter Verwendung elektronischer Systeme verarbeitet, vervielfältigt oder verbreitet werden.

© 2015 Carl Hanser Verlag München
www.hanser-fachbuch.de
Seitenlayout und Herstellung: Der Buch*macher*, Arthur Lenner, München
Coverconcept: Marc Müller-Bremer, www.rebranding.de, München
Coverrealisierung: Stephan Rönigk
Druck und Bindung: Kösel, Krugzell
Printed in Germany

ISBN: 978-3-446-44233-7
E-Book-ISBN: 978-3-446-44207-8

Vorwort

Wir freuen uns, dass Sie sich für den Kauf dieses Buches entschieden haben, welches mit dieser Auflage gleichzeitig auch neu als E-Book auf dem Markt erschienen ist.

Die Basis dieses Buches entstand vor etwas mehr als 40 Jahren im Rahmen eines mehrjährigen Forschungsprojektes mit dem Ziel nach geeigneten Methoden der Wissensvermittlung am Beispiel der Kunststofftechnologie zu suchen und diese zu entwickeln. Im Jahre 1976 erschien eine erste Auflage als Lernprogramm Technologie der Kunststoffe, welches vom Institut für Kunststoffverarbeitung an der RWTH Aachen unter der Beteiligung des Instituts für Erziehungswissenschaft der RWTH Aachen gemeinsam entwickelt wurde.

Die Herausgeber waren Prof. Georg Menges (Leiter des Instituts für Kunststoffverarbeitung an der RWTH Aachen), Prof. Johannes Zielinski (Direktor des Instituts für Erziehungswissenschaft der RWTH Aachen) sowie Ulrich Porath als wissenschaftlicher Mitarbeiter am Institut für Kunststoffverarbeitung.

Das Vorwort der ersten Auflage im Jahre 1976 begann mit der Aussage:

„Kunststoffe sind aus unserem täglichen Leben nicht mehr wegzudenken. Wir nehmen diesen Werkstoff ganz selbstverständlich zur Hand, ohne uns mit ihm näher auseinandergesetzt zu haben...."

Diese Aussage gilt heute, nahezu 40 Jahre später umso mehr, da der Werkstoff Kunststoff in nahezu allen Lebensbereichen Anwendungsgebiete erschlossen hat und auch zukünftig weitere erschließen wird.

Die vorliegende überarbeitete Neuauflage des Lern- und Arbeitsbuches verfolgt nach wie vor das gleiche Ziel, dem Leser in die Welt der Kunststoffe einzuführen und die wesentlichen Grundlagen zum Werkstoff und zur Be- und Verarbeitung zu vermitteln. Das Buch wurde mit den letzten Auflagen sowie mit der hier vorliegenden Auflage fachlich, technisch sowie pädagogisch neu überarbeitet. An dieser Stelle sei allen, die an den Überarbeitungen der verschiedenen Auflagen mitgewirkt haben, Dr. Johannes Thim, Hans Kaufmann, Prof. Walter Michaeli sowie Franz-Josef Vossebürger herzlich gedankt.

Wir wünschen Ihnen viel Spaß beim Lernen und Arbeiten mit dieser neuen Auflage.

Die Autoren   September, 2015

Inhalt

Vorwort V

Hinweise   Arbeiten mit dem Lern- und Arbeitsbuch XIII

Einführung   Kunststoff – ein künstlicher Stoff? 1

Lektion 1   **Grundlagen der Kunststoffe** 5
                1.1 Was sind „Kunststoffe"? 6
                1.2 Woraus macht man Kunststoffe? 6
                1.3 Wie teilt man Kunststoffe ein? 7
                1.4 Wie werden Kunststoffe bezeichnet? 8
                1.5 Welche physikalischen Eigenschaften haben Kunststoffe? 9
                Erfolgskontrolle zur Lektion 1 13

Lektion 2   **Rohstoffe und Polymersynthese** 15
                2.1 Rohstoffe für Kunststoffe 16
                2.2 Monomere und Polymere 17
                2.3 Synthese des Polyethylens 19
                Erfolgskontrolle zur Lektion 2 21

Lektion 3   **Polymersyntheseverfahren** 23
                3.1 Polymerisation 24
                3.2 Polykondensation 26
                3.3 Polyaddition 29
                Erfolgskontrolle zur Lektion 3 31

Lektion 4	**Bindungskräfte in Polymeren** 33
	4.1 Bindungskräfte innerhalb von Molekülen 34
	4.2 Zwischenmolekulare Bindungskräfte 34
	4.3 Einfluss der Temperatur 35
	Erfolgskontrolle zur Lektion 4 37
Lektion 5	**Einteilung der Kunststoffe** 39
	5.1 Bezeichnung der Kunststoffgruppen 40
	5.2 Thermoplaste 40
	5.3 Vernetzte Kunststoffe (Elastomere und Duroplaste) 42
	5.4 Be- und Verarbeitungsverfahren 44
	5.5 Formgebungsverfahren thermoplastischer Kunststoffe 45
	Erfolgskontrolle zur Lektion 5 47
Lektion 6	**Formänderungsverhalten von Kunststoffen** 49
	6.1 Verhalten von Thermoplasten 50
	6.2 Amorphe Thermoplaste 50
	6.3 Teilkristalline Thermoplaste 51
	6.4 Verhalten von vernetzten Kunststoffen 53
	Erfolgskontrolle zur Lektion 6 55
Lektion 7	**Zeitabhängiges Verhalten von Kunststoffen** 57
	7.1 Verhalten von Kunststoffen unter Last 58
	7.2 Einfluss der Zeit auf das mechanische Verhalten 59
	7.3 Rückstellverhalten von Kunststoffen 60
	7.4 Temperatur- und Zeitabhängigkeit von Kunststoffen ... 61
	Erfolgskontrolle zur Lektion 7 65
Lektion 8	**Physikalische Eigenschaften** 67
	8.1 Dichte 68
	8.2 Wärmeleitfähigkeit 68
	8.3 Elektrische Leitfähigkeit 69
	8.4 Lichtdurchlässigkeit 71
	8.5 Materialkennwerte von Kunststoffen 72
	Erfolgskontrolle zur Lektion 8 76

Lektion 9	**Grundlagen der Rheologie** 77
	9.1 Rheologie 78
	9.2 Fließ- und Viskositätskurven 80
	9.3 Fließverhalten von Kunststoffschmelzen 81
	9.4 Schmelzeindex 83
	Erfolgskontrolle zur Lektion 9 85
Lektion 10	**Aufbereitung von Kunststoffen** 87
	10.1 Überblick 88
	10.2 Zusatzstoffe und Dosieren 88
	10.3 Mischen 90
	10.4 Plastifizieren 91
	10.5 Granulieren 93
	10.6 Zerkleinern 95
	Erfolgskontrolle zur Lektion 10 96
Lektion 11	**Extrusion** 97
	11.1 Grundlagen 98
	11.2 Extrusionsanlagen 98
	11.3 Coextrusion 107
	11.4 Extrusionsblasformen 107
	Erfolgskontrolle zur Lektion 11 110
Lektion 12	**Spritzgießen** 111
	12.1 Grundlagen 112
	12.2 Spritzgießmaschine 113
	12.3 Werkzeug 117
	12.4 Verfahrensablauf 118
	12.5 Weitere Spritzgießverfahren 122
	Erfolgskontrolle zur Lektion 12 123
Lektion 13	**Faserverstärkte Kunststoffe (FVK)** 125
	13.1 Werkstoffe 126
	13.2 Verfahrensablauf 128
	13.3 Handwerkliche Verarbeitungsverfahren 128

	13.4 Maschinelle Verarbeitungsverfahren	129
	Erfolgskontrolle zur Lektion 13	134
Lektion 14	**Kunststoffschaumstoffe**	135
	14.1 Beschaffenheit von Schaumstoffen	136
	14.2 Herstellung von Schaumstoffen	139
	Erfolgskontrolle zur Lektion 14	142
Lektion 15	**Thermoformen**	143
	15.1 Grundlagen	144
	15.2 Verfahrensschritte	145
	15.3 Technische Anlagen	146
	Erfolgskontrolle zur Lektion 15	148
Lektion 16	**Schweißen von Kunststoffen**	149
	16.1 Grundlagen	150
	16.2 Verfahrensschritte	150
	16.3 Schweißverfahren	151
	Erfolgskontrolle zur Lektion 16	158
Lektion 17	**Mechanische Bearbeitung von Kunststoffen**	159
	17.1 Grundlagen	160
	17.2 Technische Verfahren	160
	Erfolgskontrolle zur Lektion 17	166
Lektion 18	**Kleben von Kunststoffen**	167
	18.1 Grundlagen	168
	18.2 Einteilung der Klebstoffe	172
	18.3 Die Ausführung der Klebung	173
	Erfolgskontrolle zur Lektion 18	175
Lektion 19	**Kunststoffabfälle**	177
	19.1 Kunststoffabfälle und deren Wiederverwendung	178
	19.2 Kunststoffe in Produktion und Verarbeitung	178
	19.3 Kunststoffprodukte und ihre Lebensdauer	180
	19.4 Abfallvermeidung und Abfallverwertung	182
	Erfolgskontrolle zur Lektion 19	184

Lektion 20	**Recycling von Kunststoffen** 185	
	20.1 Wiederverwertung von Kunststoffabfällen 186	
	20.2 Werkstoffliches Recycling 187	
	20.3 Rohstoffliches Recycling 190	
	20.4 Energetische Verwertung 192	
	Erfolgskontrolle zur Lektion 20 195	
Anhang 21	**Qualifizierung in der Kunststoffverarbeitung** 197	
	21.1 Kunststoffausbildung in der Industrie 198	
	21.2 Kunststoffausbildung im Handwerk 204	
Anhang 22	**Weiterführende Literatur** 207	
Anhang 23	**Glossar** 209	
Anhang 24	**Lösungen** 219	

Arbeiten mit dem Lern- und Arbeitsbuch

Hinweise

■ Einführung

Das vorliegende Buch „Technologie der Kunststoffe" führt in die Welt der Kunststoffe ein. Die Verwendung des Plurals „Kunststoffe" statt der singulären Form „Kunststoff" zeigt schon, dass wir es mit einer Vielzahl unterschiedlicher Werkstoffe zu tun haben, die sich in ihrem Verhalten unter Wärmeeinfluss oder in ihrer Verarbeitbarkeit deutlich voneinander unterscheiden können. Sie werden aber alle der Werkstoffklasse der Kunststoffe zugeordnet, weil sie synthetisch hergestellt sind, was so viel heißt wie neu zusammengesetzt und somit in dieser Form nicht in der Natur vorkommen.

■ Lektionen

Das Lernbuch „Technologie der Kunststoffe" ist in Lerneinheiten unterteilt, die als Lektionen bezeichnet werden. Jede Lektion umfasst einen geschlossenen Themenkreis. Die einzelnen Lektionen sind etwa gleich lang und sind so angelegt, dass sie vom Lernenden in einer Lernsequenz bearbeitet werden können.

■ Leitfragen

Die Leitfragen zu Beginn einer jeden Lektion sollen dem Lernenden helfen, mit bestimmten Fragen an den Lernstoff heranzugehen, die er, nachdem er die Lektion durchgearbeitet hat, beantworten kann.

■ Vorwissen

Die Lektionen müssen nicht in einer bestimmten Reihenfolge bearbeitet werden. Jeder Lektion ist deshalb eine Info zugeordnet, aus dem hervorgeht, welche Lektionen oder Inhalte zum Verstehen der vorliegenden Lektion wichtig sind.

■ Themenkreis

Die Lektionen lassen sich jeweils übergeordneten Themenbereichen zuordnen. Zu Beginn einer jeden Lektion ist deshalb vermerkt, zu welchem Themenkreis die vorliegende Lektion gehört.

■ Erfolgskontrollen

Die Erfolgskontrollen am Ende eines jeden Kapitels dienen dazu, das erarbeitete Wissen zu überprüfen. Von der vorgegebenen Antwortauswahl ist die richtige Antwort auszuwählen und in den im Text vorgesehenen Freiraum einzutragen. Die Richtigkeit der Antworten kann mit Hilfe der Lösungen, die am Ende des Buches zu finden sind, überprüft werden. Falls die ausgewählte Antwort falsch war, sollte der entsprechende Sachverhalt ein weiteres Mal durchgearbeitet werden.

■ Beispiel: „Optische Datenträger" (CD, CD-ROM, DVD, Blue-Ray-Disk)

Um das Verständnis für Kunststoffe zu erhöhen und das Denken in Zusammenhängen zu verbessern, wurde als Beispiel ein Formteil aus Kunststoff ausgewählt, das sich in vielen Lektionen des Buches wiederfindet. An diesem Produkt wird gezeigt, warum zum Beispiel ein bestimmter Kunststoff zur Herstellung von „Optischen Datenträgern", wie etwa die CD besonders gut geeignet ist und auch gefragt, ob sich dieser Kunststoff wiederverwerten lässt.

Zusätzliche Informationen: Literatur, Glossar, Berufsbild. Der Anhang liefert für den interessierten Leser ergänzendes Material zu den Kunststoffen. Anhand der ausgewählten Literaturliste kann er sich über weiterführende Fachliteratur informieren. Das Glossar soll zu einem einheitlichen Verständnis der verwendeten

Begriffe beitragen, und es kann als eine Art Kurz-Lexikon verwendet werden. Die Informationen zum Berufsbild der/des „Verfahrensmechaniker/Verfahrensmechanikerin für Kunststoff- und Kautschuktechnik" sowie Werkstoffprüfer/Werkstoffprüferin Fachrichtung Kunststoff bieten die Möglichkeit, sich genauer über die Aufgaben dieser Kunststoffberufe und die unterschiedlichen Fachrichtungen sowie über die Weiterbildungsmöglichkeiten und Aufstiegschancen in diesem Berufsbereich zu informieren.

Einführung

Kunststoff – ein künstlicher Stoff?

Leitfragen Wo begegnen uns Kunststoffe im Alltag?
Seit wann verwendet der Mensch Kunststoffe?
Woraus ist die Compact Disc (CD) hergestellt?

Inhalt Kunststoffe – Teil unseres Alltags
Kunststoffe – vielseitige Werkstoffe
Kunststoffe – junge Werkstoffe

■ Kunststoffe – Teil unseres Alltags

Kunststoffe ...

In unserer Umgebung haben sich Kunststoffe im täglichen Gebrauch als völlig selbstverständlich durchgesetzt. Man macht sich weder bei der Verwendung von Gefrierbeuteln noch bei der Benutzung von Handys Gedanken darüber, warum diese Produkte aus Kunststoff sind.

Warum werden zunehmend mehr Getränkeflaschen aus Kunststoff statt aus Glas eingesetzt?

... sind leicht

Hier spielt das Gewicht die entscheidende Rolle. Die leichtere Kunststoffflasche ist genügend stabil, um die darin abgefüllten Flüssigkeiten zu transportieren. Sie ist energiesparender herzustellen und spart durch den Transport des leichteren Gewichtes Kraftstoff sowie CO_2 ein. Auch der Verbraucher profitiert von dem leichteren Gewicht der Kunststoffflasche beim Transport.

Warum sind Stromkabel mit Kunststoff und nicht etwa mit Porzellan oder Stoffgewebe ummantelt?

... isolieren gegen Strom und können flexibel sein

Die Ummantelung aus Kunststoff ist flexibler als Porzellan und robuster als das Stoffgewebe und isoliert das Kabel doch genauso gut, wenn nicht noch besser.

Warum ist ein Kühlschrank von innen mit Kunststoff verkleidet?

... dämmen gegen Wärme

Weil der Kunststoff zum einen robust ist und zum anderen die Wärme schlecht leitet und sich so die niedrigen Temperaturen besser halten lassen.

... dämmen gegen Kälte

Umgekehrt verhält es sich z. B. bei der Isolierung von Häusern. Hier helfen geschäumte Kunststoffe die Wärme länger im Haus zu halten. Heizkosten, aber auch der CO_2-Ausstoß werden deutlich reduziert.

Warum ist die CD aus Kunststoff?

... können gute optische Eigenschaften besitzen

Weil der Kunststoff Polycarbonat (PC) so lichtdurchlässig wie Glas ist. Gleichzeitig ist er leichter als Glas und nicht zerbrechlich.

... sind preiswerte Werkstoffe

Hinzufügen muss man bei allen Beispielen natürlich auch den Preis. Kunststoffe zu verwenden, ist vor allem bei Massenartikeln oft die preiswertere technische Lösung. Warum das so ist, und welche Probleme dabei oft beiseitegelassen werden (z. B. die Abfallbeseitigung), werden wir später betrachten.

■ Kunststoffe – vielseitige Werkstoffe

Holz
Natur-Kautschuk

Vor der Entwicklung der Kunststoffe lieferte ausschließlich die Natur leichte Werkstoffe. Holz lässt sich leicht verarbeiten, ist fest und biegsam und mit Hilfe spezieller Verfahren auch dauerhaft verformbar. Natur-Kautschuk, ein Rohstoff des Gummis, ist elastisch und dehnbar.

natürliche Werkstoffe

Mit den Eigenschaften der Naturstoffe konnte der Mensch jedoch nicht alle technischen Probleme lösen. So suchte man nach neuen Stoffen, die eben die geforderten

Eigenschaften erfüllten. Den Chemikern gelang es erst in unserem Jahrhundert, den Molekularaufbau der natürlichen Werkstoffe wie z. B. Kautschuk so weit zu erforschen, dass man in der Lage war, diese Stoffe künstlich herzustellen.

Die heute hergestellten Kunststoffe sind den natürlichen Werkstoffen in ihren Eigenschaften oft weit überlegen. Für die unterschiedlichsten Zwecke besitzt man jetzt Stoffe, deren Eigenschaften an die jeweilige Anwendung ideal angepasst sind.

ideale Eigenschaften

Einem Kunststoffteil kann man von außen nicht ansehen, für welche Zwecke es am besten geeignet ist. Dazu müsste man etwas über den inneren Aufbau des Werkstoffs wissen. Dann hat man beispielsweise Informationen über Dichte, Leitfähigkeit, Durchlässigkeit oder Löslichkeit, die sogenannten werkstoffspezifischen Eigenschaften.

werkstoffliche Eigenschaften

■ Kunststoffe – junge Werkstoffe

Die gezielte Umwandlung von Naturstoffen in die heute unter dem Namen „Kunststoffe" bekannten Materialien begann im 19. Jahrhundert. Eine wirtschaftliche Bedeutung erlangten sie jedoch erst in den dreißiger Jahren des letzten Jahrhunderts, als das Modellbild vom Aufbau der Kunststoffe von Prof. Hermann Staudinger entwickelt wurde. Der deutsche Chemiker H. Staudinger (1881 bis 1965) erhielt 1953 für diese Forschungen den Nobelpreis.

Modellbild Kunststoffe

Nobelpreis

Der weltweite Aufschwung der Kunststoffindustrie begann nach dem Zweiten Weltkrieg. Zunächst wurde als Ausgangsmaterial Kohle verwendet, erst Mitte der fünfziger Jahre erfolgte die Umstellung auf Erdöl. Der Vorteil dieser Umstellung lag darin, dass man die bis dahin wertlosen Raffinationsanteile, die beim Cracken (to crack = brechen) von Rohöl als Spaltprodukte abfielen, sinnvoll verwenden konnte. Die stark ansteigende Kunststoffproduktion wurde erst durch die Ölkrise 1973 etwas gebremst. Trotzdem verzeichnen diese Werkstoffe bis heute eine überdurchschnittliche, dynamische Entwicklung.

Erdöl

Die weltweite Produktion von Kunststoffen zeigt eine kontinuierliche Steigerungsrate von 3 bis 5 % pro Jahr.

Substitution von klassischen Werkstoffen

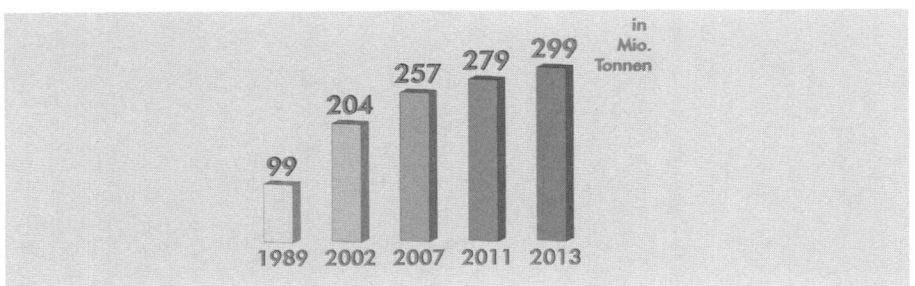

Weltweite Marktentwicklung der Kunststoffe

Der Einsatz von Kunststoffen ist jedoch nur dann optimal, wenn ihre besonderen Merkmale berücksichtigt werden. Gerade bei der Substitution (substituieren = ersetzen) von klassischen Werkstoffen wie Holz oder Metall müssen eine kunststoffgerechte Konstruktion berücksichtigt werden, damit die Kunststoffe ihre vielfältigen Möglichkeiten zur Anwendung bringen können. Die passenden Verarbeitungsverfahren müssen ebenso bekannt sein wie entsprechende Materialkennwerte.

Optische Datenträger   Diese kunststoffgerechte Vorgehensweise bedingt ein grundsätzliches Verständnis der Herstellungs- und Verarbeitungsverfahren sowie des Werkstoffverhaltens. Mit diesem Buch soll ein erster umfassender Überblick über das Thema Kunststoffe gegeben werden. Wir wollen dabei ein modernes Kunststoffteil auf seinem Weg vom Ausgangsmaterial Rohöl bis zu seinem Verbleib als Abfall verfolgen. Dieses Teil wird, z. B. die Compact Disc (CD) oder die DVD sein, die als für jeden bekanntes Produkt besonders geeignet ist, die moderne Kunststoffverarbeitung als Beispiel zu begleiten.

Lektion 1

Grundlagen der Kunststoffe

Themenkreis Grundlagen der Kunststoffe

Leitfragen Wie können Kunststoffe definiert werden?
Woraus stellt man Kunststoffe her?
Wie teilt man Kunststoffe ein?
Aus welchem Kunststoff ist die CD?
Sind Kunststoffe wiederverwertbar?
Welche Eigenschaften haben Kunststoffe?
Wo werden Kunststoffe überall eingesetzt?

Inhalt 1.1 Was sind „Kunststoffe"?
1.2 Woraus macht man Kunststoffe?
1.3 Wie teilt man Kunststoffe ein?
1.4 Wie werden Kunststoffe bezeichnet?
1.5 Welche physikalischen Eigenschaften haben Kunststoffe?

Erfolgskontrolle zur Lektion 1

1.1 Was sind „Kunststoffe"?

Oberbegriff — Der Name „Kunststoff" steht nicht alleine für ein Material. So wie man etwa mit „Metall" nicht nur Eisen oder Aluminium bezeichnet, ist der Name „Kunststoff" der Oberbegriff für viele in Aufbau, Eigenschaften und Zusammensetzung verschiedene Stoffe. Die Eigenschaften der Kunststoffe sind so vielfältig, dass diese oft an die Stelle von herkömmlichen Werkstoffen wie Holz oder Metall treten oder diese ergänzen.

Makromolekül — Die Kunststoffe haben aber alle eins gemeinsam. Sie entstehen durch die Verknäuelung oder Verkettung von sehr langen Molekülketten, den sogenannten Makromolekülen (makro = groß). Diese Makromoleküle bestehen oft aus mehr als 10.000 Einzelbausteinen. In diesen Molekülketten sind die einzelnen Bausteine wie Perlen auf einer Kette hintereinander angeordnet. Man kann sich den Kunststoff ähnlich einem Wollknäuel aus vielen einzelnen Fäden vorstellen. Ein einzelner Faden lässt sich nur sehr schwer aus dem Knäuel herausziehen. Ähnlich ist es auch beim Kunststoff, bei dem sich die Makromoleküle gegenseitig „festhalten". Da die Makromoleküle und damit die Kunststoffe aus vielen Einzelbausteinen, den Monomermolekülen (mono = einzeln, meros = Teil), aufgebaut sind, nennt man sie allgemein auch Polymere (poly = viel).

Definition — Kunststoffe sind Materialien, deren wesentliche Bestandteile aus makromolekularen, organischen Verbindungen bestehen, die synthetisch oder durch Umwandlung von Naturprodukten entstehen. Sie sind in der Regel bei der Verarbeitung unter bestimmten Bedingungen (Wärme, Druck) plastisch formbar oder sind plastisch verformt worden.

1.2 Woraus macht man Kunststoffe?

Monomere — Die Ausgangsstoffe für die Polymere heißen „Monomere". Aus den einzelnen Ausgangsstoffen kann man oft mehrere verschiedene Polymere herstellen, indem man das Herstellungsverfahren ändert oder verschiedene Mischungen herstellt.

Ausgangsstoffe — Die Ausgangsstoffe für die Monomere sind hauptsächlich Erdöl und Erdgas. Da für die Herstellung allein der Kohlenstoff von Bedeutung ist, könnte man theoretisch Monomere auch aus Holz, Kohle oder sogar dem CO_2 in der Luft erzeugen. Diese Stoffe werden aber nicht eingesetzt, weil die Herstellung aus Gas und Öl preiswerter ist. Einige Monomere waren vor vielen Jahren noch Abfallstoffe bei der Herstellung von Benzin oder Heizöl. Der hohe Verbrauch an Kunststoffen macht heute die

Raffinerieprodukte — gezielte Herstellung dieser „Abfallmonomere" in Raffinerien notwendig.

1.3 Wie teilt man Kunststoffe ein?

Man unterscheidet drei große Werkstoffgruppen von Kunststoffen, die in Bild 1.1 aufgeführt und mit Beispielen belegt sind.

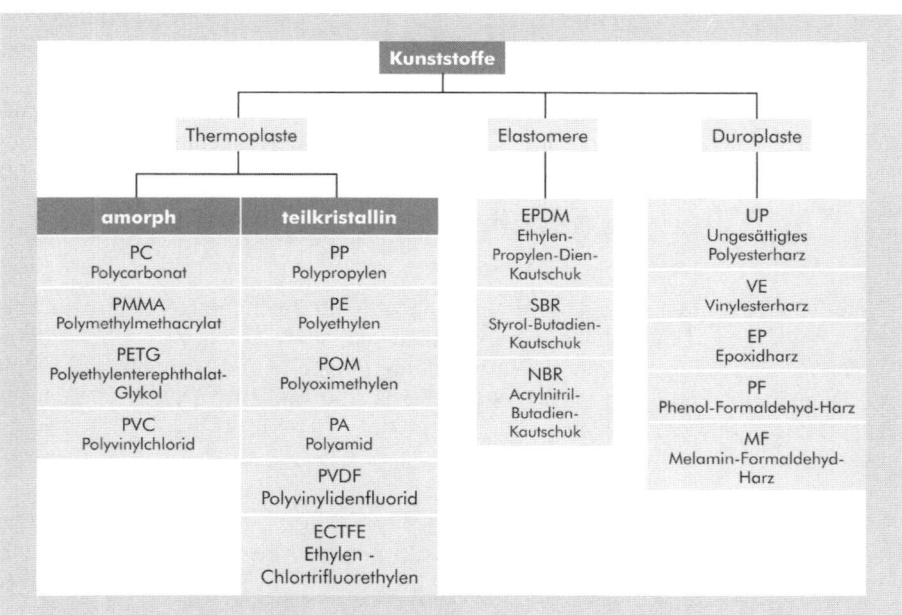

Bild 1.1 Einteilung der Kunststoffe

Thermoplaste (thermos = warm; plasso = bilden, bildsam) sind schmelzbar und löslich. Sie können mehrfach wieder eingeschmolzen werden und sind in vielen Lösemitteln löslich oder zumindest quellbar. Sie sind bei Raumtemperatur weich bis hartzäh oder hartspröde. Man unterscheidet zwischen amorphen (amorph = ungeordnet) Thermoplasten, die im molekularen Ordnungszustand dem Glas ähneln und glasklar sind, und teilkristallinen Thermoplasten, die ein milchig-opakes Aussehen haben. Wenn ein Kunststoff glasklar durchsichtig ist, kann man mit ziemlicher Sicherheit sagen, dass es ein amorpher Thermoplast ist. Thermoplaste machen mengenmäßig den größten Kunststoffanteil aus.

Thermoplaste

amorpher Thermoplast

teilkristalliner Thermoplast

Den Deckel der Hülle unserer CD werden wir also aus einem amorphen Werkstoff herstellen, denn er soll ja durchsichtig sein, um das Titelverzeichnis lesen zu können. Der Kunststoff der CD selbst ist auch durchsichtig. Sie wird von einer Seite zuerst meistens mit Aluminium bedampft (die Aluminiumschicht wirkt wie ein Spiegel) und dann bedruckt, so dass der Laserstrahl nicht durch sie hindurch geht, sondern reflektiert wird.

CD

Duroplaste **Duroplaste** (durus = hart) sind hart, und in allen Raumrichtungen engmaschig vernetzt. Sie sind nicht plastisch verformbar, nicht schmelzbar und dabei sehr temperaturbeständig. Weil Duroplaste räumlich sehr stark vernetzt sind, kann man sie nicht lösen und nur sehr schwer quellen. Bei Raumtemperatur sind sie hart und spröde. Steckdosen werden zum Beispiel aus Duroplasten hergestellt.

Elastomere **Elastomere** (elastisch = federnd; meros = Teil) sind nicht schmelzbar, unlöslich, aber quellbar. Sie sind räumlich weitmaschig vernetzt und deshalb bei Raumtemperatur in elastischweichem Zustand. Ein Beispiel für Elastomere sind Einweckgummis oder Reifen.

■ 1.4 Wie werden Kunststoffe bezeichnet?

DIN EN ISO 1043-1 Nach der DIN EN ISO 1043-1 werden Kunststoffe mit Zeichenfolgen (Kurzzeichen) bezeichnet, die auf ihren chemischen Aufbau schließen lassen. Zusätzliche Buchstaben (Codes) kennzeichnen die Verwendung, Füllstoffe und Grundeigenschaften wie Dichte oder Viskosität nach DIN EN ISO 1043-2 und DIN EN ISO 1043-3. Ein Beispiel ist in Bild 1.2 gegeben.

Bezeichnung des Kunststoffs:
　　PE-HD
Stoffname:
　　lineares Polyethylen hoher Dichte
Kurzzeichen des Polymer-Grundproduktes:
　　PE = Polyethylen
Code-Buchstaben der zusätzlichen Eigenschaften:
　　H = 1. Kennbuchstabe für besondere Eigenschaften: H = hoch
　　D = 2. Kennbuchstabe für besondere Eigenschaften: D = Dichte

Bild 1.2 Beispiel für die normgerechte Kunststoffbezeichnung

Größen und Werte Die zahlreichen hier angegebenen Größen und Werte sollen zunächst einmal nur zur Kenntnis genommen werden. Vielleicht lesen Sie sich diesen Abschnitt nach der Lektüre dieses Buches noch einmal durch, um viele der bis jetzt noch unbekannten Begriffe wie „Formmasse" oder „MFR-Wert" (Melt Flow Rate), der die Fließfähigkeit des Kunststoffs beschreibt, richtig einordnen zu können.

1.5 Welche physikalischen Eigenschaften haben Kunststoffe?

Kunststoffe sind leicht

Kunststoffe sind typische Leichtbauwerkstoffe, in aller Regel sind sie leichter als Metalle oder Keramik. Weil manche Kunststoffe leichter als Wasser sind, können diese auf der Wasseroberfläche schwimmen. Sie werden als Leichtbauteile zum Bau von Flugzeugen, in der Automobilproduktion sowie für Verpackungen oder Sportgeräte verwendet. Zum Beispiel ist Aluminium drei Mal so schwer und Stahl acht Mal so schwer wie der Kunststoff Polyethylen (PE). *Leichtbauwerkstoffe*

Die CD dreht sich mit einer Geschwindigkeit von 200 bis 500 Umdrehungen pro Minute. Damit der Motor des CD-Players schnell anfahren und trotzdem klein bleiben kann, ist es wichtig, dass die CD leicht ist. *CD*

Kunststoffe lassen sich leicht verarbeiten

Die Verarbeitungstemperatur von Kunststoffen erstreckt sich von Raumtemperatur bis etwa 250 °C und in einigen Sonderfällen auch bis 400 °C. Durch diese niedrige Temperatur, die für Stahl bei über 1400 °C liegt, ist die Verarbeitung nicht so aufwendig, und es wird relativ wenig Energie benötigt. Dies ist ein Grund für die ziemlich niedrigen Fertigungskosten auch komplizierter Teile. Die verschiedenen Verarbeitungsverfahren wie Spritzgießen oder Extrudieren werden später noch ausführlich vorgestellt. *Verarbeitungstemperatur*

Kunststoffe lassen sich gezielt in ihren Eigenschaften optimieren

Die niedrige Verarbeitungstemperatur ermöglicht auch die Einarbeitung von Zusätzen vielfältiger Art, wie Farbstoffe, Füllstoffe (z. B. Holzmehl, Mineralpulver), Verstärkungsmittel (z. B. Glas- oder Kohlenstofffasern) und Treibmittel zur Herstellung von Schaumkunststoffen. *Zusätze*

Färbmittel ermöglichen das Einfärben des Werkstoffs. Ein nachträgliches Lackieren entfällt hierdurch in den meisten Fällen. *Färbmittel*

Anorganische Füllstoffe in Pulver- und Sandform können mit einem hohen Anteil (bis zu 50 %) verwendet werden. Sie steigern den E-Modul und die Druckfestigkeit und machen den Kunststoff teilweise preiswerter. Organische Füllstoffe wie (Textil-) Fasern-Gewebe oder Zellulosebahnen erhöhen die Zähigkeit. Ruß wird z. B. in Autoreifen (Elastomere!) eingearbeitet. Er verbessert die mechanischen Eigenschaften (Abriebbeständigkeit), erhöht die Wärmeleitfähigkeit und Lichtbeständigkeit. *Füllstoffe*

Eine Einarbeitung von Weichmachern (gewisse Ester und Wachse) kann das mechanische Verhalten von hartem Kunststoff bis auf einen elastomerähnlichen Zustand verändern.

Verstärkungsstoffe
Als Verstärkungsstoffe werden z. B. Glas-, Kohle- und Aramidfasern verwendet. Sie kommen in verschiedenen Formen, z. B. als Kurz- oder Langfasern, als Gewebe oder Matten, zum Einsatz. Mit gezielt eingelagerten Fasern kann man die Festigkeit und Steifigkeit um ein Vielfaches steigern.

Treibmittel
Durch Verwendung von Treibmitteln entstehen synthetische Schaumstoffe, deren Dichte sich auf 1/100 des Ausgangsmaterials reduzieren lässt. Schaumstoffe haben besonders gute Dämm- und Isolationseigenschaften und ermöglichen die Herstellung sehr leichter Bauteile.

Kunststoffe haben eine niedrige Leitfähigkeit

Isolierung
Kunststoff isoliert nicht nur elektrischen Strom, wie bei Stromkabeln, sondern dämmt ebenso gegen Kälte oder Wärme. Beispiele sind der Kühlschrank oder die Kunststofftasse. Ihre Wärmeleitfähigkeit ist etwa 1000-mal geringer als bei Metallen.

elektrische Leitfähigkeit
Der Grund für die im Vergleich zu Metallen schlechtere Leitung der Kunststoffe ist, dass sie praktisch keine freien Elektronen haben. Diese Elektronen sind in Metallen für den Transport von Wärme und Strom zuständig. Man kann gerade diese Eigenschaft der Kunststoffe durch Zusatzstoffe sehr stark beeinflussen.

Wärmeleitfähigkeit
Kunststoffe sind somit als Isolationswerkstoff geeignet. Ihre geringe Wärmeleitfähigkeit führt jedoch bei der Verarbeitung zu Problemen, weil zum Beispiel die Schmelzwärme nur sehr langsam ins Werkstoffinnere transportiert wird.

Aufgrund ihrer guten Isolierwirkung können Kunststoffe sich elektrostatisch aufladen. Werden dem Kunststoff leitende Stoffe, wie etwa Metallpulver, vor der Verarbeitung beigemischt, sinkt die Isolationswirkung und damit auch die Neigung zur statischen Aufladung.

Kunststoffe sind beständig gegen viele Chemikalien

Korrosion
Der Bindungsmechanismus der Atome in Kunststoffen ist sehr verschieden von dem der Metalle. Aus diesem Grund sind Kunststoffe nicht so korrosionsgefährdet wie Metalle. Kunststoffe sind zum Teil sehr beständig gegen Säuren, Basen oder wässrige Salzlösungen. Sie sind jedoch in vielen Fällen durch organische Lösemittel wie Benzin oder Alkohol lösbar.

CD
CD-ROM
DVD
Optische Speichermedien wie CD, CD-ROM oder DVD sollten deshalb bei Verschmutzungen nicht mit Terpentin gereinigt werden, weil dieses Mittel den Kunststoff angreifen könnte.

Beim Lösen von Kunststoffen sind die Lösemittel am besten, die eine ähnliche chemische Zusammensetzung wie die Kunststoffe haben. Man sagt: „Ähnliches löst Ähnliches".

Lösemittel

Kunststoffe sind durchlässig

Das Durchdringen eines Stoffs, z. B. eines Gases durch einen anderen Werkstoff, bezeichnet man als Diffusion. Die hohe Durchlässigkeit für Gase infolge größerer Molekülabstände bzw. niedrigerer Dichte ist manchmal nachteilig. Diese Durchlässigkeit ist jedoch bei verschiedenen Kunststoffen unterschiedlich groß. Gerade diese Durchlässigkeit lässt sich aber für manche Anwendungen wie z. B. Membranen für Meerwasserentsalzungsanlagen, bei bestimmten Verpackungsfolien oder etwa einem Organersatz praktisch einsetzen.

Diffusion

Um geeignete Kunststoffe für das jeweilige Anwendungsgebiet zu finden, kann man solche Werkstoffkennwerte wie die Dichte, z. B. aus Herstellerangaben bzw. Datenblättern, entnehmen.

Werkstoffkennwerte

Kunststoffe sind wiederverwertbar

Kunststoffe lassen sich mit Hilfe unterschiedlicher Methoden wiederverwenden bzw. -verwerten. Man spricht dann von Recycling. Ist ein wirtschaftliches Wiederverwerten nicht möglich, können verschiedene Kunststoffe auch unter Energiegewinnung verbrannt werden.

Recycling

Bei einigen Stoffen ist die Verbrennung allerdings problematisch und bedarf einer gezielten Verbrennungstechnik sowie einer speziellen Filtertechnik. Insbesondere bei Kunststoffen, die Chlor enthalten (wie PVC) oder Fluor (wie PTFE, bekannter z. B. unter dem Handelsnamen Teflon), müssen die dabei entstehenden Gase entsprechend abgesaugt und gefiltert werden.

Verbrennung

Mittlerweile ist die Kennzeichnung von Kunststoffprodukten Pflicht, so dass man bei der Wiederverwertung erkennen kann, aus welchem Kunststoff das Produkt hergestellt worden ist. So können die Abfälle nach Sorten getrennt und gezielt rezycliert werden.

Produktkennzeichnung

Weitere Eigenschaften von Kunststoffen

Kunststoffe sind teilweise flexibel. Ihre Elastizitätsmoduln sowie ihre Festigkeiten sind breit gefächert, liegen jedoch meist wesentlich niedriger als die entsprechenden Eigenschaften der Metalle. Vielfach ist die hohe Flexibilität ein Vorteil für die Fertigung und Anwendung.

Flexibilität

Schlagzähigkeit | Eine Reihe von Kunststoffen hat im Vergleich zum mineralischen Glas bessere Schlagzähigkeit bei gleich guten optischen Eigenschaften. Das heißt, Kunststoffe zerbrechen nicht so schnell wie Glas, sind dafür aber auch nicht so kratzfest. Deshalb treten Kunststoffe immer mehr an die Stelle von Glas, zum Beispiel im Bauwesen und Automobilbau oder im Bereich der Optiken.

Bei transparenten Kunststoffen bietet neben der besseren Schlagzähigkeit auch das geringere Gewicht einen Vorteil gegenüber mineralischem Glas. So kann im Automobilbau nicht nur Gewicht eingespart sondern auch der Schwerpunkt des Fahrzeugs gesenkt werden. Brillengläser aus Kunststoff sind angenehmer zu tragen als Brillengläser aus Glas.

Erfolgskontrolle zur Lektion 1

Nr.	Frage	Antwortauswahl
1.1	Kunststoffe teilt man in die Gruppen Thermoplaste, Elastomere und _____ _____ ein.	Monomere Duroplaste
1.2	Thermoplaste teilt man in die zwei Untergruppen amorphe Thermoplaste und _____ Thermoplaste ein.	duroplastische teilkristalline
1.3	Thermoplaste sind _____.	schmelzbar nicht schmelzbar
1.4	Duroplaste sind stark vernetzt und deshalb sind sie nicht schmelzbar und _____ _____.	löslich nicht löslich
1.5	Elastomere sind _____ vernetzt.	engmaschig weitmaschig
1.6	Elastomere sind _____.	schmelzbar nicht schmelzbar
1.7	Die meisten Kunststoffe sind _____ als Metalle.	leichter schwerer
1.8	Die Verarbeitungstemperatur von Kunststoffen ist _____ als bei Metallen.	höher niedriger
1.9	Die Durchlässigkeit für Gase ist bei verschiedenen Kunststoffen _____.	gleich unterschiedlich
1.10	Kunststoffe sind sehr _____ Isolatoren für Wärme und Strom.	schlechte gute
1.11	Viele Kunststoffe lassen sich _____.	wiederverwerten nicht wiederverwerten

Lektion 2: Rohstoffe und Polymersynthese

Themenkreis	Chemie der Kunststoffe
Leitfragen	Aus welchen Rohstoffen werden Kunststoffe hergestellt?
	Welche Aufarbeitungsschritte vom Erdöl zu den Ausgangsstoffen von Kunststoffen gibt es?
	Wie sind Kunststoffe aufgebaut?
	Was versteht man unter einem Monomer?
	Was sind Makromoleküle und was sind Kettenelemente?
	Welche Polymersyntheseverfahren gibt es?
Inhalt	2.1 Rohstoffe für Kunststoffe
	2.2 Monomere und Polymere
	2.3 Synthese des Polyethylens
	Erfolgskontrolle zur Lektion 2
Vorwissen	Grundlagen der Kunststoffe (Lektion 1)

2.1 Rohstoffe für Kunststoffe

Kohlenstoff-Chemie

Rohstoffe für die Kunststofferzeugung sind Naturstoffe wie Zellulose, Kohle, Erdöl und Erdgas. Den Molekülen dieser Rohstoffe ist gemeinsam, dass sie Kohlenstoff (C) und Wasserstoff (H) enthalten. Es können auch Sauerstoff (O), Stickstoff (N) oder Schwefel (S) beteiligt sein. Der wichtigste Rohstoff für die Kunststoffe ist das Erdöl.

Erdöl

In Bild 2.1 ist dargestellt, welchen Anteil die verschiedenen Produkte, die aus Erdöl hergestellt werden, am Gesamterdölaufkommen haben. Es wird deutlich, dass nur sechs Prozent des Erdöls zu Kunststoffen weiterverarbeitet wird.

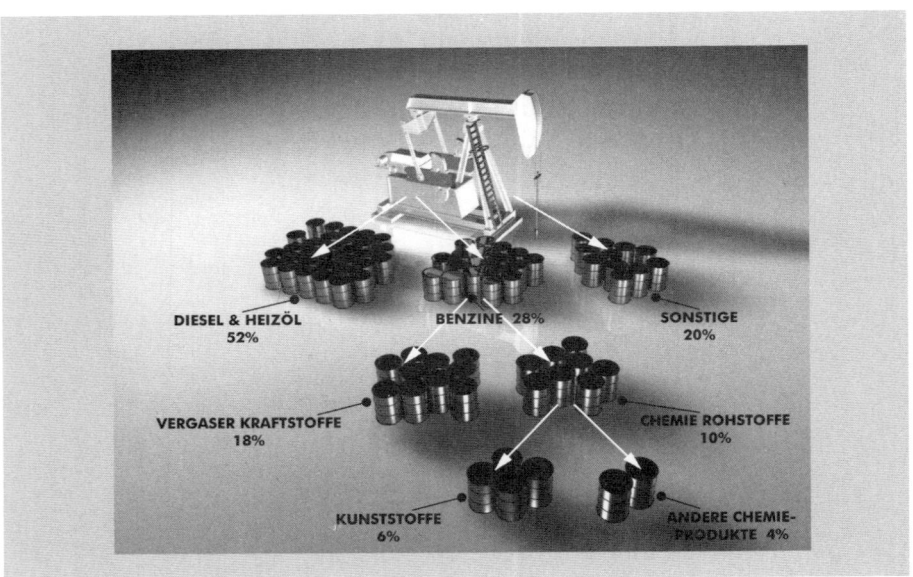

Bild 2.1 Aufteilung der Rohstoffprodukte

Zwischenschritte

Aus Erdöl werden aber nicht direkt Kunststoffe hergestellt. Es sind mehrere Zwischenschritte notwendig.

Destillation

In einer Raffinerie wird das Erdöl durch Destillation (Verfahren zur Trennung von Flüssigkeiten) in seine verschiedenen Bestandteile getrennt. Zur Trennung werden die Siedepunkte dieser verschiedenen Bestandteile benutzt. Es werden getrennt: Gas, Benzin, Petroleum, Gasöl und als Destillationsrückstand bleibt Bitumen übrig, das im Straßenbau verwendet wird.

Cracken

Das für die Kunststoffherstellung wichtigste Destillat ist das Rohbenzin. Das destillierte Benzin wird in einem thermischen Spaltprozess in Ethylen, Propylen, Butylen und andere Kohlenwasserstoffe auseinandergebrochen. Dieser Prozess wird auch als Cracken (to crack = brechen) bezeichnet. Zu welchen Anteilen die einzelnen Spaltprodukte anfallen, lässt sich über die Prozesstemperatur steuern. Zum Beispiel fallen bei 850 °C mehr als 30 % Ethylen an.

Aus Ethylen können in nachfolgenden Reaktionsschritten z. B. noch Styrol und Vinylchlorid gewonnen werden. Diese beiden Stoffe sind ebenso wie Ethylen, Propylen und Butylen Ausgangsstoffe (Monomere), aus denen Kunststoffe hergestellt werden können.

Ausgangsstoffe

Bekanntermaßen brauchen alle Arbeitsprozesse eine gewisse Energie (Druck, Wärme, motorische Leistung etc.). Das Bild 2.2 zeigt, wie energiegünstig Kunststoffprodukte im Vergleich zu anderen Werkstoffen hergestellt werden. In der Grafik ist der Energieaufwand (gerechnet in Tonnen Erdöl) dargestellt, der zur Herstellung verschiedener Produkte benötigt wird.

Energieaufwand

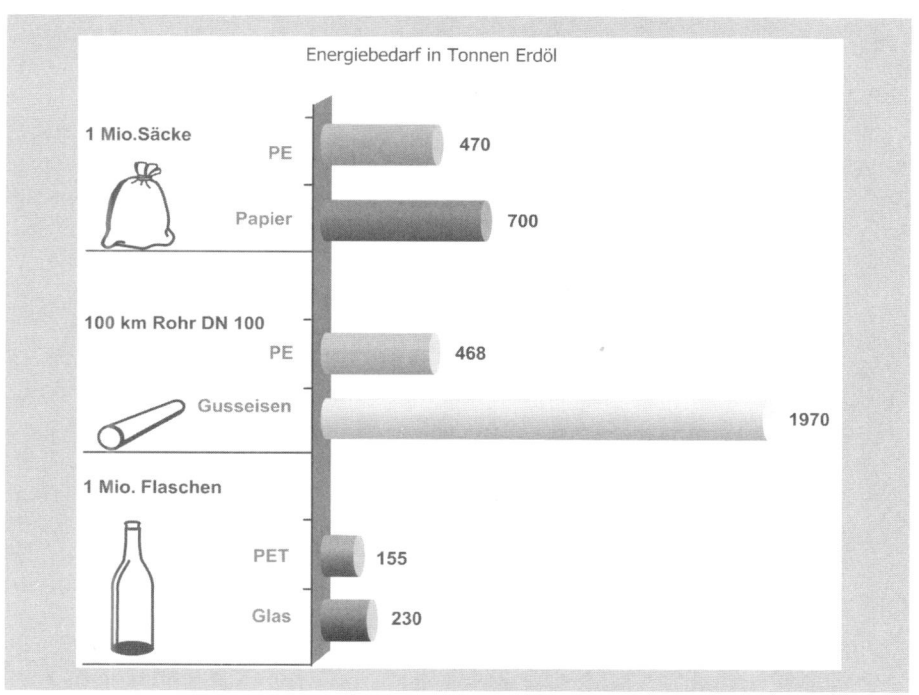

Bild 2.2 Energieaufwand zur Herstellung verschiedener Produkte

■ 2.2 Monomere und Polymere

Man bezeichnet die Ausgangsstoffe von Kunststoffen auch als Monomere (mono = einzeln, meros = Teil). Aus diesen Ausgangssubstanzen lassen sich die Kunststoffmakromoleküle herstellen. Der Begriff Makromolekül leitet sich aus der Größe der

Monomere

Makromoleküle

Kunststoffmoleküle ab (makro = groß), da sie aus vielen Tausend Monomermolekülen entstehen.

Polymer Bevor sich das Makromolekül bildet, liegen die Monomere einzeln vor (Bild 2.3). Der Kunststoff aus vielen dieser Teilchen heißt Polymer (poly = viele). Erst durch eine chemische Reaktion werden die einzelnen Moleküle zum Makromolekül.

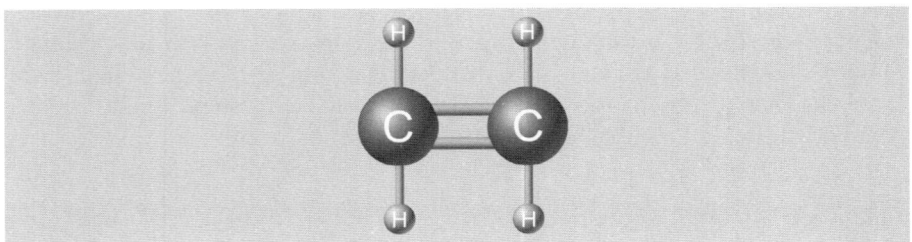

Bild 2.3 Monomermolekül (schematisch am Beispiel von Ethylen)

Kettenbausteine Da die Makromoleküle im einfachsten Fall aus vielen gleichen Monomeren entstehen, bestehen sie aus einer Abfolge von Kettenbausteinen, die sich immer wiederholen (Bild 2.4).

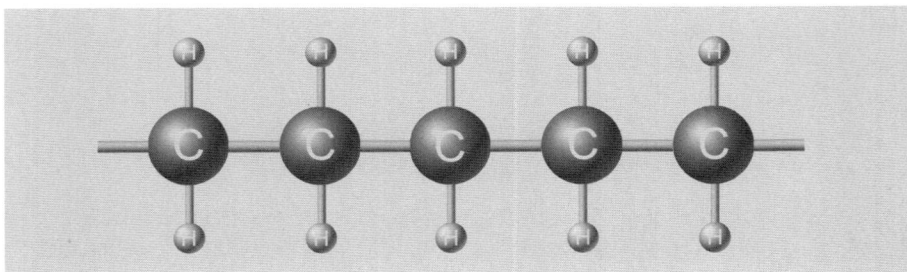

Bild 2.4 Makromolekül (Kettenbausteine am Beispiel von Polyethylen)

Rückgrat Jede Molekülkette hat eine durchgehende Linie von Kettenbausteinen, an der andere hängen, die sich nicht in dieser Linie befinden. Die durchgehende Linie des Makromoleküls, das sogenannte Rückgrat, wird oft allein durch das Element Kohlenstoff (C) gebildet. Manchmal kommen auch Sauerstoff (O) oder Stickstoff (N) vor. Der Kohlenstoff hat die Eigenschaft, dass er leicht mit sich selbst oder auch mit Sauerstoff und Stickstoff Ketten bildet. Bei anderen Elementen ist diese Eigenschaft nicht so ausgeprägt.

Seitenketten Am Rückgrat hängen verschiedene andere Elemente oder Elementgruppen, zum Beispiel Wasserstoff (H). Bestehen die Elementgruppen aus Kettenbausteinen, die auch die eigentliche Molekülkette bilden, so werden sie als Verzweigungen oder Seitenketten bezeichnet. Diese Verzweigungen treten in mehr oder weniger starkem Maße bei allen Kunststoffen auf.

2.3 Synthese des Polyethylens

Ein Beispiel für einen makromolekularen Stoff ist Polyethylen (Bild 2.5). Polyethylen

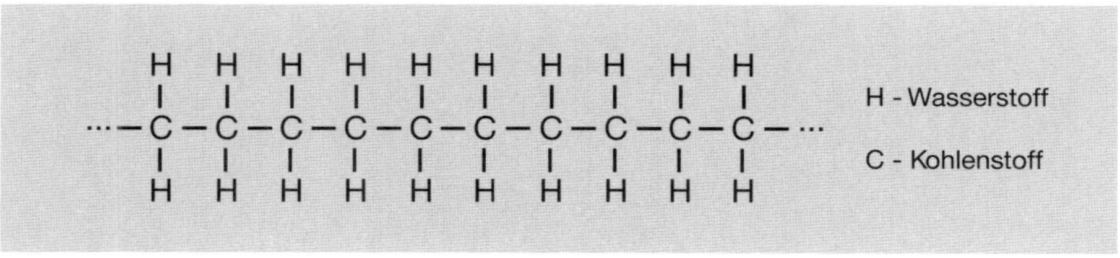

```
      H   H   H   H   H   H   H   H   H   H
      |   |   |   |   |   |   |   |   |   |
···—C — C — C — C — C — C — C — C — C — C —···     H - Wasserstoff
      |   |   |   |   |   |   |   |   |   |
      H   H   H   H   H   H   H   H   H   H        C - Kohlenstoff
```

Bild 2.5 Aufbau eines Polyethylen-Fadenmoleküls

Das Monomer, aus dem sich Polyethylen bildet, heißt Ethylen und besteht nur aus Kohlenstoff und Wasserstoff, wie die Strukturformel in Bild 2.6 zeigt.

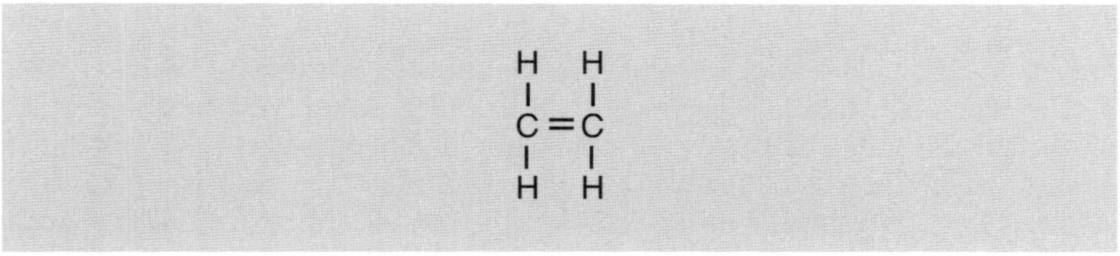

```
    H   H
    |   |
    C = C
    |   |
    H   H
```

Bild 2.6 Strukturformel von Ethylen (Monomer des Polyethylens)

Die Striche im Bild stellen die Bindungen zwischen den Atomen dar. Eine Bindung besteht aus einem Elektronenpaar. Die beiden Striche zwischen den Kohlenstoffatomen stellen die Doppelbindung dar.   Bindung

Die Doppelbindung ist wichtig für die Reaktion zur Bildung des Makromoleküls. Die Ethylenmoleküle werden eines nach dem anderen aktiviert und bilden nach und nach ein Makromolekül, dessen Strukturformel in Bild 2.7 dargestellt ist.   Doppelbindung

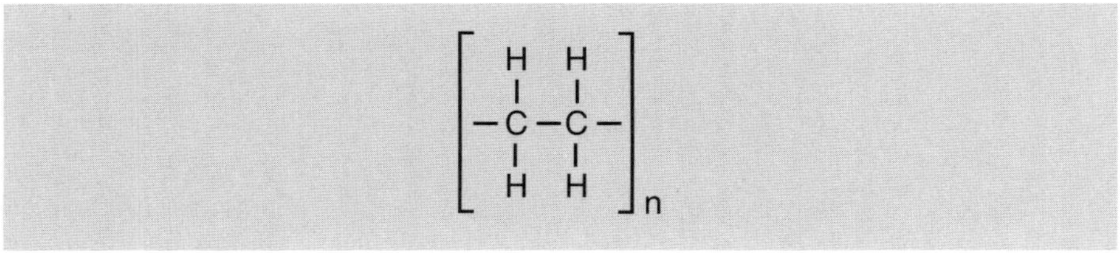

$$\left[\begin{array}{c} H \;\; H \\ | \;\; | \\ -C-C- \\ | \;\; | \\ H \;\; H \end{array} \right]_n$$

Bild 2.7 Strukturformel von Polyethylen (PE)

verknäueln Der Buchstabe „n" steht für die Zahl, welche angibt wie oft sich diese Einheit in einem Makromolekül wiederholt. Sie liegt in der Regel über 10.000. Da sich nicht ein Makromolekül nach dem anderen, sondern gleichzeitig viele Makromoleküle bilden, verknäueln sich diese hierbei (Bild 2.8). Der Kunststoff entsteht.

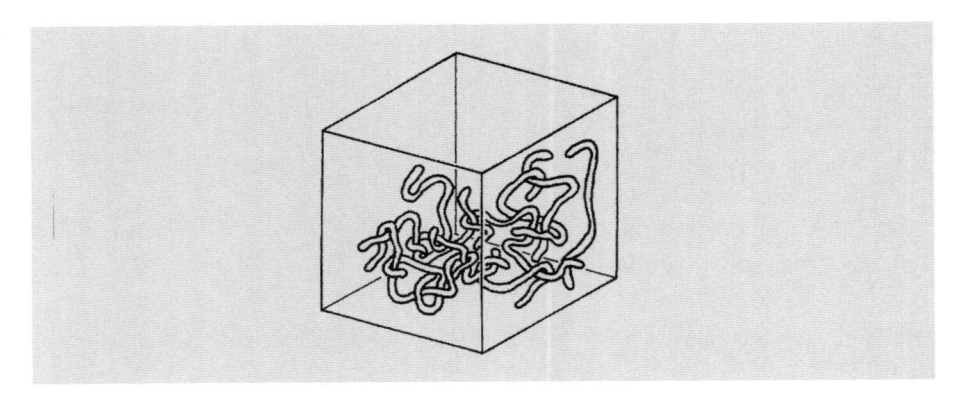

Bild 2.8 Verknäulte Makromoleküle

Verfahren Je nach Monomerart werden die Makromoleküle durch eine andere Reaktion gebildet. Es gibt drei grundsätzlich verschiedene Reaktionen bzw. Verfahren, mit denen die Kunststoffe hergestellt werden. Solche Herstellungsverfahren von Kunststoffen nennt man Syntheseverfahren, weil ein neuer Stoff (hier: ein Kunststoff) aus Bausteinen (hier: Monomere) synthetisiert (synthetisieren = zusammenführen) wird. Die Fachbezeichnung für die Kunststoffe, die nach diesen Verfahren hergestellt werden, lehnt sich an die Verfahrensbezeichnung an (Tabelle 2.1).

Tabelle 2.1 Produktbezeichnung und Beispiele von Kunststoffen

Syntheseverfahren	Produktbezeichnung	Beispiele	Kurzzeichen
Polymerisation	Polymerisate	Polyethylen Polypropylen	PE PP
Polyaddition	Polyaddukte	Epoxidharze Polyurethan	EP PUR
Polykondensation	Polykondensate	Polyamid Polycarbonat	PA PC

Erfolgskontrolle zur Lektion 2

Nr.	Frage	Antwortauswahl
2.1	Die Rohstoffe Kohle, Erdöl und _____ werden zur Kunststofferzeugung benutzt.	Stahl Aluminium Erdgas
2.2	Durch die Verarbeitungsschritte Destillieren und _____ werden aus Erdöl Ausgangsstoffe für Kunststoffe gewonnen.	Veredeln Cracken
2.3	Ausgangsstoffe für Kunststoffe, die aus Erdöl hergestellt werden, sind zum Beispiel Ethylen, Vinylchlorid und _____ .	Petroleum Propylen
2.4	Man kann sich ein Makromolekül als lange _____ vorstellen.	Kette Schnur
2.5	Die chemische Bezeichnung für Moleküle, aus denen der Kunststoff hergestellt wird, heißt allgemein Monomer. Der Kunststoff, der sich aus vielen solcher Einzelteile zusammensetzt, heißt deshalb _____ .	Duroplast Copolymer Polymer
2.6	Das chemische Element _____ bildet in den meisten Fällen die durchgehende Linie (Rückgrat) der Makromoleküle.	Kohlenstoff (C) Sauerstoff (O) Stickstoff (N)
2.7	Die Kurzzeichen von Kunststoffen enthalten an erster Stelle oft den Buchstaben P. Er steht für _____ .	Partiell Poly Partikel
2.8	Nachdem sich die Makromoleküle gebildet haben, liegen sie _____ vor.	verknäult verstreckt
2.9	Das Polyethylen (PE) hat einen sehr einfachen Aufbau. Es setzt sich nur aus den Elementen Wasserstoff (H) und _____ zusammen.	Kohlenstoff (C) Fluor (F) Sauerstoff (O)

Lektion 3: Polymersyntheseverfahren

Themenkreis	Chemie der Kunststoffe
Leitfragen	Was sind die Besonderheiten der Polymerisation und wie ist der Reaktionsablauf?
	Was ist der Unterschied zwischen Homo- und Copolymerisation?
	Was sind die Besonderheiten der Polykondensation und wie ist der Reaktionsablauf?
	Was sind die Besonderheiten der Polyaddition und wie ist der Reaktionsablauf?
	Welche Beispiele für Kunststoffe gibt es, die durch Polymerisation, Polyaddition oder Polykondensation hergestellt werden?
Inhalt	3.1 Polymerisation
	3.2 Polykondensation
	3.3 Polyaddition
	Erfolgskontrolle zur Lektion 3
Vorwissen	Rohstoffe und Polymersynthese (Lektion 2)

3.1 Polymerisation

Doppelbindung im Monomer

Doppelbindung Bei der Polymerisation spielt die Doppelbindung, welche im Monomeren zwischen zwei Kohlenstoffatomen vorliegt, eine entscheidende Rolle. Wir werden das am Beispiel von Vinylchlorid (Bild 3.1) zeigen.

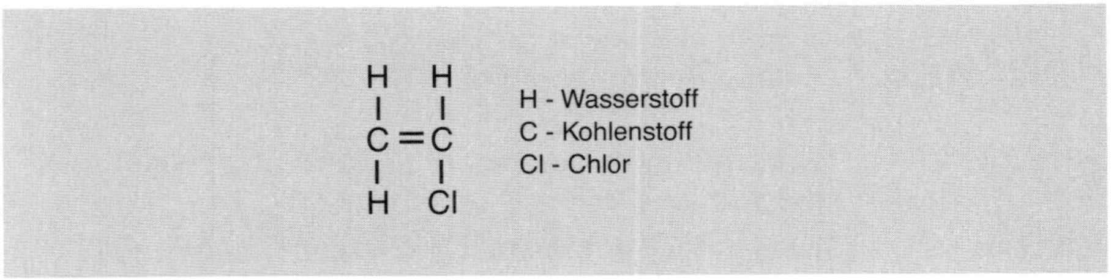

$$\begin{array}{cc} H & H \\ | & | \\ C = C \\ | & | \\ H & Cl \end{array} \quad \begin{array}{l} H - \text{Wasserstoff} \\ C - \text{Kohlenstoff} \\ Cl - \text{Chlor} \end{array}$$

Bild 3.1 Strukturformel von Vinylchlorid

Aufspaltung Auch im Falle des Vinylchlorids besteht jede Bindung des Moleküls aus zwei Elektronen. Die Doppelbindung besteht also aus zwei Bindungen mit je zwei Elektronen. Bei der Doppelbindung lässt sich nun eine der beiden Bindungen relativ leicht aufspalten, das heißt in zwei einzelne (ungepaarte) Elektronen zerlegen.

Bildung der Makromoleküle

Makromoleküle Diese Aufspaltung führt zur Bildung der Molekülkette. Sie beginnt mit der Aufspaltung einer Doppelbindung, die durch ein anderes Teilchen, z. B. ein Radikal, bewirkt wird. Radikale sind Elemente oder Elementgruppen, die hoch reaktiv sind. Das heißt, sie reagieren sehr gern mit anderen Molekülen. Der Grund hierfür ist ein freies einzelnes Elektron, das jedes Radikal hat und das gern eine Bindung mit einem anderen Elektron bilden möchte. Die Aufspaltung der Doppelbindung im Vinylchlorid durch ein Radikal (R) zeigt Bild 3.2.

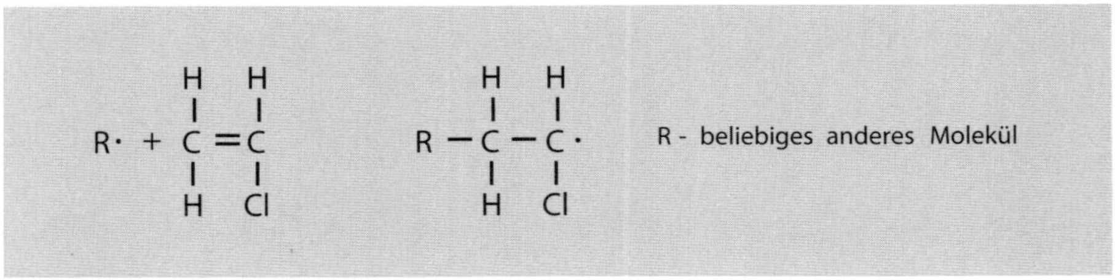

Radikale

$$R \cdot + \begin{array}{cc} H & H \\ | & | \\ C = C \\ | & | \\ H & Cl \end{array} \quad R - \begin{array}{cc} H & H \\ | & | \\ C - C \cdot \\ | & | \\ H & Cl \end{array} \quad R - \text{beliebiges anderes Molekül}$$

Bild 3.2 Aufspaltung der Doppelbindung

Bei der Aufspaltung der Bindung bildet das Elektron des Radikals mit einem Elektron der aufgespaltenen Bindung eine neue Bindung. Das andere Elektron der aufgespaltenen Bindung liegt nun an der anderen Seite des Vinylchlorids vor. Diese Seite mit dem freien Elektron kann nun wieder neue Doppelbindungen aufspalten. So wächst dieser Anfang zu einer langen Kette (Bild 3.3).

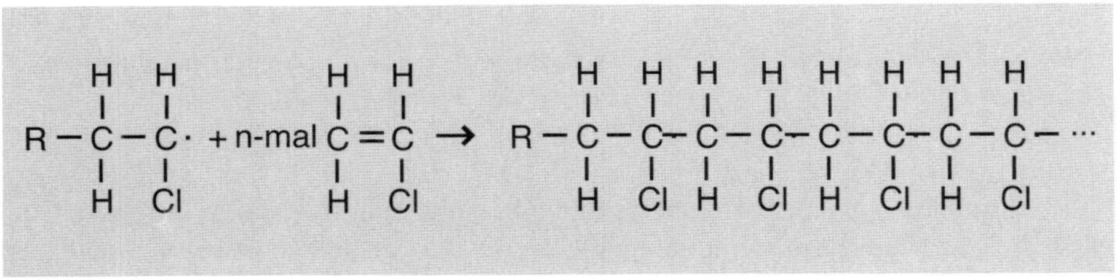

Kettenbildung

$$R-\underset{\underset{H}{|}}{\overset{\overset{H}{|}}{C}}-\underset{\underset{Cl}{|}}{\overset{\overset{H}{|}}{C}}\cdot + n\text{-mal}\ \underset{\underset{Cl}{|}}{\overset{\overset{H}{|}}{C}}=\underset{\underset{H}{|}}{\overset{\overset{H}{|}}{C}} \rightarrow R-\underset{\underset{H}{|}}{\overset{\overset{H}{|}}{C}}-\underset{\underset{Cl}{|}}{\overset{\overset{H}{|}}{C}}-\underset{\underset{H}{|}}{\overset{\overset{H}{|}}{C}}-\underset{\underset{Cl}{|}}{\overset{\overset{H}{|}}{C}}-\underset{\underset{H}{|}}{\overset{\overset{H}{|}}{C}}-\underset{\underset{Cl}{|}}{\overset{\overset{H}{|}}{C}}-\underset{\underset{H}{|}}{\overset{\overset{H}{|}}{C}}-\underset{\underset{Cl}{|}}{\overset{\overset{H}{|}}{C}}-\cdots$$

Bild 3.3 Bildung der Kette

Das Ende dieses Wachstums erfolgt dann, wenn sich zwei Kettenenden oder ein Kettenende und ein Radikal treffen. Da aber zuerst sehr viel mehr Vinylchloridmonomere als Kettenenden oder Radikale vorliegen, werden die Ketten sehr lang, bevor sie aufhören zu wachsen. Für die Eigenschaften des Kunststoffs ist die Länge dieser Ketten von großer Bedeutung. Die Länge wird als Zahl „n" der sich wiederholenden Kettenelemente (Bild 3.4) angegeben.

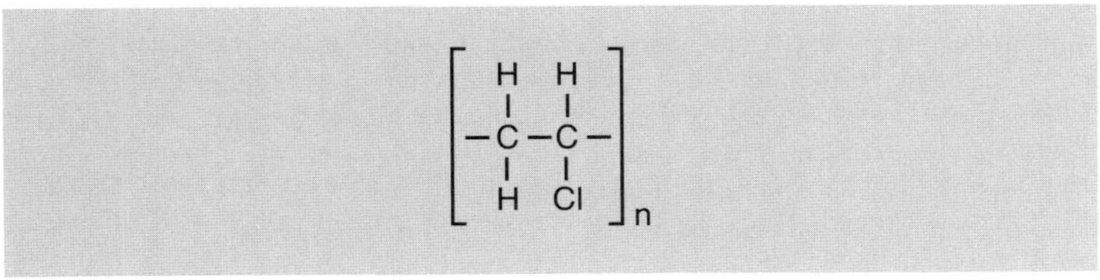

Länge der Kettenelemente

$$\left[-\underset{\underset{H}{|}}{\overset{\overset{H}{|}}{C}}-\underset{\underset{Cl}{|}}{\overset{\overset{H}{|}}{C}}- \right]_n$$

Bild 3.4 Wiederholungseinheit

Die Zahl „n" liegt in der Regel über 10.000. Um eine Vorstellung zu bekommen, wie lang so ein Makromolekül sein kann, stellen wir uns vor, das Molekül sei 1.000.000-mal vergrößert. Dann wäre es 20 cm dick und schon 1 km lang. Kunststoffe, die durch Polymerisation hergestellt werden, nennt man Polymerisate (Tabelle 3.1).

Polymerisate

Tabelle 3.1 Polymerisate und ihre Anwendungen

Polymerisate	Kurzzeichen	Produkte
Polyethylen	PE	Schutz- und Verpackungsfolien, Flaschen, Rohrleitungen, Transportbehälter, Elektrozubehör, Abdeckungen, Armaturen, chemischer Apparatebau
Polypropylen	PP	Gerätegehäuse, Waschmaschinenteile, Elektroinstallation, Rohrleitungen, Armaturen, Apparatebau
Polymethylmethacrylat	PMMA	Verglasungen, Rücklichter, Sanitärteile, Schilder, Linsen, Zeichengeräte, Lichtkuppeln

Merkwort „Kupplung"

Wie kann man sich den Polymerisationsvorgang einprägen? Ein Eisenbahnzug lässt sich nur dann zusammenkoppeln, wenn sich an jedem Waggon vorne und hinten eine Kupplung befindet. Analog hierzu bildet sich eine Makromolekülkette bei der Polymerisation durch das Aneinanderkuppeln der einzelnen Monomere mittels der Elektronen der aufgespaltenen Doppelbindung. Das Merkwort für die Polymerisation ist also Kupplung.

Copolymerisation

Copolymer

Zur Herstellung eines Kunststoffs durch Polymerisation können gleichzeitig eine oder mehrere Sorten von Monomeren benutzt werden. Wird bei der Polymerisation nur ein Monomer verwendet, so entsteht ein Homopolymerisat. Wird das Polymer aus zwei oder mehreren verschiedenen Monomeren hergestellt, so spricht man von einer Copolymerisation (co = mit, zusammen) und ein Copolymer entsteht. Die Anordnung der verschiedenen Monomerbausteine im Copolymer kann unterschiedlich sein. Durch die Wahl der verschiedenen Monomere bei der Copolymerisation können die Eigenschaften des Kunststoffs beeinflusst werden.

■ 3.2 Polykondensation

Polykondensation

Typisch für die Reaktion der Polykondensation ist, dass kleine Moleküle, meistens Wassermoleküle, abgespalten werden. Dieser Vorgang des Abspaltens wird in der organischen Chemie als Kondensation bezeichnet. Daher der Name dieser Art der Kunststoffherstellung. Das Wasser hat die chemische Formel H_2O. Das Wassermolekül setzt sich damit aus zwei Wasserstoffatomen (H) und einem Sauerstoffatom (O) zusammen.

funktionelle Gruppen

Für die Bildung von Makromolekülen mittels der Reaktion der Polykondensation sind Moleküle notwendig, die zwei oder mehrere sogenannte „funktionelle" Gruppen (Bild 3.5) besitzen.

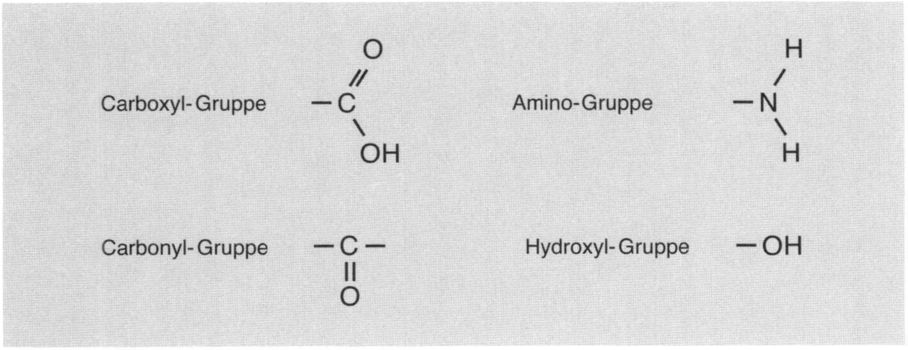

Carboxyl-Gruppe	$-C\overset{\displaystyle O}{\underset{\displaystyle OH}{\diagup\!\!\!\diagdown}}$	Amino-Gruppe	$-N\overset{\displaystyle H}{\underset{\displaystyle H}{\diagup\!\!\!\diagdown}}$
Carbonyl-Gruppe	$-\underset{\displaystyle O}{\overset{\displaystyle \|}{C}}-$	Hydroxyl-Gruppe	$-OH$

Bild 3.5 Funktionelle Gruppen

Zur Bildung einer Bindung zwischen zwei Molekülen kommt es aber nur dann, wenn zwei verschiedene funktionelle Gruppen vorliegen, an denen sich die Teilchen abspalten, die dann als Wasser „kondensieren".

Damit sich durch die Reaktion also eine fortlaufende Kette bilden kann, müssen wir bei der Polykondensation folgende Arten von Molekülen haben: entweder eine Art von Molekülen, die mindestens zwei verschiedene funktionelle Gruppen haben, oder mindestens zwei verschiedene Molekülsorten, die jeweils zwei oder mehr gleiche funktionelle Gruppen aufweisen.

Arten von Molekülen

Ein Beispiel für die Polykondensation ist die Reaktion, bei der aus zwei Molekülen ein Amid entsteht. Der Kunststoff aus vielen Molekülen heißt deshalb Polyamid. Ein Beispiel für eine Polykondensation ist die Reaktion von Hexamethylendiamin und Adipinsäure (Bild 3.6) zu Polyamid 66.

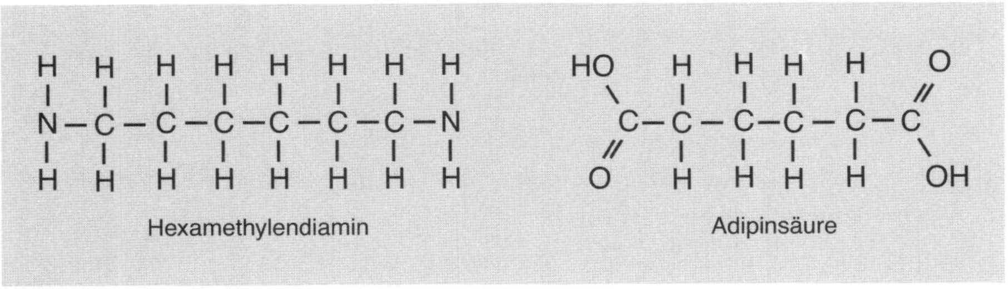

Polyamid

Hexamethylendiamin   Adipinsäure

Bild 3.6 Strukturformeln

Die Reaktion läuft in zwei Schritten ab, wobei sich im ersten Schritt die Teilchen von den funktionellen Gruppen abspalten. Im zweiten Schritt bildet sich das Makromolekül Polyamid und Wasser (Bild 3.7). Da auch eine Rückreaktion möglich ist, muss bei der Herstellung von Polyamid das abgespaltene Wasser ständig abgezogen werden.

Reaktionsablauf

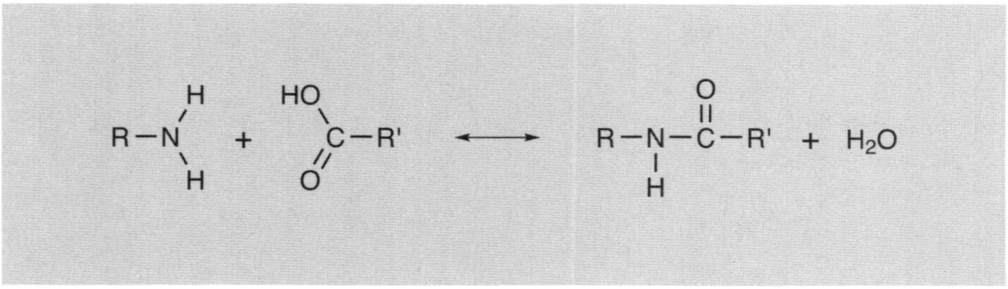

$$R-N\begin{matrix}H\\|\\|\\H\end{matrix} + \begin{matrix}HO\\\diagdown\\C-R'\\\diagup\\O\end{matrix} \longleftrightarrow R-N-\overset{\overset{O}{\|}}{C}-R' + H_2O$$
$$\underset{H}{|}$$

Bild 3.7 Reaktionsablauf zur Bildung von Polyamid

Wasserabführung

Polykondensate

Besonders wichtig für die Polykondensation ist, dass die bei der Reaktion abgespaltenen Moleküle, hier das Wasser, ständig abgeführt werden müssen, damit die Reaktion weitergeht und sich sehr lange Ketten bilden können. Ein endgültiges Ende wie bei der Polymerisation gibt es nicht. Kunststoffe, die durch Polykondensation entstehen, werden Polykondensate genannt (Tabelle 3.2).

Tabelle 3.2 Polykondensate und ihre Anwendungen

Polykondensate	Kurzzeichen	Produkte/Beispiele
Phenol-Formaldehyd (-Harz)	PF	Griffe für Schalthebel, Schalterteile, PKW-Ascher, Heizungen, Bügeleisen, Töpfe und Pfannen, Lampenfassungen
ungesättigte Polyester	UP	Mit Glasfasern verstärkt eingesetzt im Bootsbau, Fahrzeugbau, Gerätegehäuse, Rotorblätter bei Windkraftanlagen
Polycarbonat	PC	Gehäuse für Büro- und Haushaltsmaschinen, Schaugläser, CDs, DVDs, Kameragehäuse, Signalleuchten
Polyamide	PA	Zahnräder, Gleitrollen, Gehäuse für Elektrogeräte, Dübel

CD

Merkwort „Abscheidung"

Auch unsere CD besteht aus einem Kunststoff, der durch Polykondensation hergestellt wird, dem Polycarbonat (PC).

Wie kann man sich den Polykondensationsvorgang einprägen? Beim Polykondensationsvorgang wird Wasser abgeschieden. Das Merkwort für die Polykondensation ist also Abscheidung.

3.3 Polyaddition

Die Reaktion der Polyaddition verläuft ähnlich wie die der Polykondensation. Der Unterschied besteht darin, dass hier keine Teilchen abgespalten werden, sondern ein Wasserstoffatom von der einen zur anderen funktionellen Gruppe wandert.

Zur Bildung einer Bindung sind also wie bei der Polykondensation zwei unterschiedliche funktionelle Gruppen notwendig. Die verwendeten Monomere müssen jeweils wieder mindestens zwei funktionelle Gruppen besitzen. Auch hier wird entweder eine Molekülart mit mindestens zwei verschiedenen funktionellen Gruppen oder mindestens zwei Molekülarten mit jeweils zwei oder mehr gleichen Gruppen zur Bildung der Makromoleküle benutzt.

Die Reaktion lässt sich in drei Schritten darstellen:

1. Schritt: Es liegen ein Molekülende mit einem leicht abspaltbaren Wasserstoffatom und ein Molekülende mit einer leicht spaltbaren Bindung vor.
2. Schritt: Das Wasserstoffatom spaltet sich ab und die Bindung der anderen funktionellen Gruppe spaltet sich auf.
3. Schritt: Das Wasserstoffatom geht eine Bindung mit einem der Elektronen der aufgespaltenen Bindung ein. Die Stelle von der sich das Wasserstoffatom abgespalten hat und das andere Elektron der aufgespaltenen Bindung bilden eine neue Bindung, die Kette wird erweitert.

Eine schematische Darstellung der Polyadditionsreaktion zeigt Bild 3.8.

Polyaddition

Reaktionsablauf

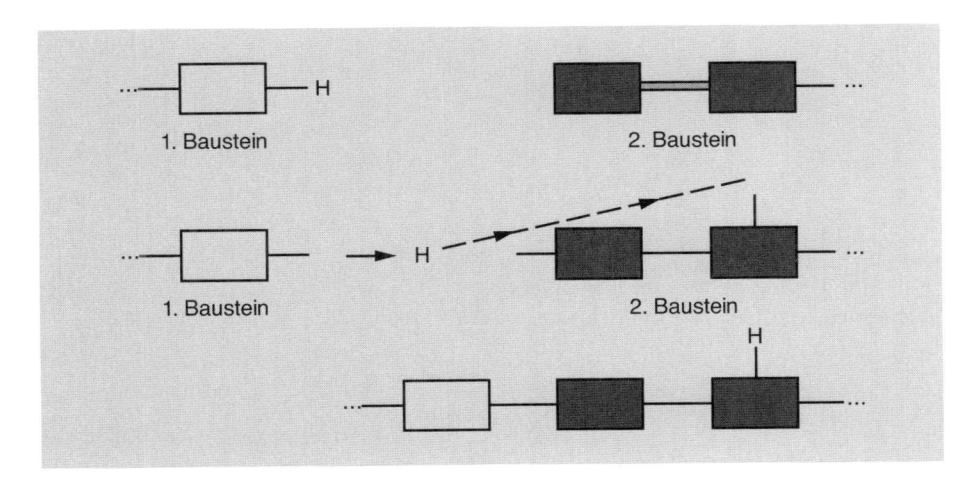

Bild 3.8 Polyadditionsreaktion

Die durch die Reaktion der Polyaddition erzeugten Polymeren werden Polyaddukte genannt. In Tabelle 3.3 werden einige Polyaddukte in ihren Anwendungen vorgestellt.

Polyaddukte

Tabelle 3.3 Polyaddukte und ihre Anwendungen

Polyaddukte	Kurzzeichen	Produkte/Beispiele
Polyurethan	PUR	Schuhsohlen, Rollen, Lager, Kupplungsscheiben
Polyurethan-Schaumstoffe	PUR-Schaum	Dämm- und Polsterschaumstoffe für Möbel, Bauten, Kleidung
Epoxide	EP	Klebstoffe, Beschichtungen für Behälter, faserverstärkt auch für Werkzeuge

Merkwort „Partnerwechsel" — Das Merkmal dieser chemischen Reaktion ist der „Partnerwechsel" eines Atoms, das von der funktionellen Gruppe des einen Reaktionspartners zur funktionellen Gruppe des anderen Reaktionspartners wechselt.

Erfolgskontrolle zur Lektion 3

Nr.	Frage	Antwortauswahl
3.1	Bei der Polymerisation spielt die _____ die entscheidende Rolle.	Dreifachbindung Doppelbindung
3.2	Das Merkwort für die Polymerisation ist _____ .	„Kupplung" „Partnerwechsel" „Abscheidung"
3.2	Kunststoffe, die aus verschiedenen Monomeren hergestellt werden, nennt man _____ .	Homopolymere Copolymere
3.4	Kunststoffe, die durch Polymerisation hergestellt werden, sind zum Beispiel Polyethylen (PE) und _____ .	Polycarbonat (PC) Polypropylen (PP)
3.5	In der Chemie versteht man unter Kondensation die _____ kleiner Teilchen bei einer Reaktion.	Abspaltung Verdunstung
3.6	Bei der Polykondensation wird meistens _____ abgespalten.	Wasserstoff Kohlendioxid Wasser
3.7	Bei der Polykondensation müssen die Moleküle _____ funktionelle Gruppen besitzen, damit sich Makromoleküle bilden können.	zwei oder mehr eine keine
3.8	Kunststoffe, die durch Polykondensation hergestellt werden, sind z. B. Phenol-Formaldehyd (PF) und _____ .	Polyethylen (PE) Polycarbonat (PC)
3.9	Das Merkwort für die Polykondensation ist _____ .	„Partnerwechsel" „Abscheidung" „Kupplung"
3.10	Ebenso wie bei der Polykondensation müssen die Monomere bei der Polyaddition zwei und mehr _____ besitzen.	funktionellen Gruppen Wasserstoffatome
3.11	Kunststoffe, die durch die Polyaddition hergestellt werden, sind zum Beispiel Polyurethan (PUR) und _____ .	Epoxide (EP) Polyamid (PA)
3.12	Das Merkwort für die Polyaddition heißt _____ .	„Kupplung" „Abscheidung" „Partnerwechsel"

Lektion 4

Bindungskräfte in Polymeren

Themenkreis	Physik der Kunststoffe
Leitfragen	Welche Arten von Bindungskräften herrschen in einem Polymer?
	Worin bestehen die Unterschiede zwischen diesen Bindungskräften?
	Welchen Einfluss hat die Temperatur auf diese Kräfte?
Inhalt	4.1 Bindungskräfte innerhalb von Molekülen
	4.2 Zwischenmolekulare Bindungskräfte
	4.3 Einfluss der Temperatur
	Erfolgskontrolle zur Lektion 4
Vorwissen	Rohstoffe und Polymersynthese (Lektion 2)

4.1 Bindungskräfte innerhalb von Molekülen

Atombindungen

Die Atome der Monomermoleküle, aus denen die Makromoleküle entstehen, sind durch Atombindungen, auch kovalente Bindungen genannt, miteinander verknüpft. Man kann diese Bindungen als Kräfte verstehen, die zwei Atome zusammenhalten. Allgemein werden in Bildern, die Moleküle zeigen, die Bindungen durch Striche dargestellt. Ein Beispiel ist das Monomer Ethylen (Bild 4.1).

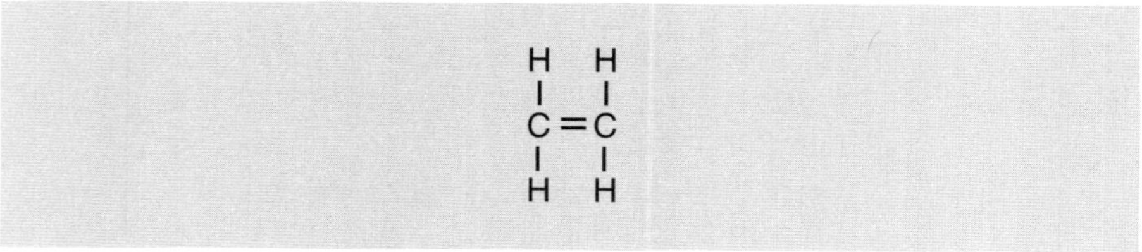

$$\begin{array}{c} H \quad H \\ | \quad | \\ C = C \\ | \quad | \\ H \quad H \end{array}$$

Bild 4.1 Strukturformel von Ethylen

Anzahl der Bindungen

Je nach Anzahl der Bindungen zwischen zwei Atomen unterscheidet man zwischen Einfach-, Doppel- und Dreifachbindungen. Wie man oben sieht, enthält Ethylen zwischen den beiden Kohlenstoffatomen (C) eine Doppelbindung und zwischen jedem Wasserstoffatom (H) und einem Kohlenstoffatom eine Einfachbindung. Bei der Doppelbindung handelt es sich um eine ungesättigte Bindung. Ungesättigt bedeutet, dass die Bindung leicht aufgespalten werden kann und damit die Möglichkeit besteht, eine weitere Bindung mit anderen Atomen herzustellen. Diese Bindungskräfte treten auch in Makromolekülen des Kunststoffs auf.

4.2 Zwischenmolekulare Bindungskräfte

zwischenmolekulare Kräfte

Nicht nur innerhalb eines Moleküls gibt es Kräfte, sondern auch zwischen benachbarten Molekülen. Diese Kräfte heißen deshalb zwischenmolekulare Kräfte. Sie bewirken, dass zwei Moleküle sich mit einer bestimmten Kraft anziehen, sich also nicht von selbst voneinander entfernen können (Bild 4.2).

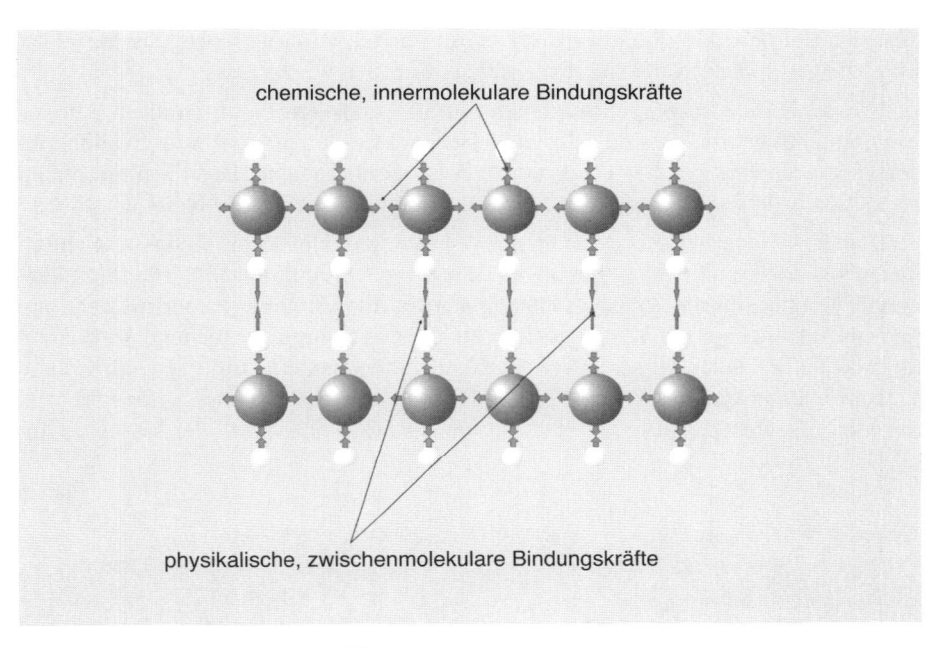

Bild 4.2 Zwischenmolekulare Kräfte

Auch im Kunststoff wirken diese zwischenmolekularen Kräfte zwischen den verknäulten Makromolekülen. Sie geben dem Kunststoff größtenteils seine Festigkeit, da die Moleküle durch sie zusammenhalten und nicht so leicht voneinander „abgleiten". Man kann sich die Bindungen wie die Häkchen bei einem Klettverschluss vorstellen. Durch die Häkchen halten sich die Stoffstreifen gegenseitig fest. Erst wenn man kräftig zieht, lösen sie sich.

Festigkeit

Die zwischenmolekularen Bindungen sind aber nicht so stark wie die Atombindungen. Unter Belastung werden zuerst die Bindungen zwischen den Molekülen aufgehoben. Wir betrachten das noch einmal am Beispiel des Klettverschlusses. Stellen wir uns vor, die Atombindungen sind die Kräfte, die den gewebten Stoffstreifen zusammenhalten. Wenn wir also kräftig ziehen, dann zerreißt nicht erst der Stoffstreifen, sondern die Häkchen lösen sich und die Stoffstreifen gleiten ab. Die zwischenmolekularen Bindungen werden zuerst gelöst.

Atombindungen

■ 4.3 Einfluss der Temperatur

Wärme drückt sich bei Molekülen in ihrer Bewegung aus. Je höher die Temperatur ist, umso stärker bewegen sich die Moleküle. Durch diese Bewegung werden die zwischenmolekularen Kräfte geringer. Ab einer bestimmten Temperatur werden sie ganz aufgehoben und die Moleküle, die vorher durch sie verbunden waren, kön-

Wärme

nen sich frei bewegen. Sinkt die Temperatur wieder, wird die Bewegung der Moleküle wieder eingeschränkt und die Kräfte bilden sich wieder aus.

Wärmebewegung

Die Bindungen zwischen den Atomen eines Moleküls werden durch die Wärmebewegung nicht gelöst. Sie sind sehr viel fester und werden erst bei sehr viel höheren Temperaturen zerstört. Im Gegensatz zu den zwischenmolekularen Kräften bilden sie sich bei sinkender Temperatur nicht wieder aus. Das Molekül bleibt zerstört.

Wärmeausdehnung

Eine andere Folge der zunehmenden Bewegung der Moleküle ist, dass sie durch diese Bewegung mehr Raum benötigen. Der Kunststoff dehnt sich deshalb mit steigender Temperatur aus. Diese Änderung des Volumens mit der Änderung der Temperatur, die sogenannte Wärmeausdehnung, ist aber für verschiedene Werkstoffe unterschiedlich hoch. Verschiedene Kunststoffe besitzen eine unterschiedlich hohe Wärmeausdehnung. Ein Maß für die Änderung von Längen ist der lineare Wärmeausdehnungskoeffizient. Je höher er ist, umso stärker dehnt sich der Werkstoff unter Wärme aus (Tabelle 4.1).

Tabelle 4.1 Wärmeausdehnungskoeffizent verschiedener Werkstoffe

Werkstoff	Kennzeichen	linearer Wärmeausdehnungskoeffizient $(1/K \times 10^{-6})$ bei 50 °C
Polyethylen	PE	150 – 200
Polycarbonat	PC	60 – 70
Stahl	St	2 – 17
Aluminium	Al	23

Erfolgskontrolle zur Lektion 4

Nr.	Frage	Antwortauswahl
4.1	Die Bindungen zwischen den Atomen innerhalb eines Makromoleküls bezeichnet man als _____ oder kovalente Bindungen.	zwischenmolekulare Bindungen
		Atombindungen
4.2	Die Bindungen, die zwischen zwei Makromolekülen wirken, bezeichnet man als _____ .	zwischenmolekulare Bindungen
		Atombindungen
4.3	Die Kräfte einer Atombindung sind wesentlich _____ als die einer zwischenmolekularen Bindung.	kleiner
		größer

Lektion 5

Einteilung der Kunststoffe

Themenkreis	Physik der Kunststoffe
Leitfragen	In welche Gruppen werden Kunststoffe eingeteilt?
	Nach welchen Kriterien werden sie eingeteilt?
	Welche Verarbeitungsverfahren gibt es für Kunststoffe?
	Welche Bearbeitungsverfahren gibt es für Kunststoffe?
	Welche Formgebungsverfahren gibt es für Kunststoffe?
Inhalt	5.1 Bezeichnung der Kunststoffgruppen
	5.2 Thermoplaste
	5.3 Vernetzte Kunststoffe (Elastomere und Duroplaste)
	5.4 Be- und Verarbeitungsverfahren
	5.5 Formgebungsverfahren thermoplastischer Kunststoffe
	Erfolgskontrolle zur Lektion 5
Vorwissen	Kunststoff, was ist das? (Lektion 1)
	Rohstoffe und Polymersynthese (Lektion 2)

5.1 Bezeichnung der Kunststoffgruppen

Kunststoffgruppen

Wie wir bereits gesehen haben, liegen im Kunststoff verschiedene Bindungskräfte vor. Die Kunststoffe werden nach der Struktur der Makromoleküle und der Art der Bindungsmechanismen eingeteilt. Die Gruppen sind in Bild 5.1 zusammengefasst und mit Beispielen versehen.

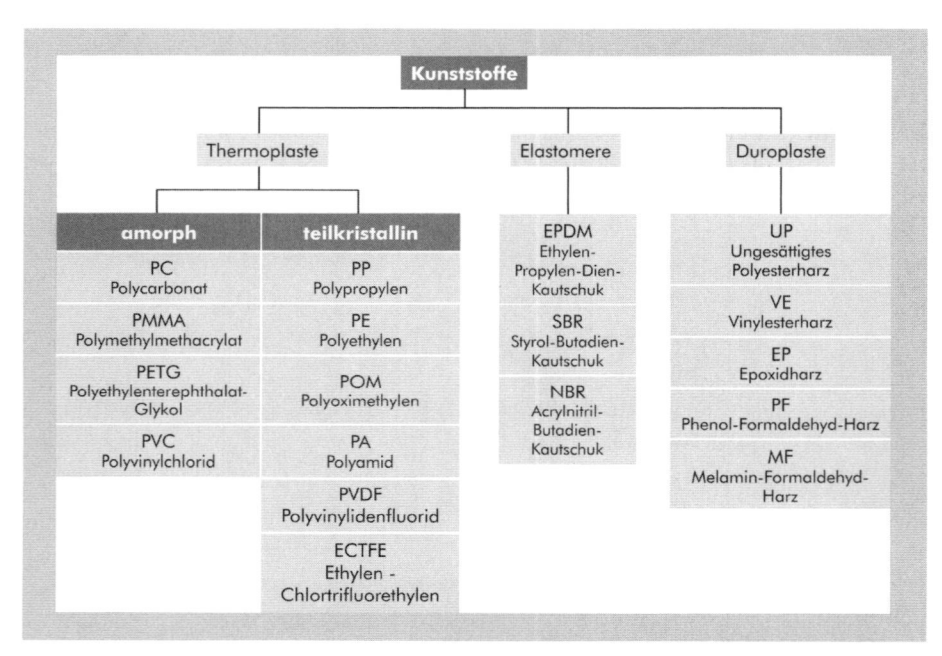

```
                         Kunststoffe
           ┌─────────────────┼─────────────────┐
      Thermoplaste        Elastomere        Duroplaste
      ┌────┴────┐
   amorph   teilkristallin
```

amorph	teilkristallin	Elastomere	Duroplaste
PC Polycarbonat	PP Polypropylen	EPDM Ethylen-Propylen-Dien-Kautschuk	UP Ungesättigtes Polyesterharz
PMMA Polymethylmethacrylat	PE Polyethylen	SBR Styrol-Butadien-Kautschuk	VE Vinylesterharz
PETG Polyethylenterephthalat-Glykol	POM Polyoximethylen	NBR Acrylnitril-Butadien-Kautschuk	EP Epoxidharz
PVC Polyvinylchlorid	PA Polyamid		PF Phenol-Formaldehyd-Harz
	PVDF Polyvinylidenfluorid		MF Melamin-Formaldehyd-Harz
	ECTFE Ethylen-Chlortrifluorethylen		

Bild 5.1 Einteilung der Kunststoffe

Alte Begriffe

Für die vier Gruppen: amorphe Thermoplaste, teilkristalline Thermoplaste, Duroplaste und Elastomere, die im Folgenden näher beschrieben werden, finden sich in der Literatur oft noch andere, veraltete Begriffe. So werden die Duroplaste manchmal auch als Duromere, die Elastomere als Elaste und die Thermoplaste als Plastomere bezeichnet.

5.2 Thermoplaste

Definition

Die Kunststoffe, deren Makromoleküle aus linearen oder verzweigten Ketten bestehen und durch zwischenmolekulare Kräfte zusammengehalten werden, nennt man Thermoplaste. Wie stark diese Kräfte sind, ist unter anderem von der Art und Anzahl der Verzweigungen bzw. Seitenketten (siehe Bild 5.2) abhängig.

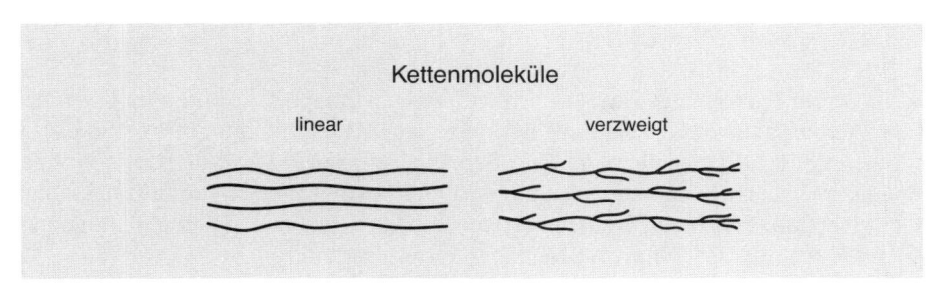

Bild 5.2 Lineare und verzweigte Kettenmoleküle

Der Begriff Thermoplaste leitet sich aus den Worten thermos (= warm, Wärme) und plastisch (= bildsam, formbar) ab, da bei den Thermoplasten unter Wärme die zwischenmolekularen Kräfte schwächer werden und sie dann formbar sind.

thermos

Amorphe Thermoplaste

Kunststoffe, deren Molekülketten dagegen stark verzweigt und deren Seitenketten lang sind, können aufgrund ihres unregelmäßigen Aufbaus den Zustand einer dichten Packung auch in Teilen nicht einnehmen. Solche Kettenmoleküle sind wie ein Knäuel oder ein Wattebausch in- und umeinander verschlungen. Der Kunststoff ist strukturlos (= amorph). Er wird deshalb als amorpher Thermoplast bezeichnet.

amorph

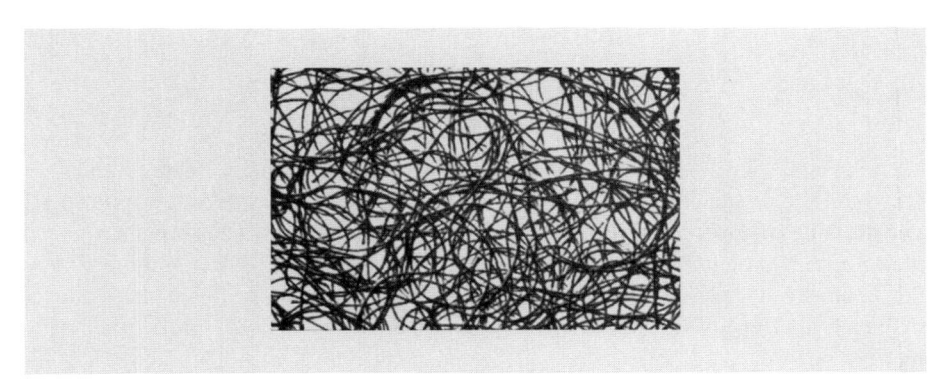

Bild 5.3 Struktur eines amorphen Thermoplasten

Da amorphe Thermoplaste im nicht eingefärbten Zustand glasklar sind, werden diese Thermoplaste auch als synthetische oder organische Gläser bezeichnet.

glasklar

Auch die „Optischen Datenträger", wie die CD, CD-ROM und die DVD sind aus einem amorphen Thermoplasten. Da er glasklar ist, kann der Laser die Vertiefungen (Bits) im Kunststoff, in Verbindung mit der reflektierenden Aluminium- oder Goldschicht, abtasten und diese Informationen an den CD-Spieler weitergeben, der sie in Musik zurückverwandelt.

CD

Teilkristalline Thermoplaste

Merkmal

kristallin

Besitzen die Makromoleküle nur geringe Verzweigungen, d.h. kurze und wenige Seitenketten, dann liegen Bereiche der einzelnen Molekülketten geordnet und dadurch dicht gepackt beieinander. Die Bereiche mit hohem Ordnungszustand der Moleküle bezeichnet man als kristallinen Bereich. Allerdings kommt es aufgrund der langen Molekülketten, die sich bei der Polymerisation auch um- und ineinander verschlingen, nicht zu einer vollständigen Kristallisation.

teilkristallin

Es lagern sich immer nur ein Teil der Moleküle geordnet zusammen, während andere Teile weiter voneinander entfernt und ungeordnet sind. Diese ungeordneten Bereiche werden amorphe Bereiche genannt. Thermoplaste, bei denen sowohl kristalline als auch amorphe Bereiche nebeneinander vorliegen, bezeichnet man daher als teilkristalline Thermoplaste.

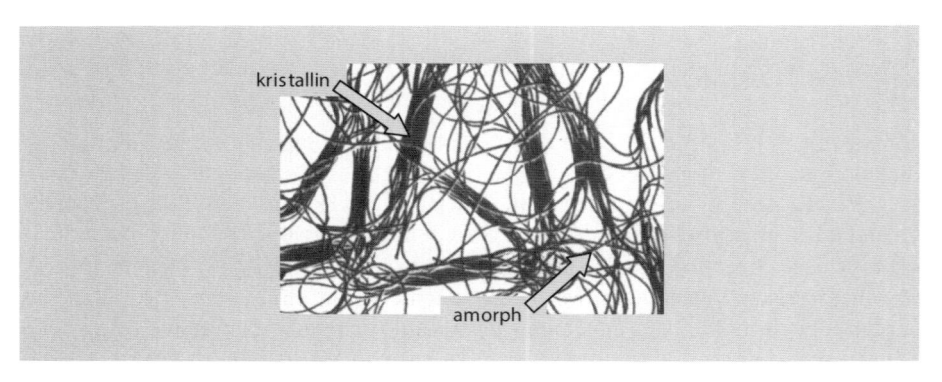

Bild 5.4 Struktur eines teilkristallinen Thermoplasten

trübe, milchig

Die teilkristallinen Thermoplaste sind auch im nicht eingefärbten Zustand nie glasklar, sondern sie sind durch die Lichtstreuung an den Grenzen zwischen amorphen und kristallinen Bereichen des Kunststoffs immer etwas trübe oder milchig.

■ 5.3 Vernetzte Kunststoffe (Elastomere und Duroplaste)

Vernetzungsstellen

Neben der Gruppe der Thermoplaste gibt es Kunststoffgruppen, bei denen die einzelnen Molekülketten durch Querbindung (Brücken) miteinander verbunden sind. Man bezeichnet diese Querbindungen (Brücken) auch als Vernetzungsstellen und dementsprechend die Werkstoffe als vernetzte Kunststoffe. Die Gruppen unterscheiden sich durch die Anzahl der Vernetzungsstellen und werden danach in Elastomere und Duroplaste unterteilt. Die Moleküle dieser Werkstoffe werden also nicht durch zwischenmolekulare Kräfte, sondern auch durch Atombindungen zusammengehalten.

Elastomere

Bei Elastomeren sind die Molekülketten regellos verteilt und besitzen nur relativ wenige Querbindungen. Diese Kunststoffgruppe besitzt also eine weitmaschige Vernetzung. — Merkmal

Elastomere verhalten sich bei Raumtemperatur wie Gummi. Durch die Vernetzungspunkte sind die einzelnen Molekülketten gegeneinander nur sehr begrenzt beweglich. Wie bei den Atombindungen in den Makromolekülen lassen sich auch die Atombindungen in den Brücken nur durch sehr hohe Temperaturen lösen und sie erneuern sich auch bei sinkenden Temperaturen nicht. — Eigenschaften

Elastomere sind daher weder schmelzbar noch löslich. In gewissem Maße können Elastomere aber quellen, da die Molekülfäden nur wenige Vernetzungsstellen besitzen und sich so andere kleine Moleküle, wie z. B. Wasser, zwischen die Elastomermoleküle drängen können.

Thermoplastische Elastomere (TPE)

Thermoplastische Elastomere, welche die leichte Verarbeitung von Thermoplasten mit den Eigenschaften von Elastomeren vereinen, dringen zunehmend in neue Anwendungsgebiete ein oder substituieren klassische Werkstoffe aus dem Thermoplast- und Elastomerbereich. — Thermoplastische Elastomere (TPE)

TPE lassen sich wiederholt aufschmelzen und bei Abkühlung definiert verformen und weisen bei Raumtemperatur ein kautschukelastisches Verhalten auf. In ihrer Struktur und in ihrem Verhalten stehen sie demnach zwischen den Thermoplasten und den Elastomeren. Ihr größter Einsatzbereich liegt im Automobilbau. — Eigenschaften

Duroplaste

Eine weitere Gruppe bilden die Duroplaste, die ebenfalls eine regellose Anordnung von Molekülketten besitzen. Im Vergleich zur Elastomerstruktur besitzen sie aber eine wesentlich höhere Zahl an Vernetzungsstellen zwischen den einzelnen Molekülketten. Kunststoffe, die aus solch stark vernetzten Kettenmolekülen aufgebaut sind, nennt man Duroplaste. — Merkmal

Diese stark vernetzten Moleküle sind bei Raumtemperatur sehr hart und fest, aber spröde (d. h. schlagempfindlich) und zeigen gegenüber Thermoplasten eine wesentlich geringere Erweichung beim Erwärmen. Sie lassen sich ebenso wie die Elastomere weder schmelzen noch sind sie aufgrund der starken Vernetzung quellbar. — Eigenschaften

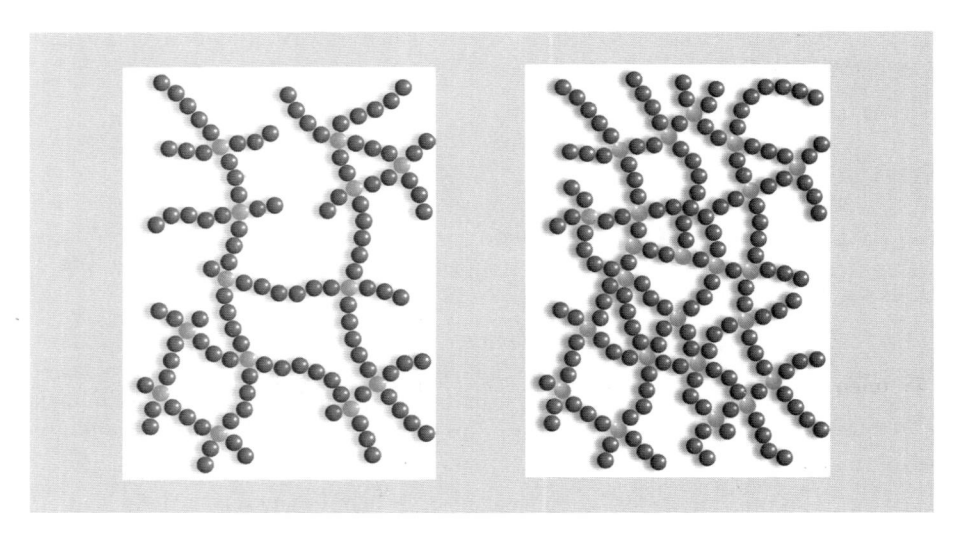

Bild 5.5 Strukturen von Elastomeren und Duroplasten

Das Bild 5.5 zeigt den strukturellen Aufbau der Makromoleküle bei Elastomeren und Duroplasten. Elastomere haben ebenso wie Duroplaste eine regellose Anordnung von Molekülketten, jedoch haben Duroplaste eine wesentlich höhere Zahl von Vernetzungsstellen. Deshalb sind sie gegenüber Elastomeren (elastisch) nicht elastisch sondern fest und spröde (hart = duro).

■ 5.4 Be- und Verarbeitungsverfahren

Ausgangsstoff Vom Kunststoff, wie er in chemischen Prozessen hergestellt wird, bis zum Kunststoffprodukt, das vom Verbraucher benutzt wird, bedarf es einiger Zwischenschritte. Der Ausgangsstoff „Kunststoff" wird in Form von Körnern (dem sogenannten Granulat), als Pulver, Paste oder in flüssiger Form hergestellt und dann zu Halbzeugen oder Fertigteilen verarbeitet.

Halbzeuge Halbzeuge sind Zwischenprodukte, die noch durch verschiedene Bearbeitungstechniken, wie z. B. durch Umformen zu einem Endprodukt weiterverarbeitet werden. Beispiele für Halbzeuge sind Platten, Folien, Rohre und Profile aus Kunststoff. Fertigteile sind Endprodukte, die durch Urformen, wie das Spritzgießverfahren hergestellt werden. Beispiele für Fertigprodukte sind Getränkekästen, Zahnräder und Gehäuse aus Kunststoff.

Endprodukte

Übersicht In Tabelle 5.1 ist für die Kunststoffgruppen Thermoplaste und Duroplaste eine Übersicht über die Be- und Verarbeitungsverfahren wiedergegeben.

Tabelle 5.1 Übersicht über die Be- und Verarbeitungsverfahren

Formungstechnik	Duroplaste	Thermoplaste
Urformen	Formmassen werden unter gleichzeitigem Ablauf einer chemischen Reaktion geformt: • härtbare Formmassen • flüssige Reaktionsharze	Formmassen werden im thermoplastischen Zustand geformt
Umformen/Thermoformen	-	Halbzeuge werden im thermoelastischen Zustand geformt
Trennen	spanende Formgebung	spanende Formgebung
Fügen	mechanische Verbindungsverfahren sowie Kleben	mechanische Verbindungsverfahren sowie Kleben und Schweißen

In dieser Übersicht fällt auf, dass für die Duroplaste – und das gilt auch für die Elastomere – kein Umformverfahren (Thermoformen) genannt ist. Vernetzte Kunststoffe weisen keinen thermoplastischen Zustandsbereich auf und können deshalb nach dem Aushärtungsprozess nicht mehr umgeformt werden. — Duroplaste

Die spanende Formgebung von Kunststoffen, wozu die Verfahren Drehen, Fräsen, Sägen usw. gehören, bezeichnet man mit dem Oberbegriff Trennen. — Trennen

Verbindungsverfahren von Kunststoffen, wozu Kleben und Schweißen wie auch die mechanischen Verbindungsverfahren Schrauben, Nieten usw. gehören, bezeichnet man mit dem Oberbegriff Fügen. — Fügen

Das Umformen, Trennen und Fügen fasst man unter dem Oberbegriff Bearbeitungsverfahren zusammen, wogegen die Verfahren des Urformens, wie Extrudieren und Spritzgießen, zu den Verarbeitungsverfahren zählen. — Bearbeitung / Verarbeitung

5.5 Formgebungsverfahren thermoplastischer Kunststoffe

Die Tabelle 5.2 zeigt eine Zuordnung der Formgebungsverfahren zu den Zustandsbereichen thermoplastischer Kunststoffe.

Tabelle 5.2 Zuordnung der Formgebungsverfahren

Formungstechnik	Zustandsbereich		
	fest	thermoelastisch	thermoplastisch
Urformen	-	-	Extrudieren Gießen Kalandrieren Spritzgießen Pressen
Umformen	-	Abkanten, Biegen, Prägen, Rändeln, Streckziehen, Tiefziehen, kombinierte Verfahren	-
Trennen	Bohren, Drehen, Fräsen, Hobeln, Sägen, Schneiden, Schleifen	-	-
Fügen	Schrauben, Nieten, Kleben	-	Schweißen

Bei den vernetzten Kunststoffen, den Duroplasten und Elastomeren, gibt es diese Einteilung nicht. Aus diesen Kunststoffen können nur Teile hergestellt werden, die nach dem Vernetzen ihre Endform aufweisen bzw. nur noch mechanisch durch Fügen oder Trennen bearbeitet werden. Auch können diese Kunststoffe nicht geschweißt werden, da sie keinen thermoplastischen Bereich aufweisen.

Erfolgskontrolle zur Lektion 5

Nr.	Frage	Antwortauswahl
5.1	Thermoplaste unterteilt man in amorphe und _____ Thermoplaste.	duroplastische teilkristalline
5.2	Amorphe Thermoplaste sind bei Raumtemperatur _____.	trübe glasklar
5.3	Bei Duroplasten sind die Moleküle _____ vernetzt.	stark schwach
5.4	Elastomere besitzen vernetzte Moleküle und sind damit _____.	schmelzbar nicht schmelzbar
5.5	Optische Datenträger (z. B. CD) bestehen aus einem amorphen Thermoplasten, weil der Kunststoff _____ sein muss.	lichtdurchlässig schmelzbar vernetzt
5.6	Spritzgießen ist ein Verarbeitungsverfahren, das dem _____ zugerechnet wird.	Umformen Urformen Fügen Trennen
5.7	Thermoformen ist ein Bearbeitungsverfahren, das dem _____ zugerechnet wird.	Umformen Urformen Fügen Trennen
5.8	_____ ist ein Fügeverfahren.	Kleben Extrudieren Thermoformen
5.9	_____ ist ein Trennverfahren.	Sägen Schweißen Kleben
5.10	Duroplaste und Elastomere können nicht _____ werden, da sie beim Erwärmen keinen thermoplastischen Bereich aufweisen.	urgeformt umgeformt
5.11	Welches Fügeverfahren kann bei Duroplasten nicht eingesetzt werden? _____.	Kleben Schweißen mechanische Verbindungen

Lektion 6
Formänderungsverhalten von Kunststoffen

Themenkreis	Physik der Kunststoffe
Leitfragen	Wie verhalten sich Kunststoffe unter Wärme?
	Wie unterscheiden sich amorphe und teilkristalline Thermoplaste?
	Wie verhalten sich vernetzte Kunststoffe, also Elastomere und Duroplaste?
Inhalt	6.1 Verhalten von Thermoplasten
	6.2 Amorphe Thermoplaste
	6.3 Teilkristalline Thermoplaste
	6.4 Verhalten von vernetzten Kunststoffen
	Erfolgskontrolle zur Lektion 6
Vorwissen	Bindungskräfte in Kunststoffen (Lektion 4)
	Einteilung der Kunststoffe (Lektion 5)

6.1 Verhalten von Thermoplasten

Formänderungsverhalten

Unter Formänderungsverhalten versteht man, dass sich die Form eines Bauteils unter Last (Kraft) und Temperatur verändert. Mit Hilfe des Formänderungsverhaltens lässt sich der Unterschied zwischen einem teilkristallinen und einem amorphen Thermoplasten beschreiben.

Wir wollen nun die Zugfestigkeit und die Dehnung bei Maximalspannung näher erklären. Zieht man an einer Kunststoffprobe mit ständig steigender Kraft, so stellt man zweierlei fest:

Zugfestigkeit
- Die Kunststoffprobe hält einer bestimmten, höchsten Zugkraft stand. Man bezeichnet die Spannung bei Höchstkraft als Zugfestigkeit. Sie stellt ein Maß für die Festigkeit des Kunststoffs dar.

Reißdehnung
- Bei der Zugprüfung stellen wir aber auch fest, dass sich die Kunststoffprobe verlängert. Sie wird also gedehnt. Die Dehnung, bei der die Kunststoffprobe reißt, bezeichnet man als Reißdehnung. Aus ihr kann man auf die Zähigkeit des Kunststoffs schließen.

Temperatureinfluss

Die beiden Messwerte sind von der Temperatur, bei der sie ermittelt werden, abhängig. Im Folgenden wollen wir nun das Formänderungsverhalten der verschiedenen Thermoplast-Gruppen betrachten.

6.2 Amorphe Thermoplaste

Das Formänderungsverhalten eines amorphen Thermoplasten ist in Bild 6.1 dargestellt.

Temperatureinfluss

Der Kunststoff liegt bei Raumtemperatur als harter Werkstoff vor. Die einzelnen Makromoleküle halten sich gegenseitig durch die zwischenmolekularen Kräfte, da sich die Makromoleküle kaum bewegen. Steigt nun die Temperatur, bewegen sich die Makromoleküle immer stärker. Die Festigkeit des Werkstoffs sinkt ab und gleichzeitig steigt seine Dehnbarkeit und damit die Zähigkeit an.

Erweichungstemperaturbereich

Nach Überschreiten des Erweichungstemperaturbereiches (ET) sind die zwischenmolekularen Kräfte so klein geworden, dass die Makromoleküle bei Einwirkung äußerer Kräfte voneinander abgleiten können. Die Festigkeit fällt steil ab, während die Dehnung sprunghaft ansteigt. In diesem Temperaturbereich befindet sich der Kunststoff in einem kautschuk- oder thermoelastischen Zustand, in dem er z. B. umgeformt werden kann.

Fließtemperaturbereich

Bei weiterer Temperaturerhöhung werden die zwischenmolekularen Kräfte ganz aufgehoben. Der Kunststoff geht kontinuierlich vom thermoelastischen in den thermoplastischen Bereich über. Dieser Übergang wird durch den Fließtemperaturbereich (FT) charakterisiert. Es handelt sich hierbei nicht um eine Temperatur die exakt angegeben werden kann. Im thermoplastischen Bereich werden z. B. Kunststoffrohre durch den Extrusionsprozess hergestellt. Auch das Schweißen von thermoplastischen Kunststoffen ist nur im thermoplastischen Bereich möglich.

Wird der Kunststoff weiter erwärmt, so wird sein chemischer Aufbau irgendwann zerstört. Diese Grenze wird durch die Zersetzungstemperatur (ZT) gekennzeichnet.

Zersetzungstemperatur

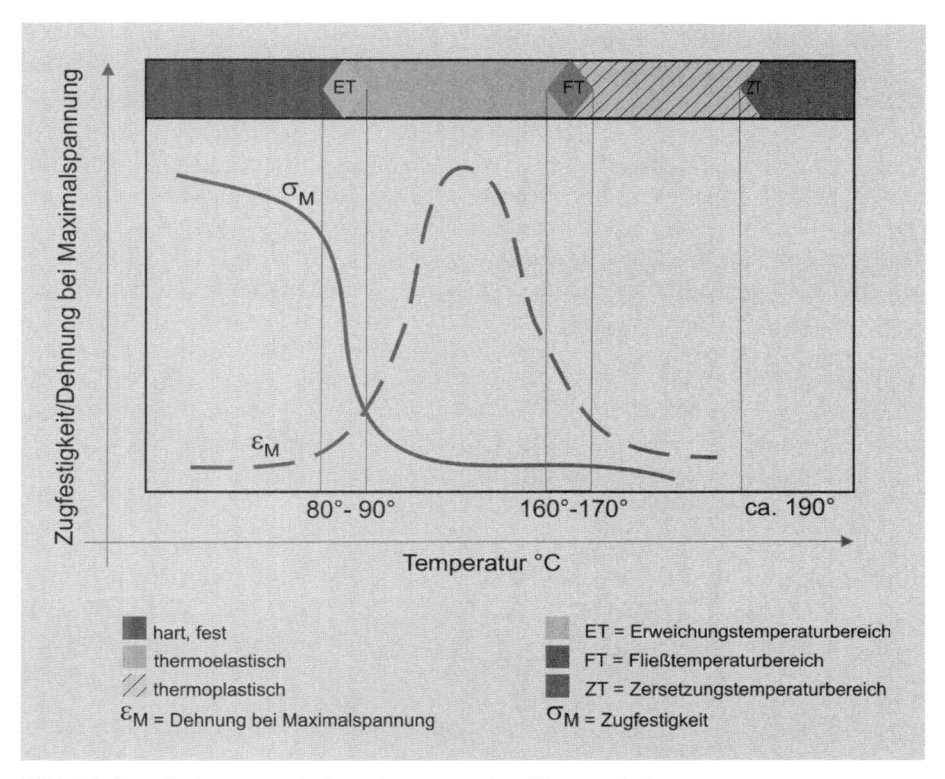

Bild 6.1 Formänderungsverhalten eines amorphen Thermoplasten

6.3 Teilkristalline Thermoplaste

Wie bereits beschrieben, liegen beim teilkristallinen, im Unterschied zum amorphen, Kunststoff quasi zwei Bereiche nebeneinander vor. Zum einen der kristalline Bereich, in dem die Moleküle eng gepackt sind, zum anderen der amorphe Bereich, in dem die Moleküle weiter voneinander entfernt sind. Die zwischenmolekularen Kräfte, die den kristallinen Zustand zusammenhalten, sind wesentlich größer als die des amorphen Bereichs.

amorpher und kristalliner Bereich

Das Formänderungsverhalten eines teilkristallinen Thermoplasten ist in Bild 6.2 zu sehen.

Unterhalb des Erweichungstemperaturbereichs (ET) – auch Glasübergangstemperaturbereich genannt – sind alle Bereiche des Kunststoffs erstarrt, so dass dieser hart und sehr spröde ist. Innerhalb dieses Temperaturbereichs ist der Kunststoff für praktische Anwendungen nicht brauchbar.

Erweichungstemperaturbereich

Temperaturerhöhung	Beim Überschreiten des Erweichungstemperaturbereichs (ET) nimmt zuerst die Beweglichkeit der Molekülketten in den amorphen Bereichen zu, da hier die zwischenmolekularen Kräfte nicht so groß sind wie in den kristallinen Bereichen, die noch fest bleiben. Diese Temperatur liegt bei üblichen teilkristallinen Kunststoffen unterhalb der Raumtemperatur. Der Kunststoff besitzt jetzt gleichzeitig Zähigkeit und Festigkeit.
Fließtemperaturbereich Kristallitschmelzbereich Zersetzungstemperatur	Mit steigender Temperatur wird die Beweglichkeit der Molekülketten in den amorphen Bereichen immer größer. In den kristallinen Bereichen beginnen sich die Moleküle ebenfalls langsam zu bewegen. Bald ist der Kristallitschmelzbereich (KSB) erreicht. Hier werden die zwischenmolekularen Kräfte in den amorphen Bereichen der teilkristallinen Thermoplaste ganz aufgehoben. Innerhalb des Kristallitschmelzbereichs (KSB) ist der teilkristalline Thermoplast thermoelastisch und kann umgeformt werden. Im Gegensatz zum amorphen Thermoplast ist der thermoelastische Bereich hier sehr eng und muss beim Umformen sehr genau eingehalten werden. Oberhalb des Kristallitschmelztemperaturbereichs sind die Bindungskräfte zu schwach um ein Verschieben und Abgleiten der Molekülketten auch in den kristallinen Bereichen der teilkristallinen Thermoplaste zu verhindern. Der gesamte Kunststoff beginnt nun zu schmelzen. Bei weiterem Erhitzen wird der Kunststoff oberhalb der Zersetzungstemperatur (ZT) zerstört.

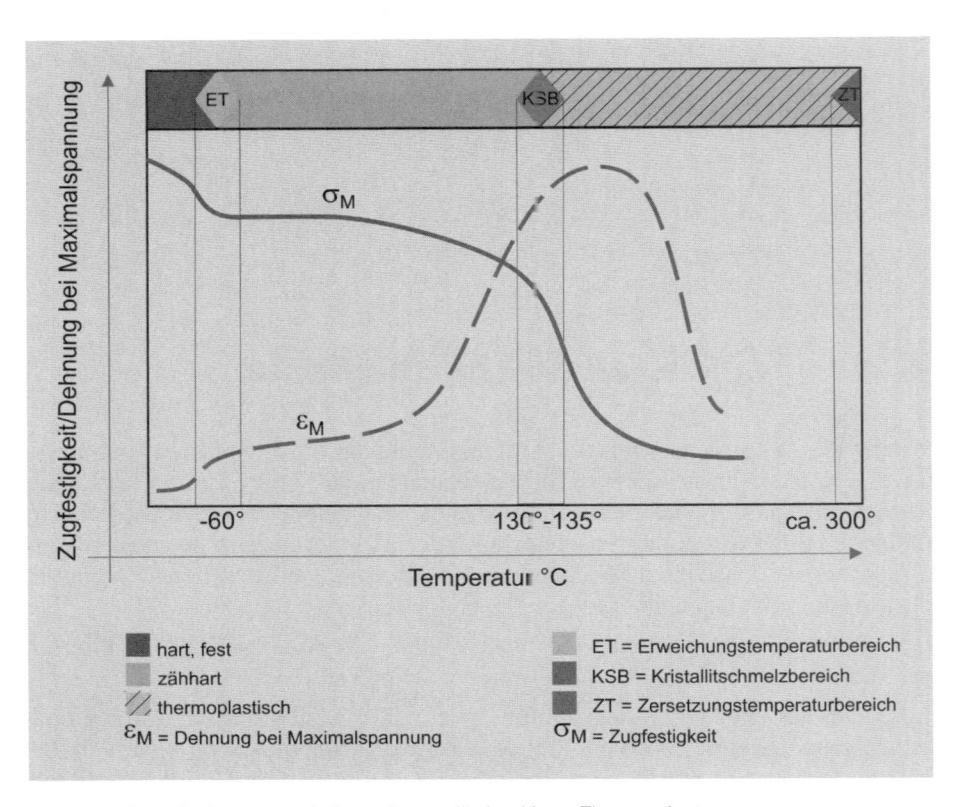

Bild 6.2 Formänderungsverhalten eines teilkristallinen Thermoplasten

Die obere Gebrauchstemperaturgrenze des amorphen Thermoplasten PC, aus dem die CD hergestellt ist, liegt bei 135 °C. So bleibt auch eine CD, die auf dem Armaturenbrett eines PKW bei direkter Sonneneinstrahlung auf bis zu 80 °C aufgeheizt wird, noch voll funktionstüchtig.

CD

6.4 Verhalten von vernetzten Kunststoffen

Das Formänderungsverhalten von Elastomeren und Duroplasten lässt sich am besten mit Hilfe des Torsionsschwingungsversuchs erklären. Beim Torsionsschwingungsversuch wird der Schubmodul (G) des Kunststoffs gemessen.

Schubmodul

Der Schubmodul ist ein Maß für die Steifigkeit des Kunststoffs. In Bild 6.3 ist der Schubmodul in Abhängigkeit von der Temperatur für verschieden stark vernetzte Kunststoffe aufgetragen.

Steifigkeit

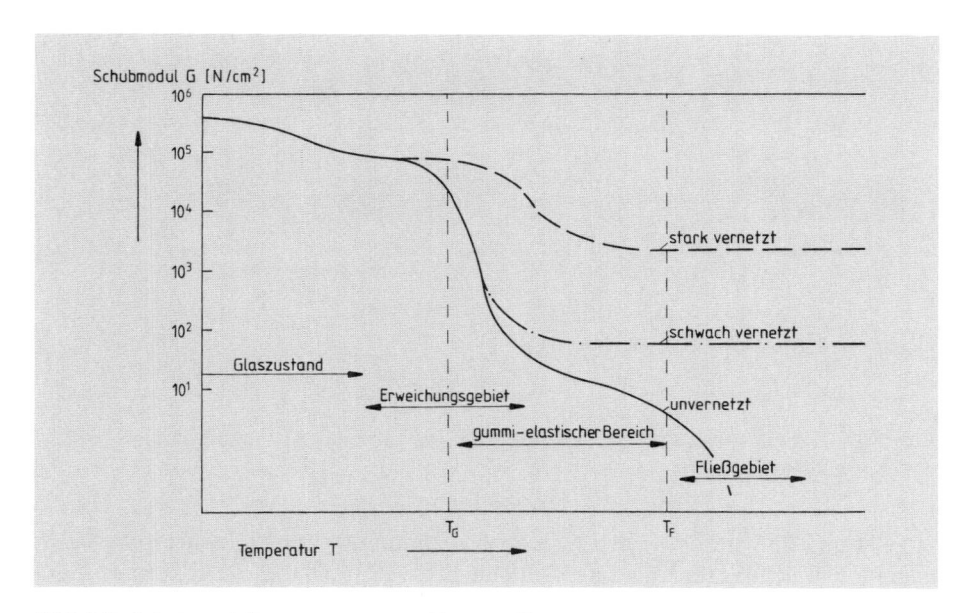

Bild 6.3 Schubmodulkurven vernetzter Kunststoffe

Im Temperaturbereich unterhalb des Erweichungstemperaturbereichs (ET) ist der Kunststoff unabhängig von seinem Vernetzungsgrad hart und spröde.

Erweichungstemperaturbereich

Die Schubmodulkurve des schwachvernetzten Kunststoffs (Elastomer) fällt nach Überschreiten des Erweichungstemperaturbereichs (ET) ab, so dass der Kunststoff nur noch eine geringe Steifigkeit aufweist.

Elastomer

Zersetzungstemperatur   Im Gegensatz zu Thermoplasten behält der schwach vernetzte Kunststoff diese Steifigkeit aber auch bei weiterer Temperaturerhöhung über FT bei. Die Gründe für dieses Verhalten sind die Vernetzungsstellen im Elastomer, die ein Abgleiten der einzelnen Molekülfäden voneinander unmöglich machen. Der Kunststoff wird also nicht schmelzen, sondern sich bei weiterer Temperaturerhöhung über die Zersetzungstemperatur (ZT) zersetzen.

Temperaturbereiche   Ein Beispiel für ein Elastomer ist Naturgummi. Seine Temperaturbereiche sind in Bild 6.4 dargestellt. Die Gebrauchstemperatur von Naturgummi liegt damit im Bereich von – 40 und 130 °C.

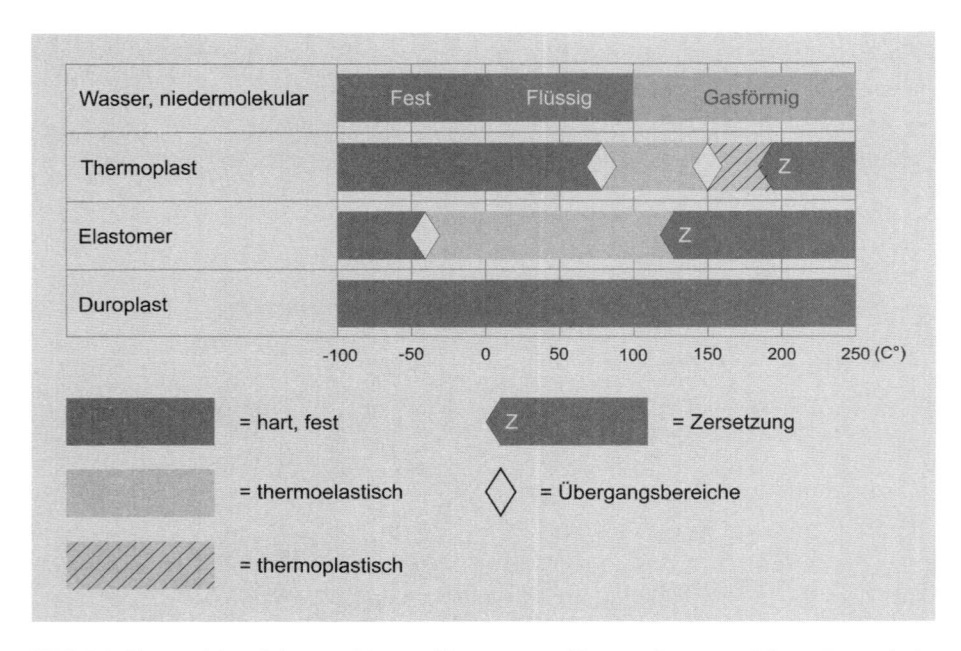

Bild 6.4 Zustandsbereiche von Wasser, Elastomeren, Thermoplasten und Duroplasten bei unterschiedlichen Temperaturen

Duroplast   Ist der Kunststoff stark vernetzt (Duroplast), nimmt die Steifigkeit des Kunststoffs auch im Erweichungsbereich nur wenig ab. Bedingt durch die vielen Vernetzungsstellen zwischen den einzelnen Molekülfäden ist die Beweglichkeit der Makromoleküle untereinander sehr stark eingeschränkt. Wie die Elastomere sind auch die Duroplaste nicht schmelzbar. Auch sie werden oberhalb der Zersetzungstemperatur zerstört.

Temperaturbereiche   Als Beispiel für einen Duroplasten sind in Bild 6.4 die Temperaturbereiche eines warmfesten Duroplasten aus UP dargestellt.

Die Gebrauchstemperatur dieses Duroplasten liegt damit unterhalb von 170 °C.

Erfolgskontrolle zur Lektion 6

Nr.	Frage	Antwortauswahl
6.1	Die Dehnung bei Maximalspannung bezeichnet man als _____ .	Zugfestigkeit Reißdehnung
6.2	Zugfestigkeit ist ein Maß für die _____ des Kunststoffs.	Elastizität Festigkeit Zähigkeit
6.3	Die Reißdehnung ist ein Maß für die _____ des Kunststoffs.	Zähigkeit Zugfestigkeit
6.4	Der Erweichungstemperaturbereich (ET) von teilkristallinen Thermoplasten liegt üblicherweise _____ der Raumtemperatur.	unterhalb oberhalb
6.5	Die CD ist aus dem _____ Thermoplasten Polycarbonat (PC), weil er gute transparente Eigenschaften haben muss.	amorphen teilkristallinen
6.6	Der Schubmodul eines vernetzten Kunststoffs ist ein Maß für seine _____ .	Steifigkeit Festigkeit Zähigkeit
6.7	Elastomere und Duroplaste schmelzen nicht, weil sie _____ sind.	vernetzt verkettet
6.8	Der Gebrauchsbereich von Naturgummi liegt zwischen ca. − 40 und ca. _____ °C.	+ 40 +130 +180

Lektion 7: Zeitabhängiges Verhalten von Kunststoffen

Themenkreis Physik der Kunststoffe

Leitfragen Wie verändert sich die Festigkeit eines belasteten Kunststoffs mit der Zeit?

Was versteht man unter „Kriechen eines Kunststoffs"?

Wie beeinflussen Zeit- und Temperaturabhängigkeit die Festigkeit von Kunststoffen und damit den Einsatz dieses Werkstoffs?

Inhalt
7.1 Verhalten von Kunststoffen unter Last
7.2 Einfluss der Zeit auf das mechanische Verhalten
7.3 Rückstellverhalten von Thermoplasten
7.4 Temperatur- und Zeitabhängigkeit von Kunststoffen

Erfolgskontrolle zur Lektion 7

Vorwissen Bindungskräfte in Kunststoffen (Lektion 4)
Formänderungsverhalten von Kunststoffen (Lektion 6)

7.1 Verhalten von Kunststoffen unter Last

Zugversuch

In einem Zugversuch belasten wir gleichzeitig eine Kunststoff- und eine Metallprobe mit der gleichen Kraft. Die Proben dehnen sich – wie in Bild 7.1 gezeigt – aus. Würde man die Proben sofort wieder entlasten, würden sie wieder ihre ursprüngliche Länge einnehmen.

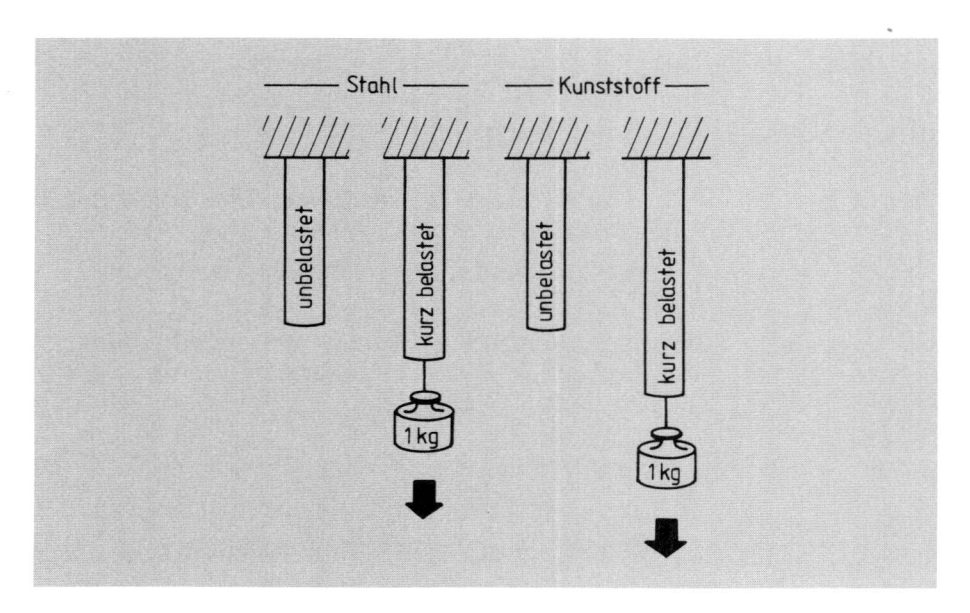

Bild 7.1 Verformung der Proben nach kurzer Lasteinwirkung

Spannung

Dehnung

E-Modul

Wir lassen sie aber belastet und messen, um wie viel sich die Proben gedehnt haben. Die Kraft, mit der die Proben belastet wurden, wird durch die Querschnittsfläche der Probe geteilt. Das ergibt die Spannung, die an der Probe angreift. Wenn wir nun die Spannung durch die Dehnung teilen, erhalten wir den E-Modul der Probe. Er ist also ein Maß dafür, wie viel sich ein Werkstoff unter einer bestimmten Belastung dehnt, ein Maß für seine Festigkeit. Je höher der E-Modul ist, umso weniger dehnt sich ein Material bei gleicher Belastung aus und umso höher ist seine Steifigkeit. Die Tabelle 7.1 zeigt nun die E-Module verschiedener Werkstoffe.

Tabelle 7.1 E-Modul verschiedener Werkstoffe

Werkstoff	E-Modul (N/mm^2)
Kunststoffe	200 – 15.000
Stahl	210.000
Aluminium	50.000

Man erkennt, dass Stahl im E-Modul und damit in der Steifigkeit um bis zu 1000-mal höher liegt als Kunststoff. Deshalb ist in der kurzzeitig belasteten Probe (Bild 7.1) die Längenänderung bei gleicher Last in der Stahlprobe geringer als in der Kunststoffprobe. Der E-Modul aus solch einem Kurzzeitversuch ist für die Konstruktion technischer Teile aus Metall von entscheidender Bedeutung. Bei der Konstruktion von Teilen aus Kunststoff spielt er aber nur eine untergeordnete Rolle, da er nur bedingt eine Aussage über die Festigkeit des Kunststoffs zulässt, denn die Steifigkeit des Kunststoffs ist zeitabhängig.

Vergleich Kunststoff-Stahl

■ 7.2 Einfluss der Zeit auf das mechanische Verhalten

Wir wollen noch einmal die zwei Proben von vorhin betrachten. Die beiden Proben sind nun seit einiger Zeit ständig belastet. Messen wir erneut die Dehnung der Proben, stellen wir fest, dass die Metallprobe die gleiche Dehnung aufweist wie zuvor (Bild 7.2). Bei der Kunststoffprobe hat sich die Dehnung jedoch vergrößert, obwohl die Belastung nicht größer geworden ist. Dies ist ein typisches Verhalten des Kunststoffs, welches man als Kriechen bezeichnet.

Kriechen

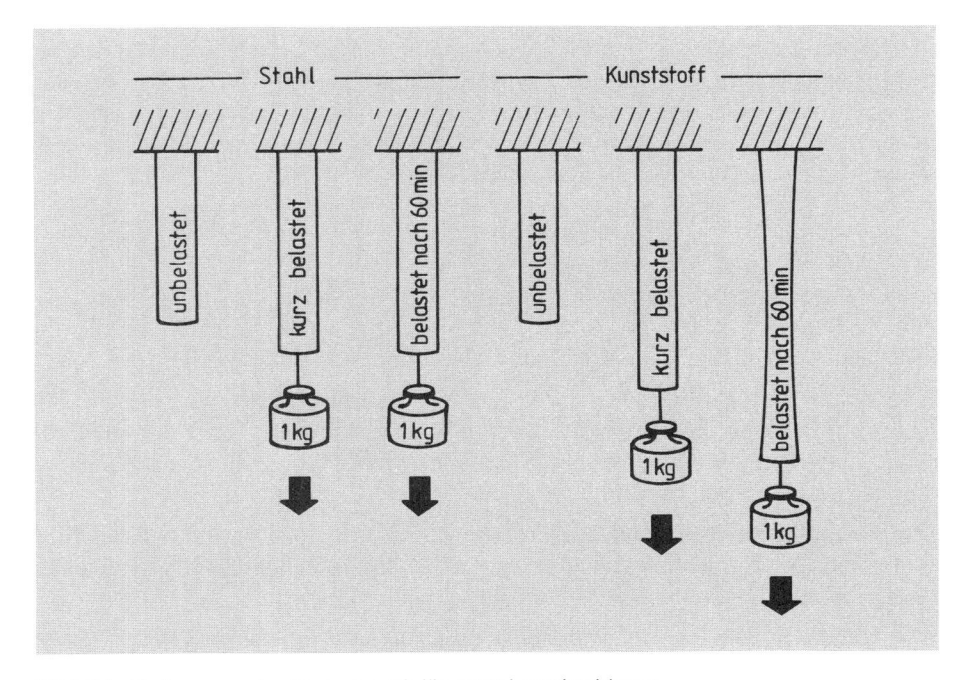

Bild 7.2 Verformung der Proben nach längerer Lasteinwirkung

innerer Aufbau	Das Kriechen des Kunststoffs lässt sich aus seinem inneren Aufbau erklären. Wie gezeigt, besteht der Kunststoff aus verknäulten Makromolekülen, die durch zwischenmolekulare Kräfte zusammengehalten werden. Belastet man nun den Kunststoff, so wird zuerst das Knäuel gedehnt.
Dehnung	
Abgleiten der Makromoleküle	Diese Dehnung geht auch wieder zurück, wenn man den Kunststoff sofort wieder entlastet und die Belastung relativ klein ist. Belastet man ihn länger, so lösen sich langsam die zwischenmolekularen Kräfte. Die Makromoleküle gleiten voneinander ab. Die hierbei entstehende Dehnung geht auch bei Entlastung nicht wieder zurück.
Viskoelastizität	Die Dehnung des Kunststoffs ist also zum Teil elastisch (Knäueldehnung) und zum Teil plastisch, viskos (Abgleiten der Moleküle). Deshalb wird das Verhalten des Kunststoffs als viskoelastisch bezeichnet. Für dieses Verhalten gibt es ein Modell, das Maxwell-Modell (Bild 7.3).

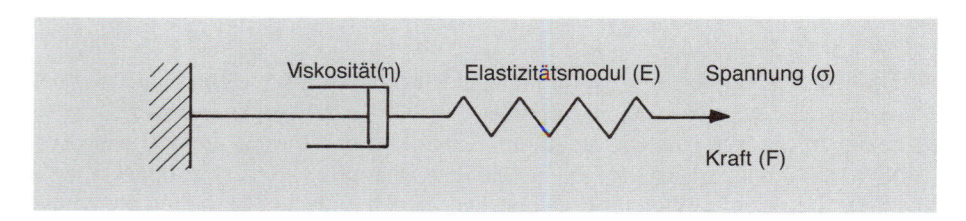

Bild 7.3 Maxwell-Modell

Maxwell-Modell	Das Modell besteht aus einem Dämpfer und einer Feder. Belastet man es mit einer Kraft, dehnt sich die Feder spontan aus, während der Dämpfer nicht sofort reagiert. Erst wenn die Belastung anhält, dehnt sich der Dämpfer langsam aus. Entlastet man das Modell, geht die Dehnung der Feder spontan wieder zurück, während die Dehnung des Dämpfers als plastische Dehnung zurückbleibt.

■ 7.3 Rückstellverhalten von Kunststoffen

	Wie bisher beschrieben, wird ein Knäuel aus Makromolekülen unter Last etwas gedehnt, d.h. die Makromoleküle werden lang ausgestreckt. Entlastet man den Kunststoff sofort wieder, nehmen die Moleküle wieder ihre ursprüngliche Stellung ein, die Dehnung geht zurück.
Rückstelleffekt	Ein Verhalten von Kunststoff, das auf dem gleichen Prinzip basiert, ist der Rückstelleffekt. Wir betrachten ein einfaches Kunststoffrohr, in dem die Makromoleküle verknäult vorliegen (Bild 7.4, Position a).
thermoelastischer Bereich	Wir erwärmen das Rohr solange, bis seine Temperatur im thermoelastischen Bereich liegt (oberhalb des Erweichungstemperaturbereichs ET, aber unterhalb des Fließtemperaturbereichs FT). Das Rohr lässt sich nun relativ leicht in einen rechten
Umformen	Winkel biegen (Bild 7.4, Position b). Dieser Vorgang von Erwärmen und Verformen

wird auch in der Kunststoffverarbeitung als Umformen bezeichnet. Nach dem Umformen kühlen wir das Rohr unter den Erweichungstemperaturbereich (ET) ab. Das Rohr bleibt verformt.

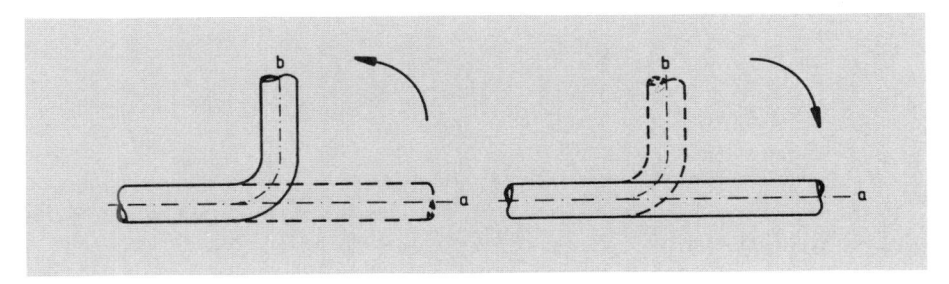

Bild 7.4 Rückstellverhalten eines Kunststoffrohrs

Könnten wir die Moleküle an der Stelle betrachten, an der das Rohr gebogen wurde, würden wir feststellen, dass sie dort nicht mehr verknäuelt, sondern ausgestreckt vorliegen. Man spricht von Orientierungen im Kunststoff. Da die Temperatur aber zu niedrig ist, können sie sich nicht in ihre ursprüngliche, verknäuelte Form zurückbewegen. Man sagt, die Orientierungen sind eingefroren.

Orientierung

Wenn wir das verformte Rohr nun wieder erwärmen, bewegen sich die Moleküle in ihre Ausgangslage zurück und ziehen dadurch das Rohr wieder in seine ursprüngliche, gerade Form (von Position b nach a in Bild 7.4). Die Orientierungen bilden sich wieder zurück. Diesen Vorgang nennt man Rückstellverhalten.

Rückstellverhalten

■ 7.4 Temperatur- und Zeitabhängigkeit von Kunststoffen

Wie beschrieben haben Temperatur und Zeit einen entscheidenden Einfluss auf das mechanische Verhalten von Kunststoffen. Deshalb spielen die spätere Anwendungstemperatur und Belastungsdauer bei der Konstruktion von technischen Teilen aus Kunststoff, im Gegensatz zur Konstruktion von Metallteilen, eine entscheidende Rolle.

Konstruktion

Um dem Konstrukteur ein Hilfsmittel zu geben, mit dem er diese beiden Einflüsse abschätzen kann, werden sogenannte Kriechkurven von den einzelnen Kunststoffen aufgenommen (Bild 7.5).

Kriechkurven

Bei einer bestimmten Temperatur wird eine Kunststoffprobe, die eine definierte Querschnittsfläche besitzt, mit einer Kraft belastet und die Veränderung der Dehnung im Laufe der Zeit gemessen. Die Versuche werden mit verschiedenen Kräften und bei verschiedenen Temperaturen wiederholt.

Messungen

Diagramme
Die aufgenommenen Messwerte werden als Kurven in ein Diagramm eingezeichnet. Das Diagramm (Bild 7.5) zeigt die Dehnung der Proben in Abhängigkeit von der Belastungsdauer. Jede der Kurven steht für eine bestimmte Belastung bzw. Spannung (σ) und eine bestimmte Temperatur. Die Spannung (σ_1) bedeutet die kleinste und die Spannung (σ_4) die größte aufgebrachte Spannung.

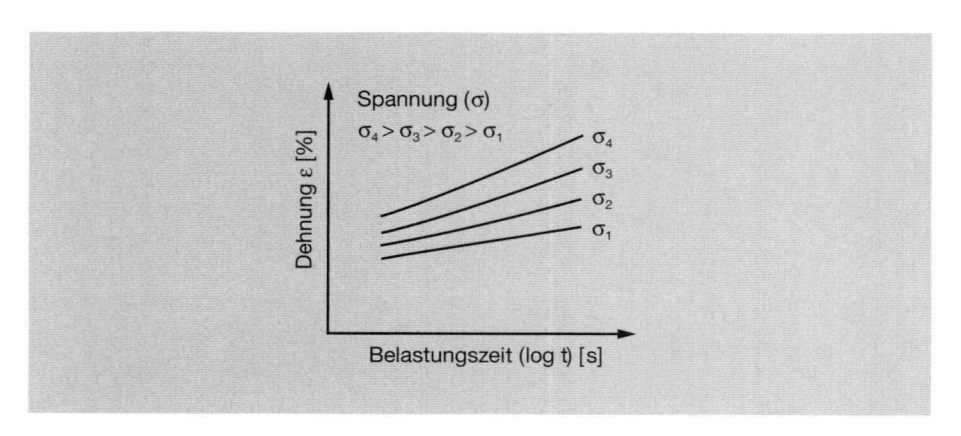

Bild 7.5 Kriechkurven

Um die Diagramme übersichtlicher zu gestalten, werden oft in einem Diagramm nur Kurven eingezeichnet, die z. B. für eine bestimmte Temperatur gelten. So lässt sich aus einem solchen Diagramm gut die Veränderung der Kurven durch verschiedene Belastung ersehen. Die Belastungen werden als Spannungen angegeben, also als Belastung pro Querschnitt. Hierdurch können die Werte zur Auslegung von Teilen beliebigen Querschnitts verwendet werden.

Auslegung

Oft ist es für den Konstrukteur aber nützlicher, die Information, die ein Kriechkurvendiagramm enthält, in einer anderen Art und Weise vorliegen zu haben. Dann werden sie in andere Diagrammformen umgezeichnet.

Zeitstandschaubild
So ein anderes Diagramm ist das Zeitstandschaubild. In ihm wird die Spannung bei einer konstanten Temperatur und Dehnung (ε) in Abhängigkeit von der Zeit aufgetragen (Bild 7.6).

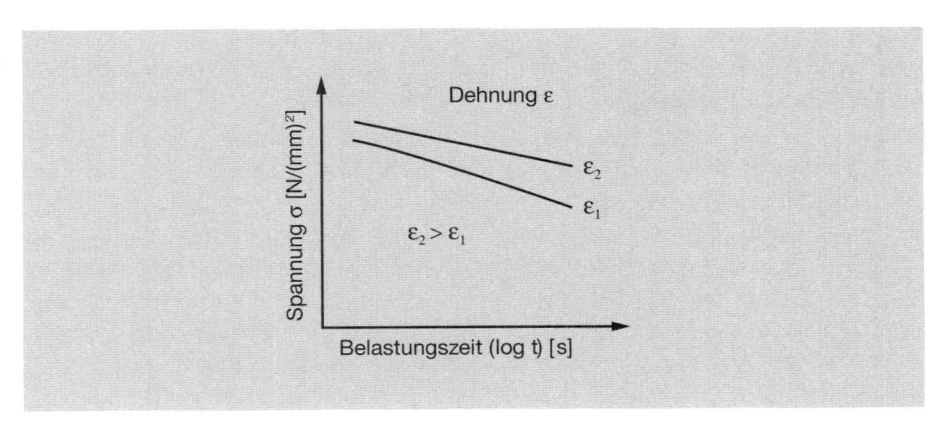

Bild 7.6 Zeitstandschaubild

Aus dem Zeitstandschaubild lassen sich besonders gut die zulässigen Spannungen und damit Belastungen entnehmen, wenn eine bestimmte Dehnung des auszulegenden Teils nicht überschritten werden darf.

Eine weitere Diagrammform ist das isochrone Spannungs-Dehnungsdiagramm. Hier wird die Spannung bei einer konstanten Zeit (iso = gleich, chronos = Zeit) und Temperatur in Abhängigkeit von der Dehnung aufgetragen (Bild 7.7).

Spannungs-Dehnungsdiagramm

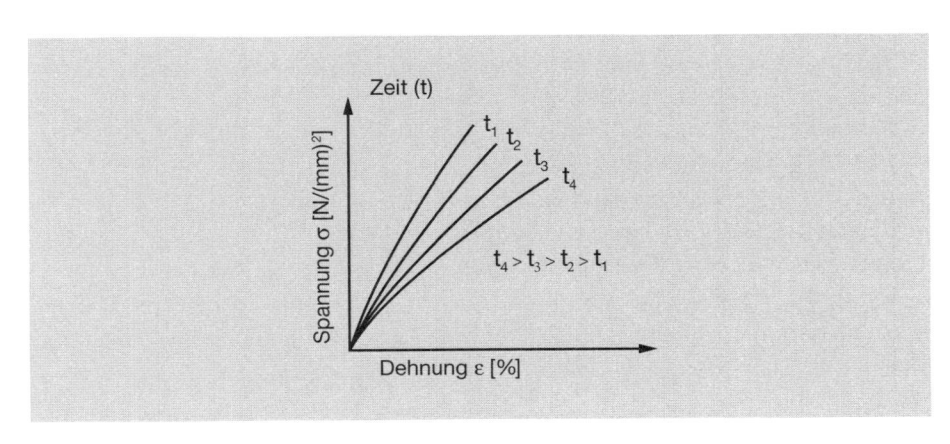

Bild 7.7 Isochrones Spannungs-Dehnungsdiagramm

Aus diesem Diagramm lässt sich besonders gut derjenige Bereich des Kunststoffs entnehmen, in dem die Dehnung linear von der Spannung abhängt.

Wir wollen uns nun einmal ansehen, wie man mit einem Zeitstanddiagramm umgeht. Bild 7.8 zeigt ein Zeitstanddiagramm von PMMA für eine Temperatur von 23 °C. Wir nehmen an, ein Teil soll bei 23 °C unter einer Spannung von 40 N/mm² stehen. Wie lange würde es dauern, bis es bricht? Wie lange dauert es unter sonst gleichen Annahmen und einer Spannung von 50 N/mm² bis zum Bruch?

Beispiel

Ergebnis	Für die Spannung von 40 N/mm² ergibt sich eine Zeit von ca. 10^4 Stunden, was ungerechnet einer Zeit von ca. 14 Monaten entspricht. Für 50 N/mm² ergibt sich eine Zeit 2,6 × 10^2 Stunden, gleich ca. 11 Tage!
Konstruktion	Hieran kann man ersehen, wie stark zeitabhängig das Verhalten des Kunststoffs ist, und dass man diesen Gesichtspunkt unter keinen Umständen bei der Konstruktion vernachlässigen darf.
Temperaturabhängigkeit	Betrachten wir nun PMMA bei gleicher Belastung (40 N/mm²) aber unterschiedlichen Temperaturen. Wie zuvor beschrieben, dauert es ca. 14 Monate bis PMMA bei einer Temperatur von 23 °C bricht. Erhöhen wir die Temperatur auf 60 °C stellen wir fest, dass es nicht mehr 14 Monate sondern nur noch 1,5 Stunden (90 Minuten) dauert, ehe der Kunststoff bricht. Die Veränderung des Verhaltens bei Änderung der Temperatur ist also noch drastischer als die Zeitabhängigkeit.

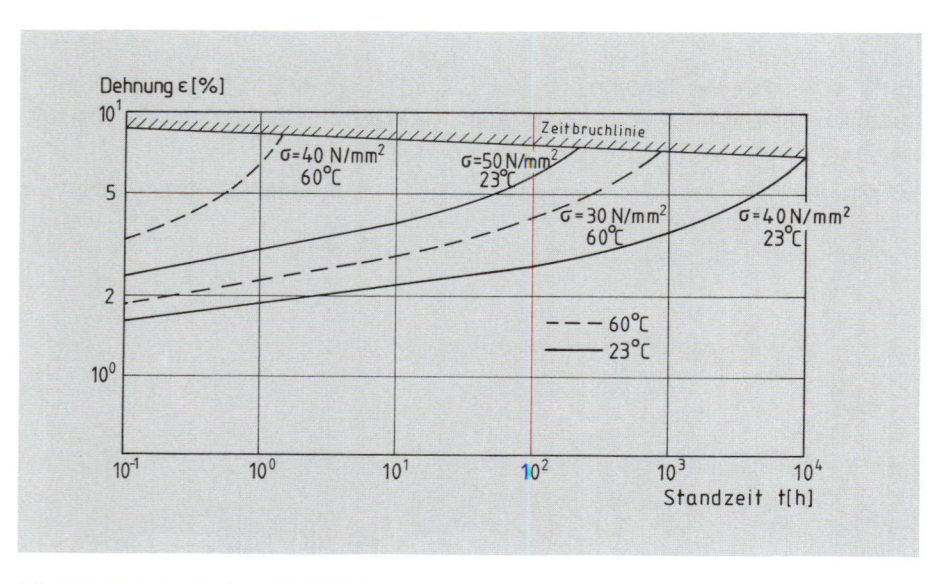

Bild 7.8 Zeitstandschaubild PMMA

Erfolgskontrolle zur Lektion 7

Nr.	Frage	Antwortauswahl
7.1	Der E-Modul ist ein Maß für die _____ eines Werkstoffs.	Festigkeit Steifigkeit Plastizität
7.2	Der E-Modul von Stahl ist bis zu _____ mal höher als der von Kunststoff.	10 100 1.000
7.3	Die Dehnung eines Kunststoffs ist von der Höhe und Dauer der Belastung _____ .	nicht abhängig abhängig
7.4.	Die Änderung der Dehnung eines Kunststoffs unter konstanter Last nennt man _____ .	Abgleiten Kriechen
7.5	Der Rückstelleffekt kann sich beim _____ von umgeformten Kunststoffen bemerkbar machen.	Erwärmen Abkühlen
7.6	Die gestreckten, eingefrorenen Moleküle bezeichnet man als _____ .	Orientierungen Spannungen
7.7	Die Abhängigkeit des mechanischen Verhaltens von Kunststoff von der _____ muss bei der Konstruktion berücksichtigt werden.	Zeit und Temperatur Temperatur Zeit
7.8	Als Hilfsmittel beim Konstruieren dienen dem Konstrukteur Diagramme wie Kriechkurven, das _____ oder das isochrone Spannungs-Dehnungsdiagramm.	Zeitstandschaubild Dauerfestigkeitsdiagramm

Lektion 8: Physikalische Eigenschaften

Themenkreis	Physik der Kunststoffe
Leitfragen	Wie ist die Dichte von Kunststoffen gegenüber Metallen?
	Wie ist die Wärmeleitfähigkeit von Kunststoffen?
	Wie ist die elektrische Leitfähigkeit von Kunststoffen?
	Welche optischen Eigenschaften haben Kunststoffe?
Inhalt	8.1 Dichte
	8.2 Wärmeleitfähigkeit
	8.3 Elektrische Leitfähigkeit
	8.4 Lichtdurchlässigkeit
	8.5 Materialkennwerte von Kunststoffen
	Erfolgskontrolle zur Lektion 8
Vorwissen	Grundlagen der Kunststoffe (Lektion 1)

8.1 Dichte

Dichtebereich

Kunststoffe zeichnen sich im Vergleich zu anderen Werkstoffen durch eine recht geringe Dichte aus (Tabelle 8.1). Der Dichtebereich von Kunststoffen erstreckt sich von ungefähr 0,9 g/cm³ bis 2,3 g/cm³. Zu den Kunststoffen geringerer Dichte gehören z. B. die Massenkunststoffe Polyethylen (PE) und Polypropylen (PP). Beide Materialien besitzen eine geringere Dichte als Wasser. Sie schwimmen somit in Wasser. Deshalb ist es z. B. auch möglich diese beiden Kunststoffe von schwereren Kunststoffen, aufgrund ihres größeren Auftriebes, in Wasser zu trennen. Die meisten Kunststoffe liegen im Dichtebereich zwischen 1 g/cm³ und 2 g/cm³. Nur bei einigen wenigen übersteigt die Dichte den Wert 2 g/cm³, wie beispielsweise bei Polytetrafluorethylen (PTFE).

Tabelle 8.1 Dichte verschiedener Werkstoffe

Werkstoff	Dichte ρ (g/cm³)
Kunststoffe	0,9 – 2,3
▪ PE	0,9 – 1,0
▪ PP	0,9 – 1,0
▪ PC	1,0 – 1,2
▪ PA	1,0 – 1,2
▪ PVC	1,2 – 1,4
▪ PTFE	>1,8
Stahl	7,8
Aluminium	2,7
Holz	0,2 – 0,95
Wasser	1,0

Ursachen

Die Dichte anderer Werkstoffe ist zum Teil um ein Mehrfaches höher. So befindet sich die Dichte von Aluminium bei etwa 2,7 g/cm³ und von Stahl bei 7,8 g/cm³. Die höhere Dichte anderer Materialien ist auf zwei Ursachen zurückzuführen:

- Die einzelnen Atome (Aluminium, Eisen) sind schwerer als Kohlenstoff-, Stickstoff-, Sauerstoff- oder Wasserstoffatome, aus denen Kunststoffe aufgebaut sind.
- Der durchschnittliche Abstand zwischen den Atomen in Kunststoffen ist teilweise größer als in Metallen.

8.2 Wärmeleitfähigkeit

Wärmeleitfähigkeit

Ein Maß, wie gut ein Stoff Wärme transportieren kann, ist seine Wärmeleitfähigkeit. Die Wärmeleitfähigkeit von Kunststoff liegt im Bereich von 0,15 bis 0,5 W/mK. Das ist ein sehr niedriger Wert. Im Vergleich zum Kunststoff sind in Tabelle 8.2 die Wärmeleitfähigkeiten anderer Stoffe aufgelistet. Metall zum Beispiel hat einen bis zu 2.000-mal höheren Wert. Es leitet die Wärme sehr gut. Luft dagegen leitet Wärme noch 10-mal schlechter als Kunststoff.

Tabelle 8.2 Wärmeleitfähigkeit verschiedener Werkstoffe

Werkstoff	Wärmeleitfähigkeit λ (W/mK)
Kunststoff	0,15 – 0,5
▪ PE	0,32 – 0,4
▪ PA	0,23 – 0,29
Stahl	17 – 50
Aluminium	211
Kupfer	370 – 390
Luft	0,05

Ein Grund für die geringe Wärmeleitfähigkeit von Kunststoff ist das Fehlen von frei beweglichen Elektronen im Material. Da Metalle diese Elektronen besitzen, leiten sie sowohl den elektrischen Strom als auch die Wärme gut. — Gründe

Ein Nachteil der schlechten Wärmeleitfähigkeit zeigt sich bei der Verarbeitung von Kunststoffen. Die zur Verarbeitung notwendige Wärme lässt sich nur langsam in den Kunststoff einbringen und am Ende der Verarbeitung auch nur schwer wieder abführen. — Verarbeitung

Was sich bei der Verarbeitung als Nachteil erweist, ist aber im täglichen Gebrauch oft ein Vorteil. So werden Kunststoffe z. B. als Topfgriffe eingesetzt, da sie beim Erhitzen der Töpfe nicht so schnell heiß werden wie Metall, und man den Topf so vom Herd nehmen kann, ohne sich die Finger zu verbrennen. Auch als Dämmstoffe in der Bauindustrie werden Kunststoffe eingesetzt. Da Luft, wie zuvor beschrieben, die Wärme noch weniger leitet, wird dem Kunststoff Luft „zugemischt". Man erhält einen geschäumten Kunststoff, der einen Mittelwert der beiden Wärmeleitfähigkeiten besitzt. Andererseits kann man, um die Wärmeleitfähigkeit des Kunststoffs zu erhöhen, ihm metallische Füllstoffe zugeben. — Anwendungen

■ 8.3 Elektrische Leitfähigkeit

Ein Maß, wie gut ein Stoff den elektrischen Strom leiten kann, ist seine elektrische Leitfähigkeit. Kunststoffe leiten den elektrischen Strom im Allgemeinen sehr wenig. Sie haben hohe Widerstände und damit eine niedrige Leitfähigkeit im Vergleich zu anderen Stoffen (Tabelle 8.3). Der elektrische Widerstand von Kunststoffen ist temperaturabhängig. Er nimmt mit steigender Temperatur ab, der Kunststoff leitet besser. — Elektrische Leitfähigkeit

Tabelle 8.3 Elektrische Leitfähigkeit

Werkstoff	Elektr. Leitfähigkeit Σ (m/Ohm mm²)
PVC	10^{-15} (bis ca. 60 °C)
Stahl	5,6
Aluminium	38,5
Kupfer	58,5

Gründe
Ein Grund für die geringe elektrische Leitfähigkeit von Kunststoffen ist das Fehlen von freien Elektronen, wie sie in Metallen vorkommen.

Erhöhung der Leitfähigkeit
Möchte man eine bessere Leitfähigkeit der Kunststoffe erreichen, so kann man Metallpulver einarbeiten. Welchen Einfluss das auf den elektrischen Widerstand des Kunststoffs hat, lässt sich Bild 8.1 entnehmen.

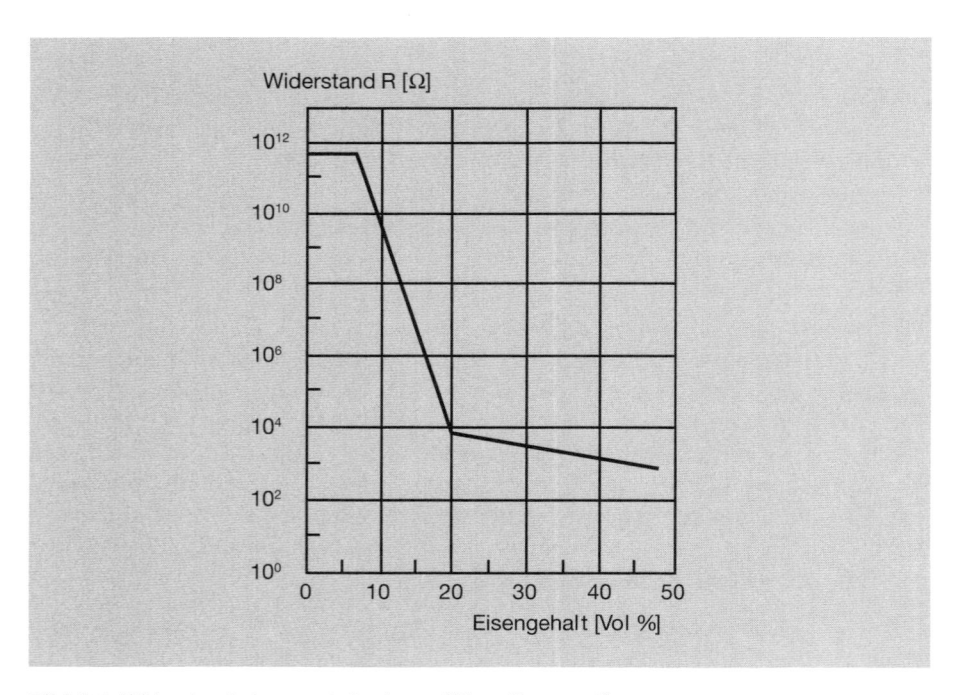

Bild 8.1 Widerstand eines metallpulvergefüllten Kunststoffs

Isolieren
Wie man sieht, sinkt der Widerstand bei der Zumischung von 20 % Metall um einen Faktor von 10.000.000 (10 Millionen!). Aufgrund seines sehr hohen elektrischen Widerstands werden Kunststoffe gern zum Isolieren von elektrischen Geräten und Leitungen genommen.

8.4 Lichtdurchlässigkeit

Als Lichtdurchlässigkeit oder Transmissionsgrad bezeichnet man das Verhältnis der Stärke des ohne Ablenkung durchgelassenen Lichts zur Stärke des einfallenden Lichts. Die amorphen Thermoplaste wie PC, PMMA, PVC sowie UP-Harz unterscheiden sich in ihrer Lichtdurchlässigkeit nicht wesentlich von Fensterglas. Die Lichtdurchlässigkeit beträgt ca. 90 % (Tabelle 8.4). Dies entspricht einem Transmissionsgrad von 0,9 %, das heißt Faktor 0,1 oder 10 % des Lichts geht durch Reflexion und Absorption verloren.

Transmissionsgrad

Tabelle 8.4 Lichtdurchlässigkeit

Werkstoff	Lichtdurchlässigkeit (%)
PC	72 - 89
PMMA	92
Fensterglas	90

Ein Nachteil der Kunststoffe ist allerdings, dass Umwelteinflüsse, wie z. B. Bewitterung oder Temperaturwechselbeanspruchungen, eine Trübung und damit eine Verschlechterung der Lichtdurchlässigkeit verursachen können.

Umwelteinflüsse

Da sich der amorphe Thermoplast Polycarbonat (PC) neben anderen guten Eigenschaften durch seine gute Lichtdurchlässigkeit auszeichnet, werden optische Datenträger (CD, CD-ROM, DVD) aus diesem Kunststoff hergestellt.

CD

8.5 Materialkennwerte von Kunststoffen

Eigenschaftsklassen

Die hier vorgestellten physikalischen Eigenschaften der Kunststoffe sind nicht alle Eigenschaften, die ein Kunststoff besitzt. Die verschiedenen Eigenschaften lassen sich in Klassen einordnen, wie z.B. die Klasse der mechanischen oder die Klasse der thermischen Eigenschaften. Zu den verschiedenen Eigenschaften jeder Klasse gehören fast immer mehrere physikalische Messwerte, die die Eigenschaft des Kunststoffs beschreiben. Anhand dieser Messwerte kann ein Konstrukteur oder Planer den Kunststoff auswählen, der seinen Anforderungen entspricht.

Datenbanken

Zum Beispiel ist für die Herstellung einer CD, die im Spritzgießprozess gefertigt wird, ein leicht fließender Kunststoff erforderlich, damit die feinen Vertiefungen, die die Dateninformationen beinhalten (Musik, Bilder, etc.), auch vollständig abgebildet werden, damit keine "Ja-Nein-Information" verloren geht. Das bedeutet, dass ein Kunststoff mit einer extrem niedrigen Viskosität für den Herstellungsprozess erforderlich ist. Zudem muss der Kunststoff noch sehr transparent sein, damit die Dateninformation ausgelesen werden kann. Das bedeutet, es muss ein amorpher Thermoplast ausgewählt werden. Natürlich sind noch weitere Eigenschaften von Bedeutung, die in das "Suchprofil" eingebunden sein müssen.

Früher hat man Tabellenwerke und Handbücher benutzt, um die Materialdaten für einen Kunststoff mit bestimmten Materialeigenschaften zu ermitteln. Heutzutage stellen die Rohstoffhersteller alle relevanten Materialdaten ihrer Kunststoffe in einer Datenbank zur Verfügung. Der Ingenieur oder Experte kann dann mit einem bestimmten Suchprofil, das die Materialeigenschaften für eine bestimmte Anwendung nachbildet, leicht und bequem das richtige Material suchen und mit den Daten anderer Hersteller vergleichen. Eine weltweit verbreitete Datenbank ist die CAMPUS-Datenbank, aus der ein Datenblatt in Bild 8.2 (Suchprofil CD) für einen ABS-Werkstoff exemplarisch dargestellt ist.

Dieser ABS (Acrylnitril-Butadien-Styrol) hat den Markennamen "Novodur" (der gesetzlich geschützt ist) und trägt die Firmenbezeichnung "P2H-AT". Neben dem Materialwert und der Einheit wird hier noch die Prüfnorm angegeben, nachdem die Werte ermittelt wurden, damit sie auch vergleichbar sind. Zum Beispiel beträgt die Dichte dieses Kunststoffes 1,050 kg/m³, was umgerechnet 1,05 kg/dm³ entspricht. Dieser Kunststoff ist somit etwas schwerer als Wasser.

VDA CAMPUS® Datasheet

Novodur® P2H-AT - ABS
Styrolution

STYROLUTION

Physical properties	I	M	E[1]	Value	Unit	Test Standard
Melt volume-flow rate, MVR	X	X	X	37	cm³/10min	ISO 1133
Temperature	X	X	X	220	°C	ISO 1133
Load	X	X	X	10	kg	ISO 1133
Viscosity number	X	X	X	-	cm³/g	ISO 307, 1157, 1628
Molding shrinkage, parallel	X	X	X	-	%	ISO 294-4, 2577
Molding shrinkage, normal	X	X	X	-	%	ISO 294-4, 2577
Humidity absorption	X	X	X	-	%	Sim. to ISO 62
Water absorption	X	X	X	-	%	Sim. to ISO 62
Density	X	X	X	1050	kg/m³	ISO 1183
Type and amount of reinforcement	X	X	X	-	-	ISO 3451-1

Mechanical properties	I	M	E[1]	Value	Unit	Test Standard
Tensile Modulus	X	X	X	2500	MPa	ISO 527-1/-2
Yield stress	X	X	X	44	MPa	ISO 527-1/-2
Stress at break	X	X	X	*	MPa	ISO 527-1/-2
Yield strain	X	X	X	2.1	%	ISO 527-1/-2
Strain at break	X	X	X	*	%	ISO 527-1/-2
Charpy impact strength, +23°C	X	X	X	100	kJ/m²	ISO 179/1eU
Charpy notched impact strength, +23°C	X	X	X	16	kJ/m²	ISO 179/1eA
Charpy impact strength, -30°C	X	X	X	80	kJ/m²	ISO 179/1eU
Charpy notched impact strength, -30°C	X	X	X	7	kJ/m²	ISO 179/1eA
Puncture test - ductile/brittle transition temperature	X	X		-	°C	ISO 6603-2

Thermal properties	I	M	E[1]	Value	Unit	Test Standard
Melting temperature, 10°C/min	X	X	X	*	°C	ISO 11357-1/-3
Temp. of deflection under load, 1.80 MPa	X	X	X	93	°C	ISO 75-1/-2
Temp. of deflection under load, 0.45 MPa	X	X	X	97	°C	ISO 75-1/-2
Temp. of deflection under load, 8.00 MPa	X	X	X	*	°C	ISO 75-1/-2
Vicat softening temperature, 50°C/h 50N	X	X	X	98	°C	ISO 306
Coeff. of linear therm. expansion -40°C to +100°C, parallel	X	X	X	-	E-6/K	ISO 11359-1/-2
Coeff. of linear therm. expansion -40°C to +100°C, normal	X	X	X	-	E-6/K	ISO 11359-1/-2
Burning rate, Thickness 1 mm	X			-	mm/min	ISO 3795 (FMVSS 302)
Burning Behav. at 1.5 mm nom. thickn.		X	X	HB	class	IEC 60695-11-10

Emission / Odor	I	M	E[1]	Value	Unit	Test Standard
Emission of organic compounds	X			-	µgC/g	VDA 277
Thermal desorption analysis of organic emissions	X			-	µg/g	VDA 278
Odor test	X	X[2]		-	class	VDA 270

Long term / Aging	I	M	E[1]	Value	Unit	Test Standard
Thermal stability in air, Charpy at 50% decrease, 3000h	X	X	X	-	°C	DIN/IEC 60216-1
Test specimen				-	-	

Weather stability, ISO 4892-2, Method A	I	M	E[1]	Value	Unit	Test Standard
Weather stability delta l			X	-	-	DIN 53236
Weather stability delta a			X	-	-	DIN 53236
Weather stability delta b			X	-	-	DIN 53236
Weather stability delta E			X	-	-	DIN 53236
Weather stability grey scale			X	-	-	ISO 105-A02

[1] I=Interior parts, M=Parts in motor compartment, E=Exterior parts
[2] air-ducting parts with contact to interior

Datasheet according to an agreement between VDA (Association of the Automotive Industry) and CAMPUS®
All data is subject to the producer's disclaimer.
http://www.campusplastics.com - Styrolution - 2013-02-28

Bild 8.2 Auszug aus einem Datenblatt für einen ABS-Kunststoff (*http://www.campusplastics.com*) Erläuterung

Kunststoffdatenbanken bieten aber über dieses Datenblatt hinaus noch viele weitere Möglichkeiten, indem sie zum Beispiel komplexe Zusammenhänge in Diagrammform anbieten. Das Bild 8.3 zeigt die Spannungs-Dehnungs-Diagramme für zwei verschiedene Temperaturbereiche in Abhängigkeit von verschiedenen Belastungszeiträumen (1 h bis 10.000 h).

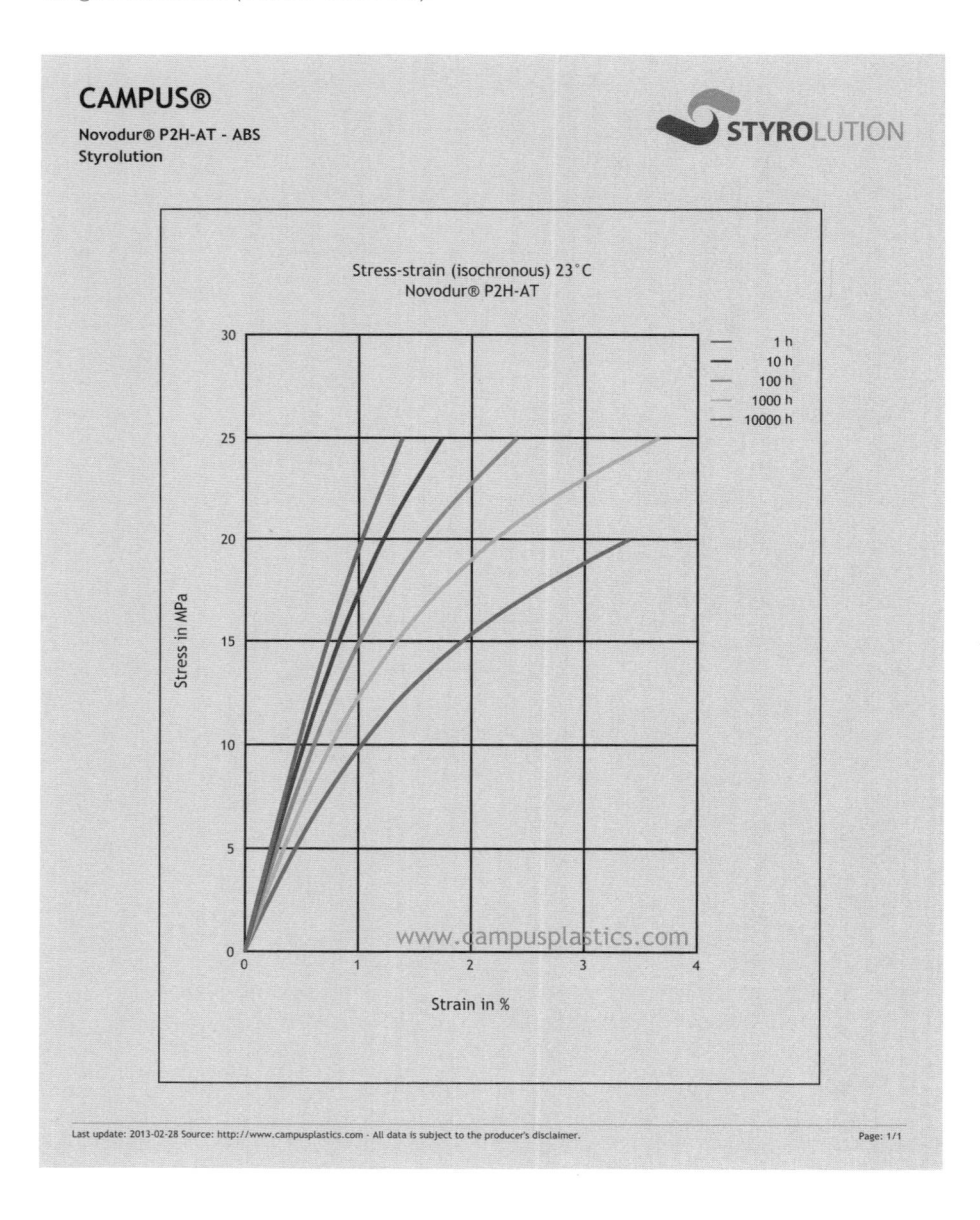

CAMPUS®
Novodur® P2H-AT - ABS
Styrolution

STYROLUTION

Stress-strain (isochronous) 40 °C
Novodur® P2H-AT

— 1 h
— 10 h
— 100 h
— 1000 h
— 10000 h

Stress in MPa / Strain in %

www.campusplastics.com

Last update: 2013-02-28 Source: http://www.campusplastics.com - All data is subject to the producer's disclaimer. Page: 1/1

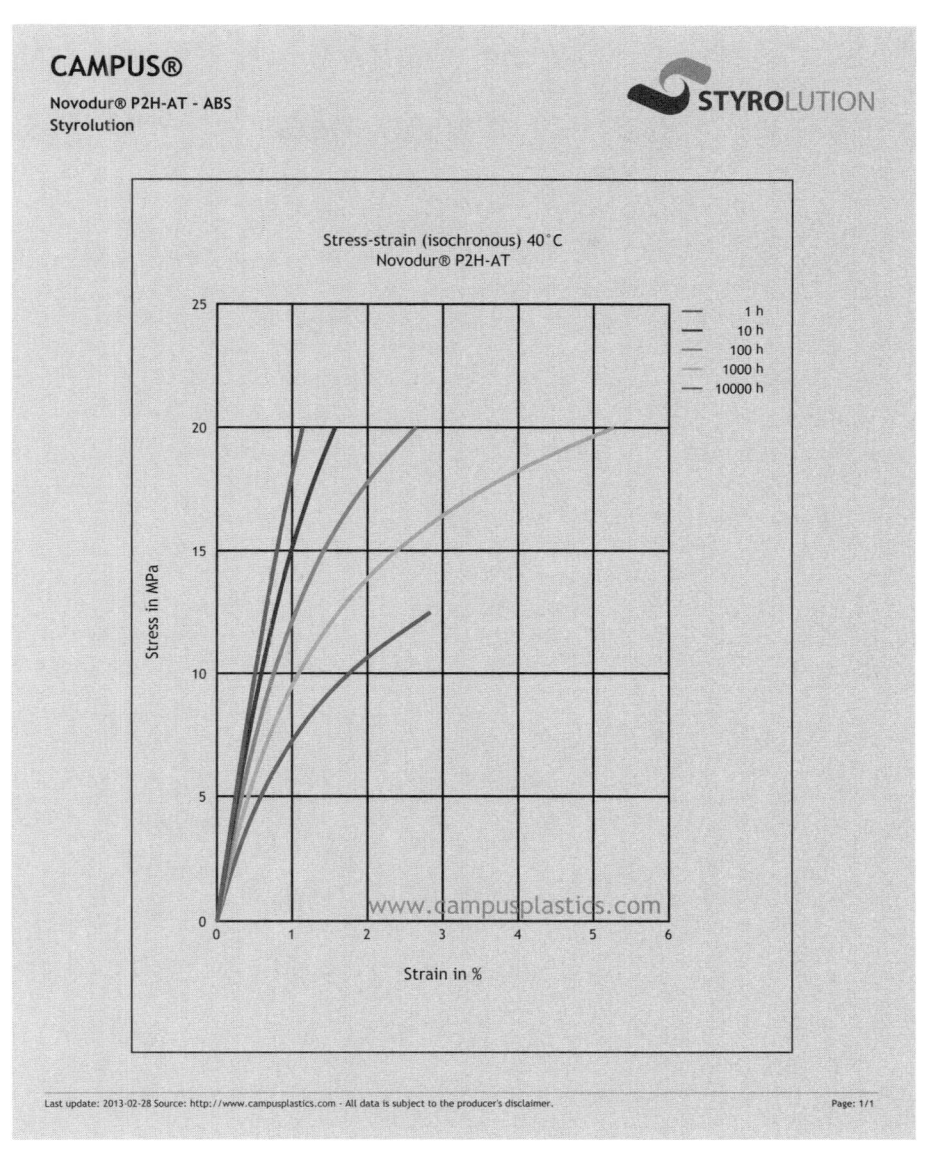

Bild 8.3 Spannungs-Dehnungs-Diagramme für zwei verschiedene Temperaturen (http://www.campusplastics.com)

Man kann für den Werkstoff ABS erkennen, dass bei einer Belastungsdauer von 1.000 h, unter dem kontinuierlichen Temperatureinfluss von 40 °C, die Dehnung 5,2 % beträgt, bei einer Spannung von 20 MPa. Bei einer Raumtemperatur von 23 °C beträgt der Wert der Dehnung 2,3 % bei derselben Zeitdauer von 1.000 h und derselben Belastung von 20 MPa. Unter dem Temperatureinfluss von nur zusätzlich 17 °C mehr, dehnt sich das Kunststoffteil um mehr als das doppelte aus. Hier liegt ein großer Unterschied gegenüber den metallischen Werkstoffen. Solange sie nicht über den Elastizitätsmodul hinaus belastet werden, spielt die Dauer der Belastung keine Rolle für die Ausdehnung.

Erfolgskontrolle zur Lektion 8

Nr.	Frage	Antwortauswahl
8.1	Kunststoffe sind in der Regel _____ als Metalle.	leichter schwerer
8.2	Die Dichte von Stahl beträgt 7,8 g/cm³. Die Dichte von Kunststoffen liegt im Bereich von _____ g/cm³.	0,5 bis 0,8 0,9 bis 2,3 2,5 bis 5,0
8.3	Metalle haben eine bis zu _____ mal höhere Wärmeleitfähigkeit als Kunststoffe.	20 200 2.000
8.4	Die schlechte elektrische Leitfähigkeit von Kunststoffen kann durch Zusätze wie _____ verbessert werden.	Kreidemehl Metallpulver Glassplitter
8.5	Die Lichtdurchlässigkeit von amorphen Thermoplasten ist _____ die von Glas.	größer als kleiner als etwa gleich
8.6	Eine CD besteht aus dem amorphen Kunststoff PC wegen seiner guten _____ .	Wärmeleitfähigkeit Lichtdurchlässigkeit Dichte

9 Lektion

Grundlagen der Rheologie

Themenkreis Grundlagen der Kunststoffe

Leitfragen Was bedeutet Rheologie?
Was ist eine Schubspannung?
Was ist eine Schergeschwindigkeit?
Was ist die Viskosität?
Welches Fließverhalten haben Kunststoffschmelzen?
Wie wird das Fließverhalten gemessen?

Inhalt 9.1 Rheologie
9.2 Fließ- und Viskositätskurven
9.3 Fließverhalten von Kunststoffschmelzen
9.4 Schmelzeindex

Erfolgskontrolle zur Lektion 9

Vorwissen Grundwissen der Kunststoffe (Lektion 1)
Rohstoffe und Polymersynthese (Lektion 2)
Bindungskräfte in Kunststoffen (Lektion 4)
Einteilung der Kunststoffe (Lektion 5)

9.1 Rheologie

Rheologie
Fließverhalten

Die Rheologie (griechisch) ist ein Teilgebiet der Physik und beschreibt allgemein das Fließverhalten von Stoffen (fest, flüssig, gasförmig) unter dem Einfluss äußerer Kräfte. Für die Kunststoffe ist die Rheologie von besonderer Bedeutung, denn die meisten Kunststoffe werden durch Aufschmelzen verarbeitet, somit in flüssiger Form als Fluid (Flüssigkeit) unter Wärmezufuhr mit anschließendem Abkühlen hergestellt. Da Kunststoffe schlechte Wärmeleiter sind, sind die Verflüssigung des festen Kunststoffs (Granulat) und der Transport des flüssigen Kunststoffs zur Herstellung von Produkten eine Kernaufgabe der Kunststoffverarbeitung und der Anforderungen an die Kunststoffverarbeitungsmaschinen.

Normalkraft
Schubspannung

Festkörper können durch Zugbelastungen, d. h. durch Aufbringung einer Normalkraft, gedehnt werden. Sie können jedoch auch durch eine Schubspannung verformt werden. Flüssigkeiten, wie zum Beispiel Wasser, können nur Schubspannungen aufgeprägt werden. Spannungen in Festkörpern (Kraft/Fläche) bewirken eine Formänderung. Diese Formänderung wird Dehnung genannt und entspricht der Längenänderung bezogen auf die Ausgangslänge. Schubspannungen hingegen entsprechen Winkeländerungen. Eine aufgebrachte Schubspannung auf eine Flüssigkeit bewirkt eine Verformung eines separiert betrachteten Fluidelements vom Rechteck zum Parallelogramm (Bild 9.1). Der rechte Winkel verändert sich um den Winkel α, der den Grad der Verformung beschreibt.

kleines Geschwindigkeitsgefälle — großes Geschwindigkeitsgefälle

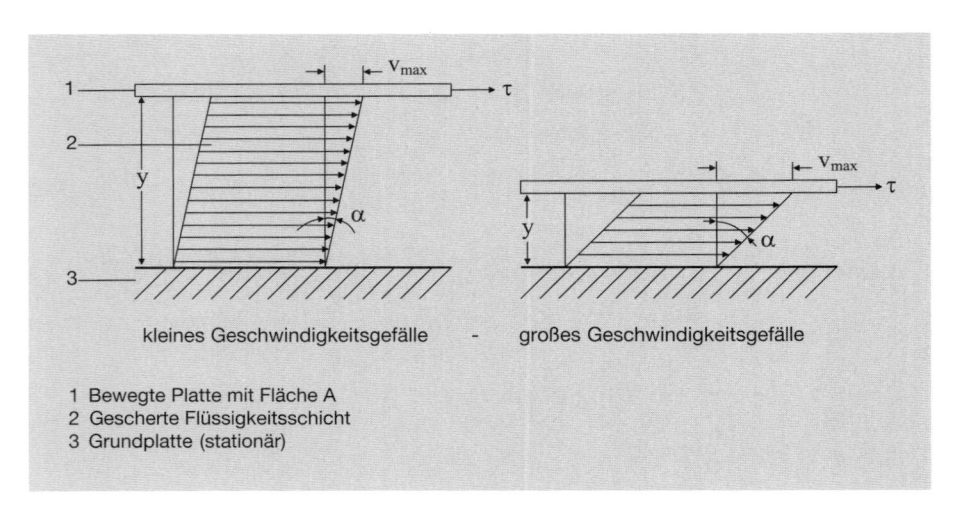

1 Bewegte Platte mit Fläche A
2 Gescherte Flüssigkeitsschicht
3 Grundplatte (stationär)

Bild 9.1 Schematische Darstellung des Scherfließens mit einer bewegten Platte (Zwei-Platten-Modell)

Schubspannung

Wie man in Bild 9.1 sieht, wird die Platte mit einer tangentialen Kraft nach rechts bewegt und bringt die Flüssigkeit damit zum Fließen. Der Quotient aus Kraft und Plattenfläche A wird als Schubspannung bezeichnet. Die Schubspannung wird mit dem mit dem griechischen Buchstaben τ (sprich: „tau") abgekürzt und hat die physikalische Einheit Pascal.

$$\tau = \frac{F\ (Kraft)}{A\ (Fläche)} = \frac{N\ [Newton]}{m^2} = Pa\ [Pascal]$$

τ Schubspannung (9.1)

Schergeschwindigkeit

Die Schubspannung bewirkt das Fließen einer Flüssigkeit. Betrachtet man das Zwei-Platten-Modell (Bild 9.1), ist ein Geschwindigkeitsabfall der einzelnen Fluidschichten zu erkennen. Die Geschwindigkeit fällt von einem maximalen Wert direkt an der bewegten Platte bis auf null an der unteren Grenzfläche ab. Dieser Geschwindigkeitsabfall wird Schergeschwindigkeit genannt und mit $\dot{\gamma}$ (sprich: „Gamma Punkt") abgekürzt. Die Schergeschwindigkeit definiert die Differenz der Fließgeschwindigkeit zwischen zwei Fluidschichten und hat die Einheit 1/s.

$$\dot{\gamma} = \frac{dv}{dy} = \frac{m/s}{m} = \frac{1}{s} = s^{-1}$$

$\dot{\gamma}$ Schergeschwindigkeit dv Geschwindigkeit dy Richtung (Y – Achse) (9.2)

Im Fall der Kunststoffverarbeitung wird die Größe der Schergeschwindigkeit vor allem durch den Volumenstrom und die Geometrie des Fließkanals bestimmt. Die Schergeschwindigkeit steigt, wenn man den Volumenstrom anhebt oder den Fließkanal verkleinert.

Viskosität

Eine weitere wichtige Eigenschaft zur Charakterisierung von Fließeigenschaften ist die Viskosität. Die Viskosität beschreibt den Fließwiderstand eines Fluides während es geschert wird. Betrachten wir unser Zwei-Platten-Modell (Bild 9.1), ist die Viskosität als Quotient aus Schubspannung und Schergeschwindigkeit definiert. Die Viskosität wird mit dem griechischen Buchstaben η (sprich: „Eta") abgekürzt und hat die Einheit P as (Pascal-Sekunden).

$$\eta = \frac{\tau}{\dot{\gamma}} = \frac{Pa\,[Pascal]}{1/s} = Pas\,[Pascal-Sekunden]$$

η Viskosität τ Schubspannung $\dot{\gamma}$ Schergeschwindigkeit (9.3)

In Tabelle 9.1 sind einige typische Viskositätswerte von verschiedenen bekannten Materialien aus dem täglichen Leben angegeben.

Tabelle 9.1 Typische Viskositätswerte für einige Stoffe bei 20 °C

Material	Viskosität η (Pas)	Material	Viskosität η (Pas)
Luft	0,00 001	Kaffeesahne	10
Wasser	0,001	Honig	10^4
Olivenöl	0,1	Kunststoff-schmelze*	100 – 1.000.000
Glyzerin	1,0	Pech	10^9
Traubensaft	2 – 5	Glas	10^{21}

* bei Verarbeitungstemperatur

Beispiel

Zum Beispiel fließt Wasser bei Raumtemperatur leichter als Honig und hat daher eine niedrigere Viskosität als Honig. Honig hat eine hohe Viskosität, er fließt somit langsamer. Umgangssprachlich spricht man von zähflüssig.

■ 9.2 Fließ- und Viskositätskurven

Fließkurve

Das Fließverhalten von Flüssigkeiten kann mit Hilfe von Diagrammen dargestellt werden. Mit der sogenannten Fließkurve wird der Zusammenhang zwischen Schubspannung und Schergeschwindigkeit beschrieben. Hier werden die Werte der Schergeschwindigkeit auf der x-Achse und die der Schubspannung auf der y-Achse in Diagrammform aufgetragen.

Viskositätskurve

Eine weitere übliche Darstellung zur Charakterisierung des Fließverhaltens ist die Viskositätskurve. Die Viskositätskurve stellt die Abhängigkeit der Viskosität von der Schergeschwindigkeit dar. Bei Viskositätsmessungen werden in der Regel immer zuerst Fließkurven erstellt, die dann zu Viskositätskurven umgerechnet werden. In Bild 9.2 sind entsprechende Fließ- und Viskositätskurven für eine sogenannte „newtonsche Flüssigkeit" dargestellt.

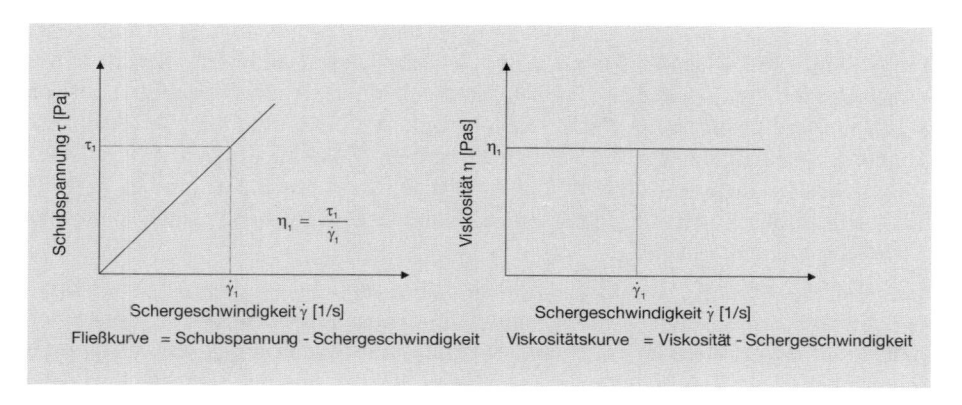

Bild 9.2 Fließkurve und Viskositätskurve einer newtonschen Flüssigkeit

Als klassisches Beispiel für eine newtonsche Flüssigkeit gilt Wasser.

9.3 Fließverhalten von Kunststoffschmelzen

Newtonsche und nicht-newtonsche Flüssigkeiten

Eine newtonsche Flüssigkeit weist eine Proportionalität zwischen Schubspannung und Schergeschwindigkeit auf. In der Fließkurve sind alle Quotienten der Wertepaare τ und $\dot{\gamma}$ konstant. Das heißt, dass die Viskosität η einer newtonschen Flüssigkeit unabhängig von der Schergeschwindigkeit ist. Alle Fluide, die diese Eigenschaft haben, werden „newtonsch" genannt. Newtonsche Flüssigkeiten sind z. B. Wasser, Mineralöle oder Bitumen.

newtonsche Flüssigkeit

Fluide, die ein anderes Fließverhalten aufweisen, werden „nicht-newtonsch" genannt und treten in der Praxis wesentlich häufiger auf. Kunststoffschmelzen, also aufgeschmolzene Kunststoffe gehören zu der Gruppe der nicht-newtonschen Flüssigkeiten, obwohl sie in ihrem Fließverhalten auch newtonsche Bereiche aufweisen.

nicht-newtonsche Flüssigkeit

Strukturviskose Flüssigkeiten

Wie man in Tabelle 9.1 erkennen kann, haben Kunststoffschmelzen eine viel höhere Viskosität als zum Beispiel Wasser. Der Größenunterschied liegt ungefähr bei fünf Zehnerpotenzen. Für hohe Viskositäten werden deshalb auch hohe Drehmomente bei den Verarbeitungsmaschinen gefordert, um die Schmelze durch die formgebenden Werkzeuge zu drücken.

Kunststoffschmelzen

Molekulargewicht

Wie wir bereits in Lektion 1 gelernt haben, besteht ein Kunststoff aus vielen Kettenmolekülen. Die Viskosität eines Kunststoffs hängt unter anderem von der Länge dieser Fadenmoleküle ab. Lange Molekülketten können sich stärker ineinander verschlingen und somit sind sie schwerer abzuscheren als kurzkettige Moleküle. Die Länge von Molekülen wird mit dem sogenannten Molekulargewicht beschrieben. Daher besteht auch eine Abhängigkeit zwischen dem Molekulargewicht und der Viskosität eines Kunststoffs. Ein hohes Molekulargewicht bringt auch eine hohe Viskosität mit sich.

Kunststoffverarbeitungsprozess

Um einen Kunststoffverarbeitungsprozess richtig verstehen zu können, ist es daher wichtig zu wissen, wie sich die Schmelze unter den gegebenen Bedingungen verhält. Bei der Verarbeitung von Kunststoff auf einer Schneckenmaschine wird das Material geschert. Das bedeutet, dass einzelne Schichten in der Schmelze mit einer unterschiedlichen Geschwindigkeit fließen. Der Grad der auftretenden Scherung in einem Fluid wird Schergeschwindigkeit genannt. Kunststoffschmelzen zeigen ein nicht-newtonsches Fließverhalten, genauer gesagt gehören sie zur Gruppe der strukturviskosen Flüssigkeiten. Bild 9.3 zeigt die Fließkurve und Viskositätskurve eines Thermoplasten.

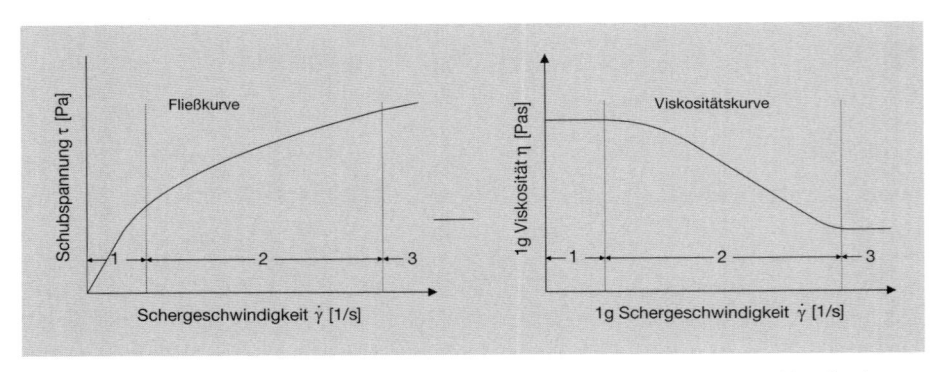

Bild 9.3 Fließkurve und Viskositätskurve von strukturviskosen Flüssigkeiten (Qualitative Darstellung)

Schergeschwindigkeitsbereiche

Bei niedrigen Schergeschwindigkeiten verhalten sich strukturviskose Flüssigkeiten ähnlich wie newtonsche Flüssigkeiten. Die Viskosität ist nicht von der Scherung abhängig.

- Die Viskosität bei extrem geringen Schergeschwindigkeiten wird „Nullviskosität" oder „erster newtonscher Bereich" genannt (Bild 9.3 – Bereich 1).
- Bei höheren Schergeschwindigkeiten (Bild 9.3 – Bereich 2) tritt das für die Strukturviskosität typische rheologische Phänomen auf. Die Scherung der Schmelze bewirkt eine Ausrichtung der Fadenmoleküle in Fließrichtung und somit eine Entwirrung bzw. Aufhebung der Knäuelstruktur. Je mehr sich die Moleküle ausrichten, desto einfacher können die Molekülketten aufeinander abgleiten. Der Fließwiderstand nimmt demnach mit zunehmender Scherung ab, d. h., der Kunststoff fließt leichter. Andersherum steigen die Viskositätswerte bei einer Abnahme der Scherung wieder an.

- Ab einer bestimmten Schergeschwindigkeit haben die Moleküle eine maximale Ausrichtung erreicht. In diesem Bereich kann eine weitere Erhöhung der Scherung keine weitere Viskositätsabnahme bewirken (Bild 9.3 – Bereich 3). Dieser Bereich wird „zweiter newtonscher Bereich" genannt.

Die Viskosität einer Flüssigkeit ist zudem noch von anderen Faktoren abhängig. Bei Kunststoffschmelzen hat zum Beispiel neben der Schergeschwindigkeit die Temperatur großen Einfluss auf die Viskosität. Eine Temperaturerhöhung bewirkt eine Abnahme der Viskosität, d. h., die Kunststoffschmelze fließt leichter.

Temperatureinfluss

■ 9.4 Schmelzeindex

Eine weit verbreitete Methode die Fließeigenschaften von Kunststoffschmelzen zu charakterisieren ist die Messung mit dem Schmelzeindex-Prüfgerät. Die Messapparatur und das Verfahren sind weltweit anerkannt und standardisiert.

Schmelzeindexprüfgerät

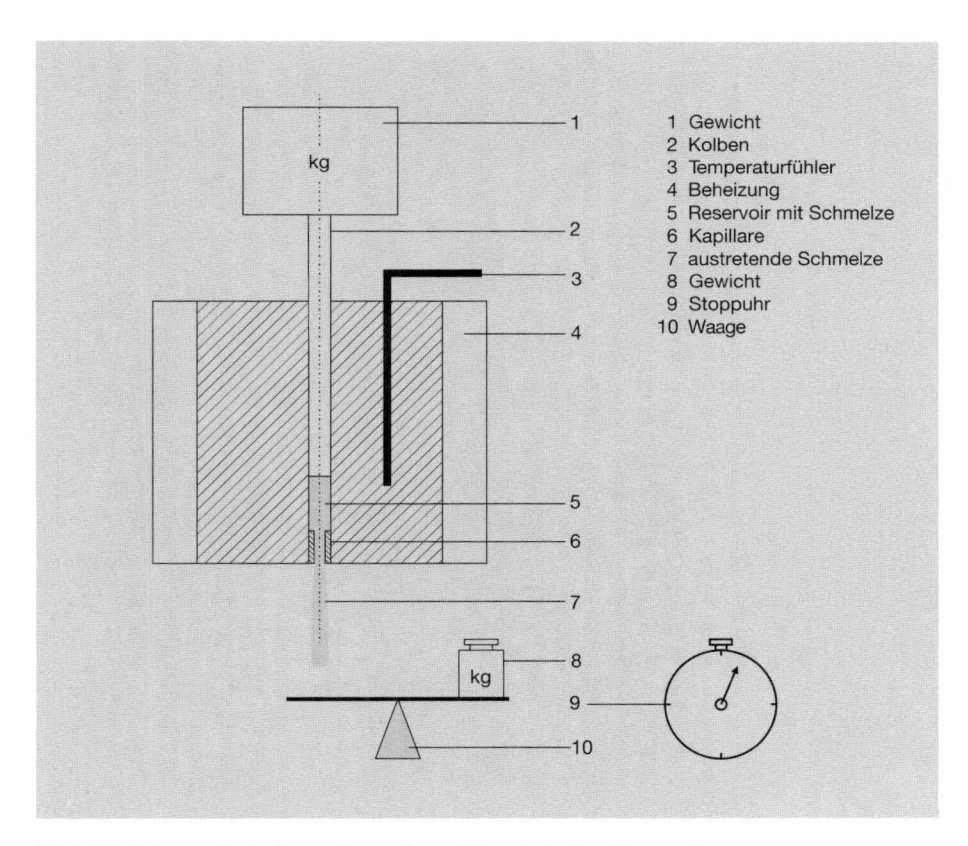

1 Gewicht
2 Kolben
3 Temperaturfühler
4 Beheizung
5 Reservoir mit Schmelze
6 Kapillare
7 austretende Schmelze
8 Gewicht
9 Stoppuhr
10 Waage

Bild 9.4 Schematische Darstellung eines Schmelzeindex-Messgeräts

Schmelzeindex Die Maßzahl wird Schmelzeindex genannt und findet sich in allen Datenblättern von Rohstoffherstellern.

Das Messgerät besteht aus einer Kapillare, einem Kolben und einem Vorratszylinder. Das Material wir in dem Vorratszylinder erwärmt, so dass es aufschmilzt. Der Kolben wird von oben mit Gewichten belastet und drückt somit Schmelze durch die Kapillare. Die austretende Schmelze wird in Abständen von zehn Minuten abgeschnitten und gewogen. Der Schmelzeindex gibt das Gewicht (Gramm) an Kunststoffschmelze an, das durch die Kapillare in einem definierten Zeitraum (10 Minuten) gedrückt wird. Die Maße der Kapillare, des Zylinders, des Kolbens und der Gewichte sind genormt (Bild 9.4).

Erfolgskontrolle zur Lektion 9

Nr.	Frage	Antwortauswahl
9.1	Die Schubspannung ist ein Quotient aus Kraft und _____ .	Scherung Fläche Geschwindigkeit
9.2	Das Geschwindigkeitsgefälle von Fluidschichten wird _____ genannt.	Viskosität Schergeschwindigkeit
9.3	Die Viskosität eines newtonschen Fluids ist _____ von der Schergeschwindigkeit.	abhängig unabhängig
9.4	Die Scherung von Polymeren bewirkt eine _____ der Molekülketten.	Ausrichtung Verknäuelung
9.5	Die Viskosität beschreibt den _____ eines Fluides.	Fließwiderstand Geschwindigkeitsabfall
9.6	Bei strukturviskosen Flüssigkeiten bewirkt eine Erhöhung der Schergeschwindigkeit eine _____ der Viskosität.	Abnahme Zunahme
9.7	Wasser zeigt ein typisches _____ Fließverhalten.	strukturviskoses newtonsches
9.8	Eine Temperaturerhöhung bewirkt eine _____ der Viskosität.	Zunahme Abnahme
9.9	Das Fließverhalten von Kunststoffen zeigt ein _____ Verhalten.	newtonsches strukturviskoses
9.10	Die Viskosität bei kleinen Schergeschwindigkeiten wird _____ genannt.	Nullviskosität Grundviskosität

10 Lektion

Aufbereitung von Kunststoffen

Themenkreis	Vom Kunststoff zum Produkt
Leitfragen	Warum werden Kunststoffe aufbereitet? Welche Aufgaben haben die einzelnen Zusatzstoffe? Welche Aufbereitungsschritte gibt es?
Inhalt	10.1 Überblick 10.2 Zusatzstoffe und Dosieren 10.3 Mischen 10.4 Plastifizieren 10.5 Granulieren 10.6 Zerkleinern Erfolgskontrolle zur Lektion 10
Vorwissen	Rohstoffe und Polymersynthese (Lektion 2) Physikalische Eigenschaften (Lektion 8)

10.1 Überblick

Aufbereitung — Bisher wurde beschrieben, wie aus dem Rohstoff ein Kunststoff wird. Um eine gute Verarbeitung und entsprechende Eigenschaften im späteren Gebrauch dieses Kunststoffs zu gewährleisten, muss man ihn aufbereiten. Durch die Aufbereitung erlangt der Kunststoff also die nötigen Verarbeitungs- und Gebrauchseigenschaften. Bild 10.1 gibt eine Übersicht der verschiedenen Aufbereitungsarten.

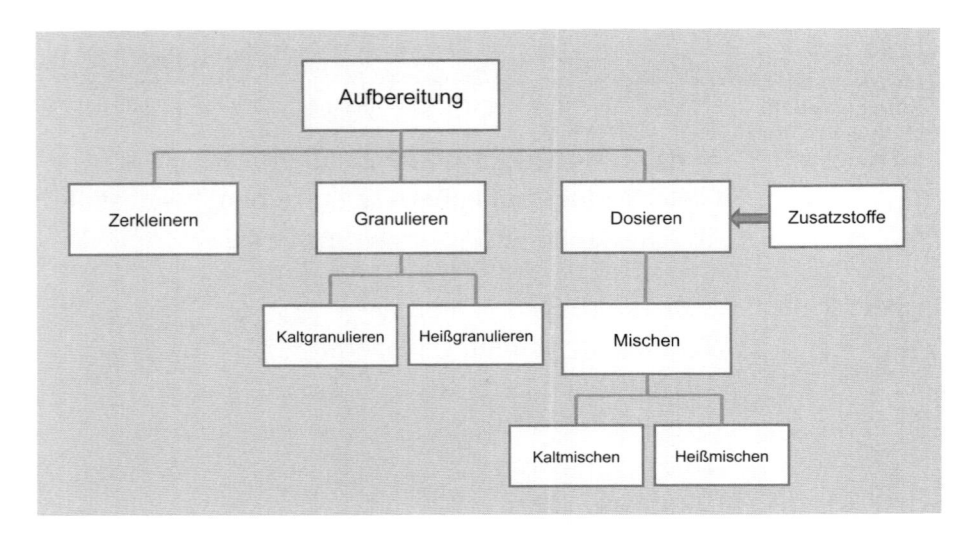

Bild 10.1 Aufbereitungsarten

Aufgaben — Die Aufbereitung hat zwei wichtige Aufgaben. Zum einen sollen die Zusatzstoffe (Additive), die in gänzlich unterschiedlichen Anteilen vorliegen können, gleichmäßig in der Gesamtmasse verteilt werden, zum anderen soll der Kunststoff in eine Form (z. B. Granulat) gebracht werden, die die Verarbeitung erleichtert.

10.2 Zusatzstoffe und Dosieren

Zusatzstoffe (Additive)

Eigenschaften — Durch gezielte Einarbeitung von Zusatzstoffen in den Kunststoff lassen sich dessen Eigenschaften verändern (Tabelle 10.1).

Thermostabilisator — Auf die Wirkung solcher Zusatzstoffe soll nun am Beispiel von Thermostabilisatoren und Weichmachern näher eingegangen werden. So bewirkt ein Thermostabilisator, dass der Kunststoff das für die Verarbeitung notwendige Temperaturniveau ohne Schädigung überstehen kann. Dieser Zusatzstoff erleichtert also die Verarbeitung des Kunststoffs.

Durch Weichmacher werden von Natur aus harte und spröde Kunststoffe flexibel und dehnbar, wodurch sie in ganz neue Einsatzgebiete vordringen können. So kann aus einem sonst harten und spröden Kunststoff eine flexible, zähe Folie gemacht werden. Der Zusatzstoff verändert also die Gebrauchseigenschaften des Kunststoffs.

Weichmacher

Tabelle 10.1 Zusatzstoffe bei der Kunststoffverarbeitung

Zusatzstoffe	Wirkung
Antioxidantien (Thermostabilisatoren)	Verhinderung von Abbaureaktionen des Kunststoffs durch Oxidation
Lichtstabilisatoren	Verhinderung von Abbaureaktionen des Kunststoffs durch Lichteinfall (UV-Licht)
Gleitmittel	Beeinflussung der Verarbeitungseigenschaften des Kunststoffs beim Plastifizieren
Weichmacher	Verringerung des E-Moduls
Pigmente	Einfärben des Kunststoffs
Verstärkungsmittel	Erhöhung des E-Moduls

Dosieren

Da es bei der Zugabe der Zusatzstoffe zum Rohkunststoff auf die genaue Dosierung der einzelnen Bestandteile ankommt, ist es notwendig, diese abzumessen. Das Abmessen kann auf zwei Arten erfolgen. Zum einen können die Stoffe dem Volumen nach, zum anderen dem Gewicht nach bemessen werden.

Dosierarten

Das Abmessen nach dem Volumen hat den Nachteil, dass es relativ ungenau ist, da die Stoffe meistens körnig vorliegen. Die Zwischenräume zwischen den Körnern sind aber unterschiedlich groß, so dass bei gleichen Volumina oft der eigentliche Anteil des Stoffs unterschiedlich ist. Der Vorteil ist der relativ niedrige Preis der Geräte.

Volumendosierung

Das Abmessen nach Gewicht, also das Wiegen, ist wesentlich genauer und lässt sich viel besser automatisieren als das Abmessen nach dem Volumen. Leider sind die benötigten Geräte deutlich teurer.

Gewichtsdosierung

■ 10.3 Mischen

Mischverfahren

Das Ziel des Mischens ist es, die Zusatzstoffe möglichst gleichmäßig im Kunststoff zu verteilen, ohne ihn dabei zu stark zu belasten. Dies geschieht in der Regel in diskontinuierlich arbeitenden Maschinen, die eine Relativbewegung zwischen den zu vermischenden Stoffteilchen erzeugen. Man unterscheidet zwei Mischverfahren, das Kalt- und das Heißmischen.

Kaltmischen

Kaltmischen

Das Kaltmischen erfolgt bei Raumtemperatur, wobei die einzelnen Bestandteile nur miteinander vermengt werden. Ein Beispiel für dieses Mischverfahren ist der Freifallmischer (Bild 10.2), bei dem der Mischprozess alleine durch den Einfluss der Schwerkraft abläuft. Er eignet sich besonders zum Mischen von Stoffen unterschiedlicher Korngröße.

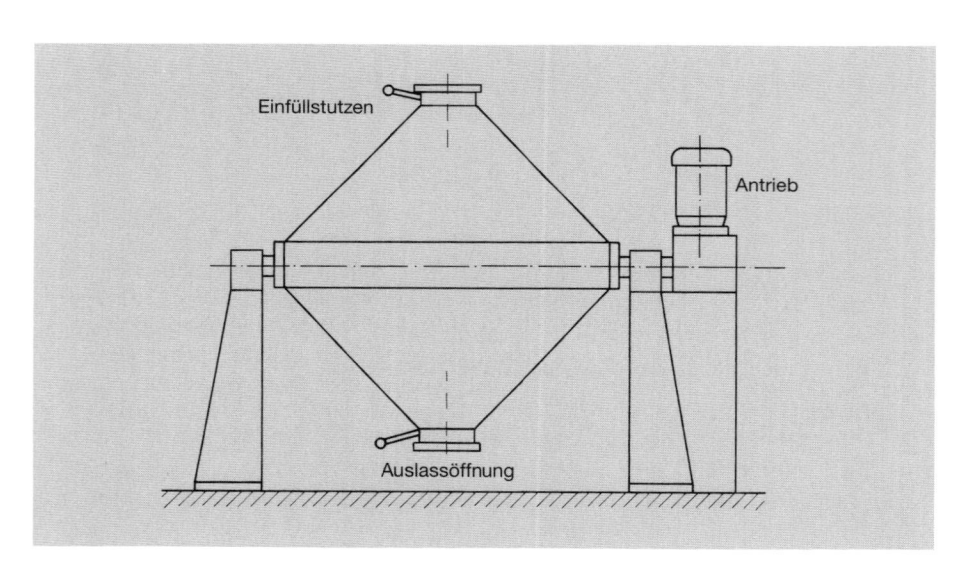

Bild 10.2 Freifallmischer

Heißmischen

Heißmischen

Beim Heißmischen findet eine Erwärmung des Mischgutes statt. Bei Temperaturen bis 140 °C schmelzen bestimmte Zusatzstoffe und diffundieren in den Kunststoff. Als Beispiel für einen Heißmischer sei hier der Wirbelmischer genannt, bestehend aus Heißmischer und Kühlmischer (Bild 10.3).

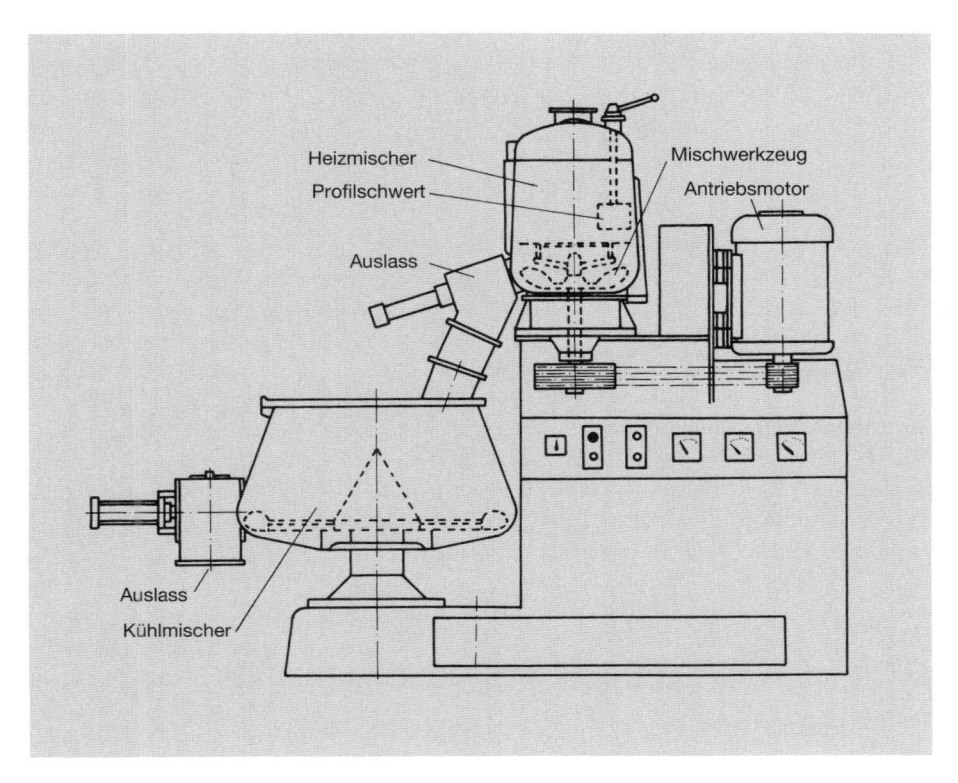

Bild 10.3 Wirbelmischer

Das hochtourig laufende Mischwerkzeug des Wirbelmischers erzeugt eine starke Relativbewegung der Partikel im Mischgut. Durch die dabei entstehende Reibungswärme und mögliche Beheizung von außen wird das Mischgut aufgeschmolzen. Um das fertig gemischte Gut lagern zu können, wird es vom Heizmischer aus in den Kühlmischer gegeben.

Wirbelmischer

■ 10.4 Plastifizieren

Um den fertig gemischten Kunststoff in eine Form zu bringen, in der er weiterverarbeitet werden kann, wird er plastifiziert. Ein weiterer Effekt des Plastifizierens ist eine weitere Homogenisierung des Kunststoffs. Bei diesem Arbeitsschritt können auch noch große Mengen Zusatzstoffe (Füllstoffe) zudosiert werden, was im Heißmischer unwirtschaftlich wäre. Für diese Arbeit eignen sich Walzwerke, Kneter und Schneckenmaschinen.

Homogenisieren

Füllstoffe

Ein Beispiel für eine kontinuierliche Aufbereitung mit einem Scherwalzwerk ist in Bild 10.4 zu sehen.

Scherwalzwerk

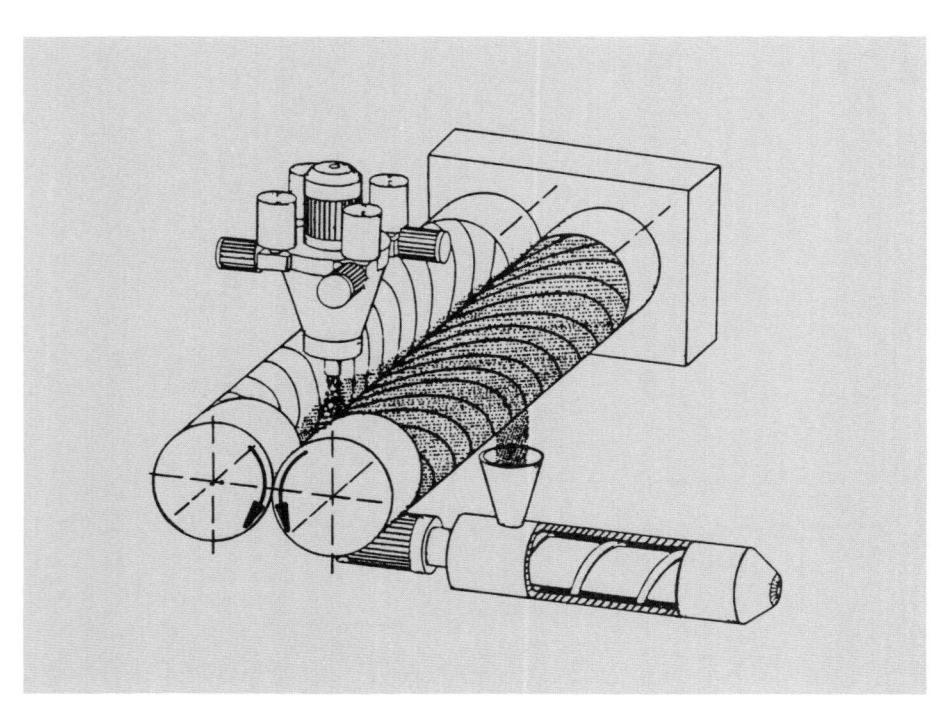

Bild 10.4 Kontinuierliche Aufbereitung mit einem Scherwalzwerk

Innenmischer

Ein Beispiel für ein nicht kontinuierlich, das heißt, chargenweise arbeitendes Aufbereitungsaggregat ist der Innenmischer, auch Stempelkneter genannt (Bild 10.5). Er eignet sich besonders zur Einarbeitung von Füllstoffen, Weichmachern und Chemikalien in Kautschukmischungen und zähe Kunststoffe. Hier müssen hohe Scher- und Dehnkräfte aufgebracht werden. Ein pneumatischer oder hydraulischer Stempel verschließt die Mischkammer, die aber nicht vollständig gefüllt wird.

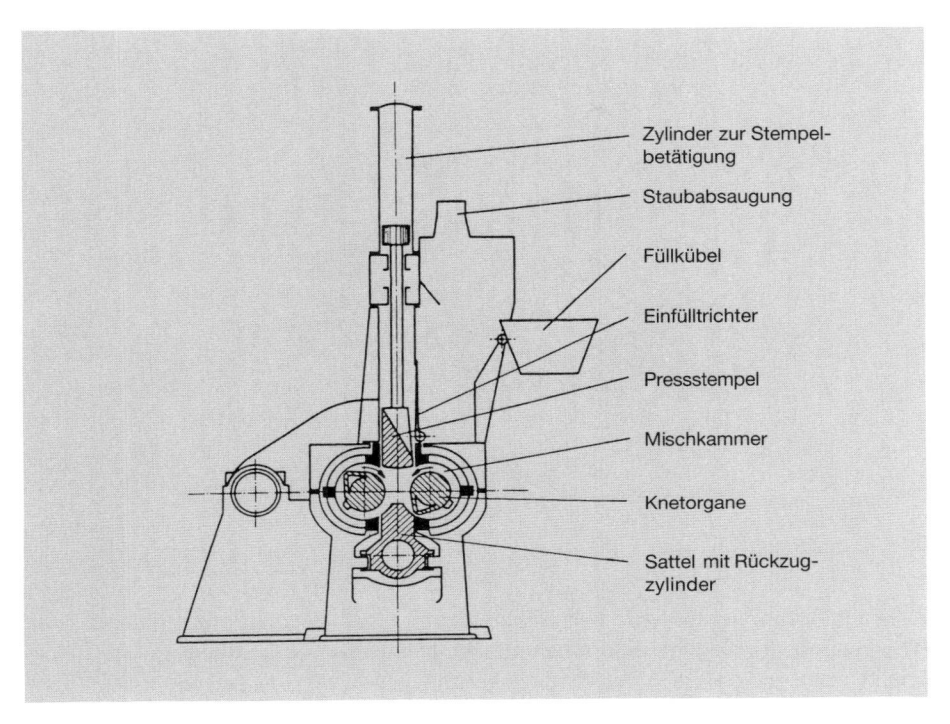

Bild 10.5 Innenmischer

■ 10.5 Granulieren

Als Granulieren bezeichnet man das Zerschneiden des Kunststoffs in kleine rieselfähige Stücke. Hierbei existieren zwei Verfahrensvarianten, das Heißgranulier- und das Kaltgranulierverfahren.

Granulierverfahren

Beim Kaltgranulieren wird der plastifizierte Kunststoff zuerst abgekühlt und anschließend in Stücke zerschnitten (Bild 10.6). Der Nachteil ist, dass die Stücke Schneidgrate haben und deshalb schlechter als die heißgranulierten rieseln, da sie sich leichter verkeilen.

Kaltgranulieren

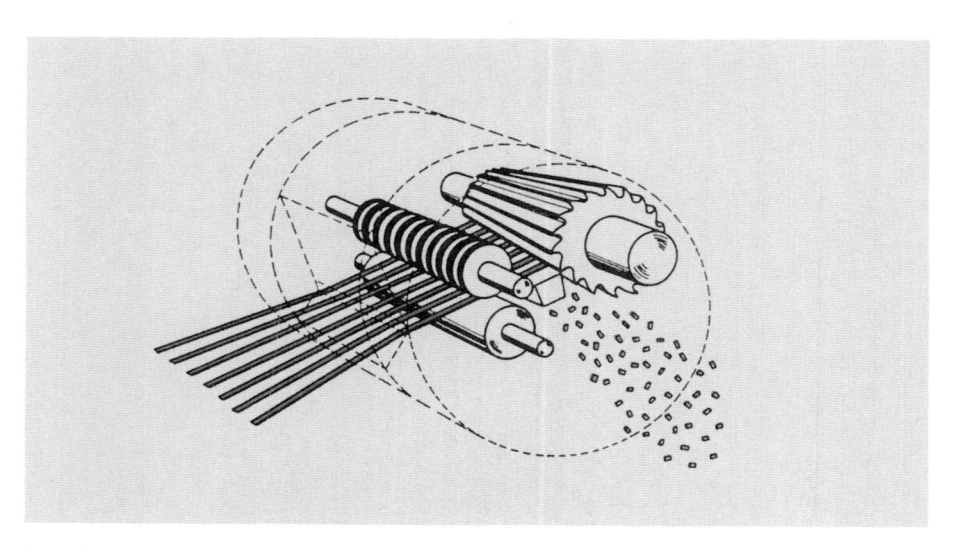

Bild 10.6 Stranggranulator

Heißgranulieren
Beim Heißgranulieren wird der Kunststoff in einem Extruder plastifiziert. Als Werkzeug des Extruders dient eine einfache Lochplatte, durch die das Material gedrückt wird. Die austretenden Stränge werden durch ein Messer geschnitten und die anfallenden Stückchen durch die Luft oder durch Wasser gekühlt. Das Verfahren ist in Bild 10.7 dargestellt.

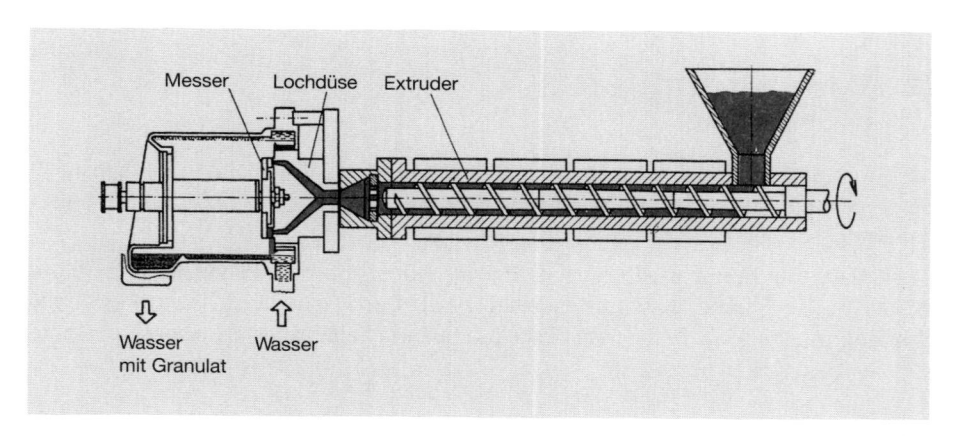

Bild 10.7 Heißgranulieren

Ein Vorteil des Verfahrens ist, dass sich bei den noch warmen Teilchen eine gratfreie Form ohne scharfe Kanten ausbildet und diese dadurch rieselfähiger werden.

10.6 Zerkleinern

Durch Zerkleinern bringt man Kunststoff in eine Form, die sich leichter verarbeiten lässt. Eine Anwendung haben wir schon beim Granulieren kennengelernt. Ein weiterer immer wichtiger werdender Bereich ist das Recycling, bei dem Ausschussteile oder gesammelter Kunststoffmüll zerkleinert und dann wieder verwertet werden. Hierzu werden oft Schneidmühlen (Bild 10.8) eingesetzt.

Zerkleinern

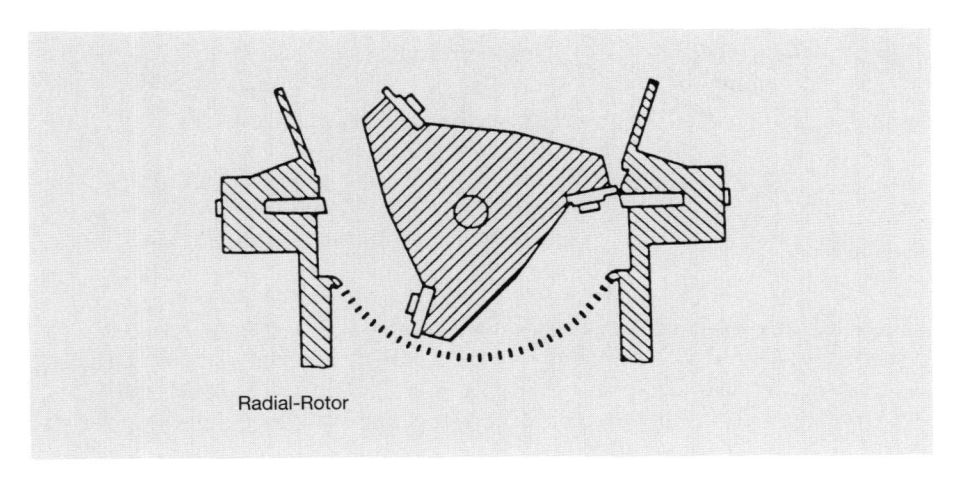

Bild 10.8 Schneidmühle

Erfolgskontrolle zur Lektion 10

Nr.	Frage	Antwortauswahl
10.1	Zusatzstoffe werden dem Kunststoff zur Verbesserung der Gebrauchseigenschaften und der Eigenschaften bei der _____ zugegeben.	Kontrolle Verteilung Verarbeitung
10.2	Um die Zusatzstoffe möglichst gleichmäßig im Kunststoff zu verteilen benutzt man _____ .	Mischer Kneter Mühlen
10.3	Die Zusatzstoffe werden besser nach ihrem _____ zudosiert, da diese Methode genauer ist.	Gewicht Volumen
10.4	Ein Kneter dient zum _____ von Kunststoff.	Plastifizieren Mischen Zerkleinern Granulieren
10.5	Heißgranulierter Kunststoff rieselt _____ kaltgranulierter.	schlechter als genauso wie besser als
10.6	Beim Recycling von Ausschussteilen oder Müll aus Kunststoff werden _____ eingesetzt um die Teile zu zerkleinern.	Schneidmühlen Stranggranulatoren Scherwalzwerke

11 Lektion

Extrusion

Themenkreis Vom Kunststoff zum Produkt

Leitfragen Was kennzeichnet das Extrusionsverfahren?

Welche Anlagenteile gehören zu einer Extrusionsanlage?

Welche Aufgaben erfüllen die einzelnen Anlagenteile?

Welche Produkte werden durch Extrusion hergestellt?

Inhalt 11.1 Grundlagen
11.2 Extrusion
11.3 Coextrusion
11.4 Extrusionsblasformen

Erfolgskontrolle zur Lektion 11

Vorwissen Einteilung der Kunststoffe (Lektion 5)
Physikalische Eigenschaften (Lektion 8)

11.1 Grundlagen

Endlos-Halbzeug

Extrusion ist das kontinuierliche Herstellen von Endlos-Halbzeug aus Kunststoff. Die Produktpalette erstreckt sich von einfachen Halbzeugen wie Rohren, Tafeln und Folien bis hin zu komplizierten Profilen. Auch eine direkte Weiterverarbeitung des noch warmen Halbzeugs z. B. durch Blasformen oder Kalandrieren ist möglich. Da der Kunststoff bei der Extrusion völlig aufgeschmolzen wird und eine ganz neue Form erhält, zählt dieses Verfahren zu den Urformverfahren.

Urformen

11.2 Extrusionsanlagen

Eine Anlage zur Extrusion ist in Bild 11.1 als Prinzipskizze gezeigt.

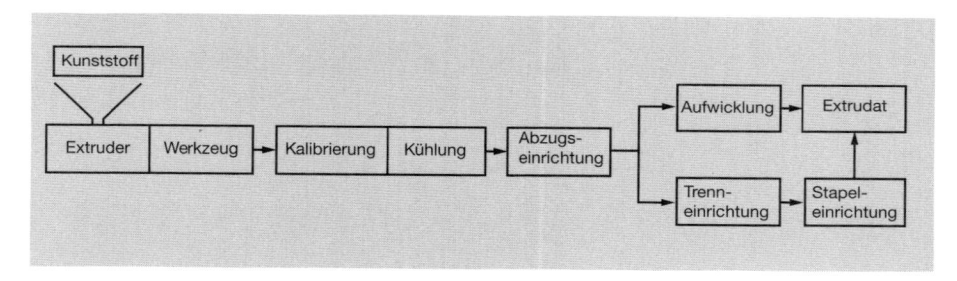

Bild 11.1 Extrusionsanlage

Im Weiteren werden Aufbau und Funktion der einzelnen Anlagenteile erklärt.

Der Extruder

homogene Schmelze

Der Extruder ist der gemeinsame Bestandteil aller Extrusionsanlagen und Verfahren, die auf die Extrusion aufbauen. Er hat die Aufgabe, aus dem ihm zugeführten Kunststoff – meist Granulat oder Pulver – eine homogene Schmelze zu machen und diese mit dem notwendigen Druck durch das Werkzeug zu fördern. Ein Extruder setzt sich aus den in Bild 11.2 gezeigten Bauteilen zusammen.

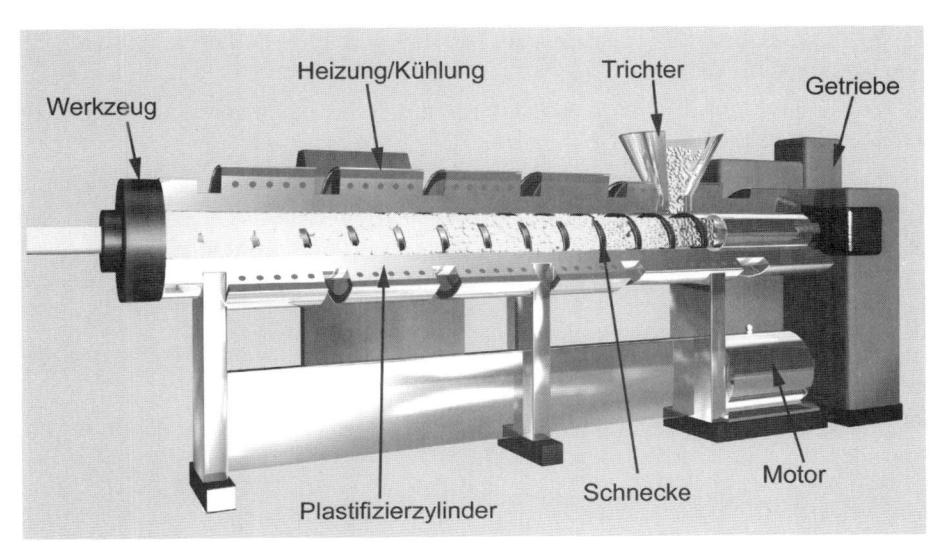

Bild 11.2 Extruder

Trichter

Der Trichter hat die Aufgabe, dem Extruder das zu verarbeitende Material gleichmäßig zuzuführen. Da die Materialien aber oft schlecht von allein rieseln, wird der Trichter dann mit einer zusätzlichen Rühr- oder Fördereinrichtung versehen.

Materialführung

Schnecke

Die Schnecke erfüllt eine Vielzahl von Aufgaben wie z. B. Einziehen, Fördern, Aufschmelzen und Homogenisieren von Kunststoff und ist damit das Kernstück eines Extruders. Am meisten verbreitet ist die sogenannte Drei-Zonen-Schnecke (Bild 11.3), da sich mit ihr die meisten Thermoplaste thermisch und wirtschaftlich befriedigend verarbeiten lassen. Deshalb soll sie hier stellvertretend für alle Schneckenarten betrachtet werden.

Drei-Zonen-Schnecke

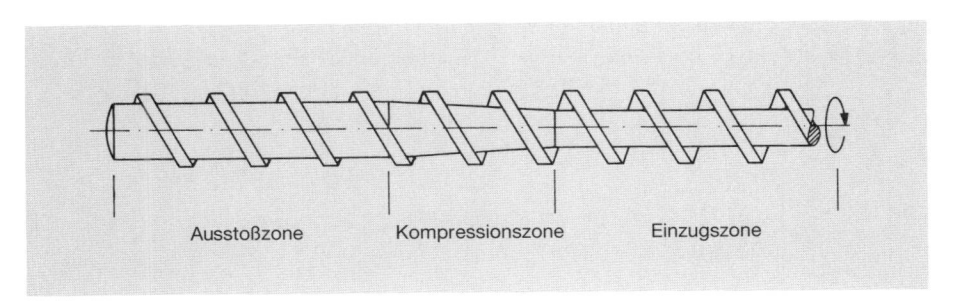

Bild 11.3 Drei-Zonen-Schnecke

Einzugszone	In der Einzugszone wird das noch als Feststoff vorliegende Material eingezogen und weitergefördert.
Kompressionszone	In der Kompressionszone wird das Material durch die abnehmende Gangtiefe der Schnecke verdichtet und aufgeschmolzen.
Meteringzone	In der Meteringzone (Ausstoßzone) wird das aufgeschmolzene Material homogenisiert und auf die gewünschte Verarbeitungstemperatur gebracht.
L/D – Verhältnis	Eine wichtige charakteristische Größe der Schnecke ist das Verhältnis von Länge zu Außendurchmesser L/D. Dieses Verhältnis bestimmt die Leistungsfähigkeit des Extruders.

Außer der allgemein gebräuchlichen Drei-Zonen-Schnecke werden auch noch andere Schneckenformen für spezielle Anwendungen eingesetzt.

Anforderungen an den Extruder	Unabhängig von ihrer Bauart werden jedoch an alle Schnecken, und damit an den Extruder, folgende Anforderungen gestellt:

- konstante, pulsationsarme Förderung,
- Produktion einer thermisch und mechanischen homogenen Schmelze und
- Verarbeitung des Materials unterhalb seiner thermischen, chemischen und mechanischen Schädigungsgrenzen.

Aus wirtschaftlicher Sicht wird zusätzlich ein hoher Massedurchsatz bei niedrigen spezifischen Betriebskosten gefordert. Diese Anforderungen können aber nur erfüllt werden, wenn eine gute Abstimmung von Schnecke und Zylinder vorliegt, da beide eng zusammenarbeiten.

Zylinder

Zylinderbauart	Die Unterscheidung der einzelnen Extruder erfolgt je nach Zylinderbauart (Bild 11.4).

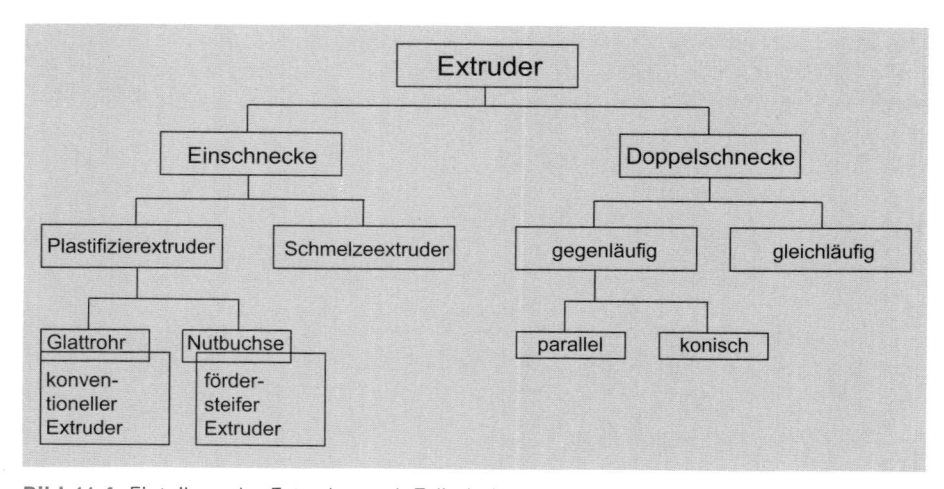

Bild 11.4 Einteilung der Extruder nach Zylinderbauart

Der konventionelle Einschneckenextruder hat innen einen glatten Zylinder. Charakteristisch für ihn ist, dass der notwendige Druck zur Überwindung des Werkzeugwiderstands in der Meteringzone aufgebaut wird. Das eingezogene Material wird durch Feststoffreibung zwischen den Materialteilchen selbst sowie zwischen den Teilchen und der Zylinderwand gefördert.

Einschneckenextruder, konventionell

Beim fördersteifen Einschneckenextruder ist die Zylinderwand in der Einzugszone mit auslaufenden Längsnuten versehen. Diese Nuten bewirken eine bessere Förderung und damit Verdichtung des Materials. Der Druckaufbau erfolgt hier bereits in der Einzugszone. Es müssen jedoch spezielle Mischteile in der Meteringzone eingesetzt werden, da die Homogenisierung des Materials bei dieser Extruderart schlechter ist als bei der konventionellen Bauart.

Einschneckenextruder, fördersteif

Der gegenläufige Doppelschneckenextruder wird für pulverförmige Materialien und insbesondere für PVC eingesetzt. Der Vorteil dieses Extruders ist, dass sich Zusätze leichter in den Kunststoff einmischen lassen, ohne das Material mechanisch oder thermisch stark zu belasten.

Doppelschneckenextruder, gegenläufig

In dem 8-förmigen Zylinder sind die Schnecken so angeordnet, dass sich zwischen den Stegen geschlossene Kammern bilden, in denen das Material zwangsgefördert wird (Bild 11.5). Nur gegen Ende der Schnecken, wo der Druck aufgebaut wird, entsteht ein Leckstrom und das Material schmilzt dank der Reibung auf.

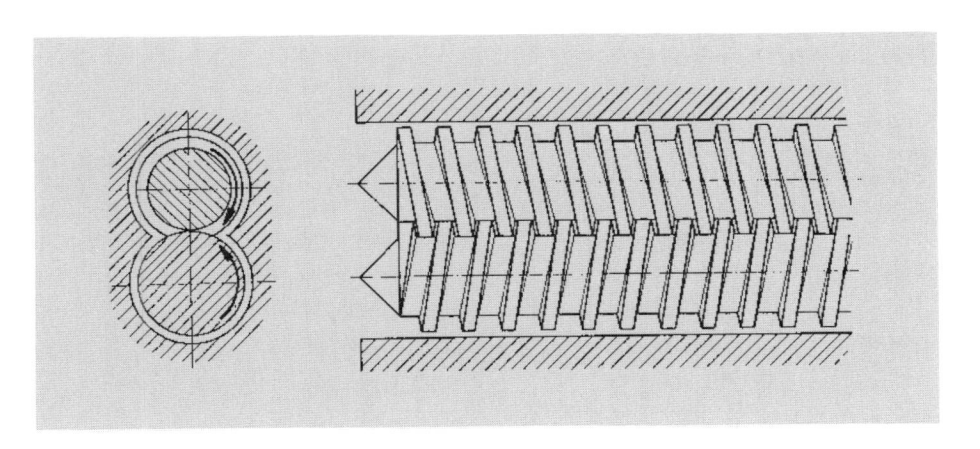

Bild 11.5 Doppelschneckenextruder

Der Vorteil dieses Extruders ist, dass bei kurzer Verweilzeit und hoher Temperatur empfindliche Materialien ohne Überschreiten der Schädigungsgrenze verarbeitet werden.

Der gleichläufige Doppelschneckenextruder wird meist zur Aufbereitung von Polyolefinen eingesetzt. Er fördert mit Reibungsschluss zwischen Schnecken und Zylinder.

Doppelschneckenextruder, gleichläufig

Temperiersystem

Wärmezufuhr — Das Aufschmelzen des Materials im Extruder findet nicht nur durch Reibung sondern auch durch Wärmezufuhr von außen statt. Hierfür ist das Temperiersystem zuständig. Das System ist in mehrere Zonen unterteilt, die getrennt beheizt oder gekühlt werden können. Hierzu werden meistens Bandheizkörper eingesetzt, jedoch finden auch andere Systeme Verwendung, wie z. B. Flüssigkeitskreisläufe. So kann eine bestimmte Temperaturverteilung entlang des Zylinders erreicht werden. Bei der Verarbeitung thermisch empfindlicher Materialien werden zum Teil auch temperierte Schnecken eingesetzt.

Verarbeitete Materialien

Viskositätsunterschiede — Im Extrusionsprozess werden Materialien verarbeitet, die auch zum Spritzgießen eingesetzt werden. Es besteht jedoch ein großer Unterschied zwischen den zwei Verfahren und daraus resultierend unterschiedliche Anforderungen an das Material. Während beim Spritzgießen u. a. eine niedrige Viskosität (Zähflüssigkeit) und hohe Fließfähigkeit wünschenswert sind, ist beim Extrudieren eine hohe Viskosität gefordert. Diese hohe Viskosität sorgt dafür, dass das Material vom Austritt aus der Düse bis zum Eintritt in die Kalibrierung in Form bleibt und nicht wegfließt. In Bild Tabelle 11.1 sind einige Anwendungsbeispiele (Extrudate) aufgelistet, die im Extrusionsverfahren hergestellt werden.

Tabelle 11.1 Extrudate

Kunststoff	Verarbeitungstemperaturbereich (°C)	Anwendungsbeispiele (Extrudate)
PE	130 bis 200	Rohre, Tafeln, Folien, Ummantelungen
PP	180 bis 260	Rohre, Flachfolien, Tafeln, Bändchen
PVC	180 bis 210	Rohre, Profile, Tafeln
PMMA	160 bis 190	Rohre, Profile, Tafeln
PC	300 bis 340	Tafeln, Profile, Hohlkörper

Arbeitsprinzip des Extruders

Arbeitsprinzip

Mischzonen — Das Arbeitsprinzip des Extruders ähnelt dem eines Fleischwolfs. Wie zuvor schon erwähnt, wird in der Einzugszone das Material eingezogen und zur Kompressionszone weitergefördert. Dort wird es durch die abnehmende Ganghöhe verdichtet, evtl. entlüftet und in den schmelzeflüssigen Zustand überführt. In der sich anschließenden Meteringzone wird das Material weiter homogenisiert und gleichmäßig temperiert (Bild 11.3). Je nach Extruderart wird der Druck in der Einzugs- oder der Meteringzone aufgebaut. Da der Aufschmelzvorgang nicht immer eine vollständig aufgeschmolzene homogene Schmelze liefert, werden in solchen Fällen Mischzonen (Bild 11.6) in die Schnecke eingebaut.

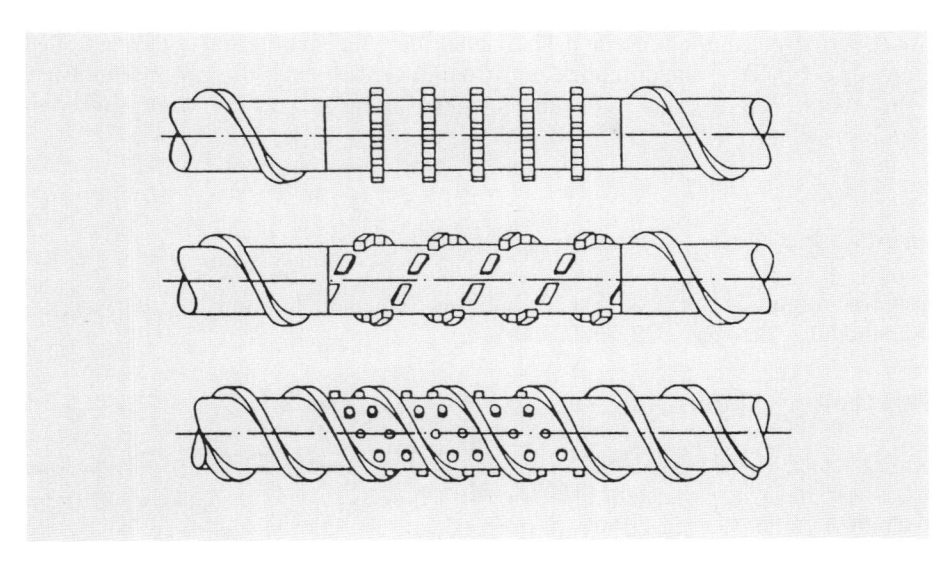

Bild 11.6 Mischzonen

Werkzeuge

Während der Extruder die Aufbereitung des Materials zur homogenen Schmelze vornimmt, bestimmt das an ihn angeflanschte Werkzeug die Form des extrudierten Halbzeugs, auch Extrudat genannt. Je nach Form unterscheidet man verschiedene Extrudate (Bild 11.7).

Werkzeuge

Extrudat	Beispiele
Folien	
Platten	
Vollstrangprofile	
offene Profile	
Hohlkammerprofile	
Rohre	

Bild 11.7 Formen unterschiedlicher Extrudate

Schmelzeverteiler

Alle Werkzeuge enthalten einen Fließkanal, den sogenannten Schmelzeverteiler, der vom Schmelzestrom durchflossen wird und der Schmelze die gewünschte Form gibt. Alle Werkzeuge sind in der Regel elektrisch beheizt. Einige Werkzeuge werden im Folgenden erläutert.

Verdränger- oder Dornhalterwerkzeuge

Zur Herstellung von Rohren, Schläuchen und Schlauchfolien werden überwiegend Dornhalterwerkzeuge eingesetzt (Bild 11.8).

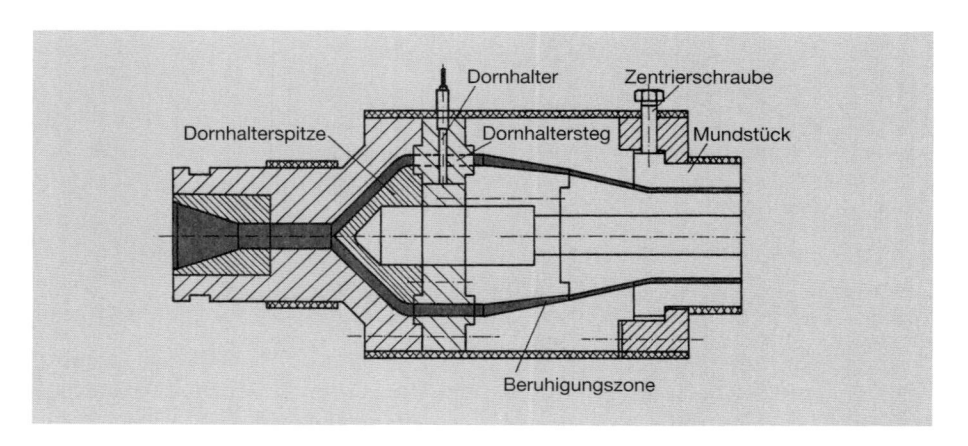

Bild 11.8 Dornhalterwerkzeug

Dornhalterwerkzeug

Diese Werkzeuge besitzen einen möglichst strömungsgünstig geformten Verdränger, der über Stege mit der Fließkanalaußenwand verbunden ist. An der Extruderseite ist er konisch geformt und geht zum Werkzeugaustritt in die gewünschte Innenform des Extrudats über. Der Vorteil liegt in der zentralen Anströmung des Dornhalterwerkzeugs, woraus eine gute Schmelzeverteilung resultiert. Nachteilig wirken sich die Dornhalterstege aus, da es bei ihrer Umströmung zu Fließmarkierungen kommt, die in Form von lokalen Dünnstellen und Streifen im Halbzeug sichtbar werden.

Verwischgewinde

Wendelverteiler

Zur Vermeidung solcher Fließmarkierungen werden Verwischgewinde oder Wendelverteilerwerkzeuge eingesetzt (Bild 11.9). Die Funktion des Verwischgewindes besteht darin, dass der axialen Strömung eine tangentiale Komponente überlagert wird, wodurch eine gleichmäßige Verteilung der Fließmarkierungen über dem Halbzeugumfang erreicht wird.

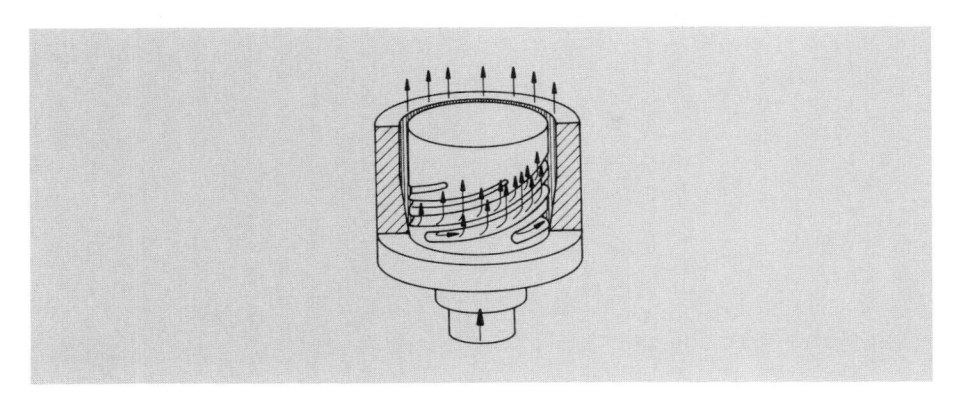

Bild 11.9 Wendelverteilerwerkzeug

Das Wendelverteilerwerkzeug besitzt keine Dornhalterelemente. Hier wird die zunächst radiale Strömung in eine axiale Strömung umgewandelt.

Breitschlitzverteilerwerkzeuge

Breitschlitzverteilerwerkzeuge dienen zur Herstellung von Flachfolien und Platten (Bild 11.10).

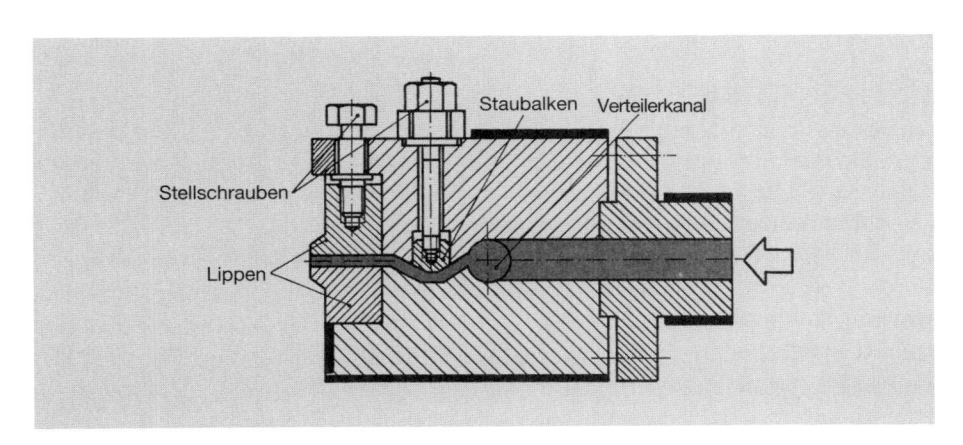

Bild 11.10 Breitschlitzverteilerwerkzeug

Diese Werkzeuge verteilen den Schmelzestrom zunächst in die Breite und formen ihn dann zu einer dünnen Schicht aus. Dabei tritt der meist runde Schmelzestrang zuerst in einen Verteilerkanal, der die Schmelze zu einer rechteckigen Schmelzebahn ausbreitet und in den meisten Fällen die Form eines Kleiderbügels besitzt (Bild 11.11).

Kleiderbügelwerkzeug

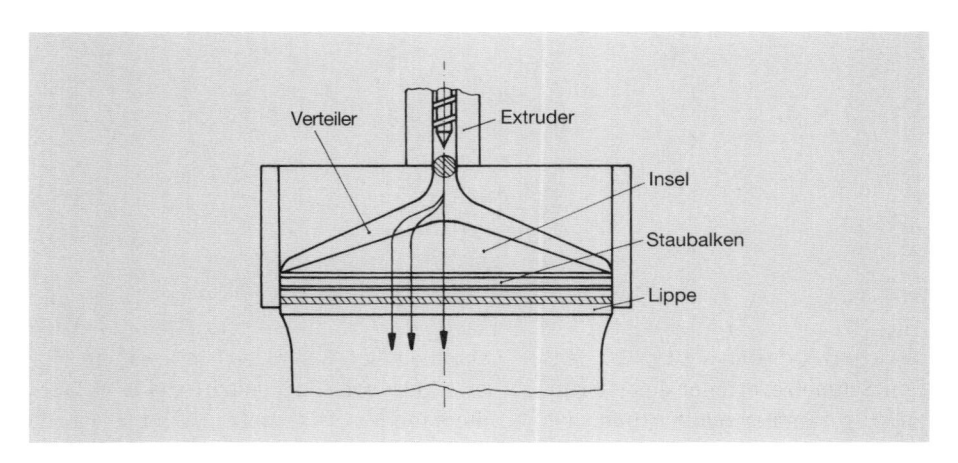

Bild 11.11 Kleiderbügelwerkzeug

Inselbereich

Die Schmelze geht dann in den sogenannten Inselbereich mit dem Staubalken über. Der Inselbereich mündet in die Lippen, aus denen die Schmelze aus dem Werkzeug strömt.

Darüber hinaus gibt es noch viele Werkzeuge für spezielle Aufgaben wie z. B. zur Ummantelung von Kabeln.

Nachfolgeeinrichtungen

Kalibriervorrichtung

Die Schmelze muss nach Verlassen des Extruderwerkzeugs in ihrer Form und ihren Abmessungen fixiert werden. Diese Aufgabe übernimmt die Kalibriervorrichtung, die mit Hilfe von Druckluft oder Vakuum arbeitet. Das Extrudat wird an die Kalibratorwände angedrückt und kühlt soweit ab, dass es sich in der anschließenden Kühlstrecke nicht mehr verformen kann.

Kühlstrecke

Kalibrier- und Kühlstrecke müssen in der Länge dem Durchsatz des Extruders und in der Form der Extrudatform angepasst werden. Während flächige Extrudate durch Walzen abgekühlt werden, verwendet man für Profile, Rohre, Kabel und ähnliche Formen Wasserbäder, die vom Extrudat durchlaufen werden. Gebräuchlich sind auch Luftkühlungen oder Wassersprühkühlungen.

Abzugseinrichtung

Nach der Kühlung schließt sich eine Abzugseinrichtung an. Ihre Aufgabe ist es, das Extrudat mit konstanter Geschwindigkeit vom Werkzeug durch Kalibrierung und Kühlung zu ziehen. Dass das Extrudat den erheblichen Abzugskräften ohne Verformung standhält, verdankt es der Kalibrier- und Kühlstrecke, in der es zuvor bereits verfestigt wurde.

Trennvorrichtung

Die letzte Station einer Extrusionsanlage bildet die Trenn- und Stapeleinrichtung für Rohre, Platten und Profile oder die Wickelvorrichtung für Folien, Kabel und Fäden sowie flexible Rohre.

11.3 Coextrusion

Das Verfahren der Coextrusion wird eingesetzt, wenn die an das Extrudat gestellten Anforderungen sich nicht von einem Material erfüllen lassen oder wenn durch eine Verbindung von zwei hoch beanspruchbaren Außenschichten und einer preiswerten Innenschicht Materialkosten gespart werden können. Das Halbzeug wird dann aus mehreren Schichten verschiedener Materialien hergestellt.

Gründe

Um solch einen Verbund aus verschiedenen Materialien herzustellen, wird jedes Material in einem separaten Extruder plastifiziert. In einem speziellen Coextrusionswerkzeug (Bild 11.12) werden die verschiedenen Schmelzen in je einem eigenen Schmelzeverteiler ausgeformt und erst kurz vor dem Austritt aus dem Werkzeug zusammengeleitet und dabei miteinander verschmolzen. Heute ist die Herstellung von Verbunden mit bis zu sieben Schichten möglich.

Coextrusionswerkzeug

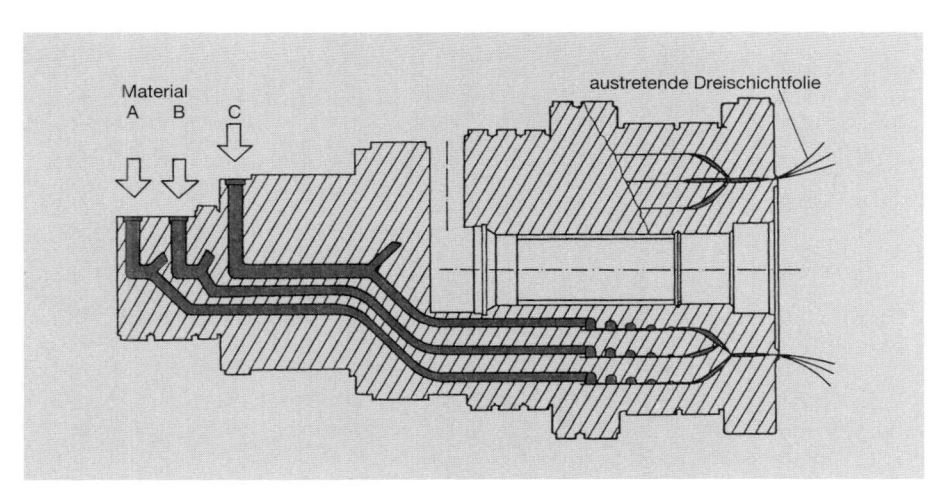

Bild 11.12 Dreischichtschmelzeverteiler

Die Coextrusion wird heute für mehrschichtige Kabelisolierungen, Verpackungsfolien und das Extrusionsblasformen eingesetzt.

11.4 Extrusionsblasformen

Mit dem Extrusionsblasformen lassen sich heute Hohlkörper aus thermoplastischen Kunststoffen herstellen, wie z.B. KFZ-Tanks, Kanister, Surfbretter, Heizöltanks und Flaschen.

Produkte

Anlagenteile
Hierzu sind zwei Hauptanlagenteile erforderlich:
- ein Extruder (überwiegend Einschneckenextruder) mit Umlenkkopf,
- das Blasformwerkzeug und die Blasstation.

Verfahrensablauf
Der Verfahrensablauf des Extrusionsblasformens ist in Bild 11.13 dargestellt.

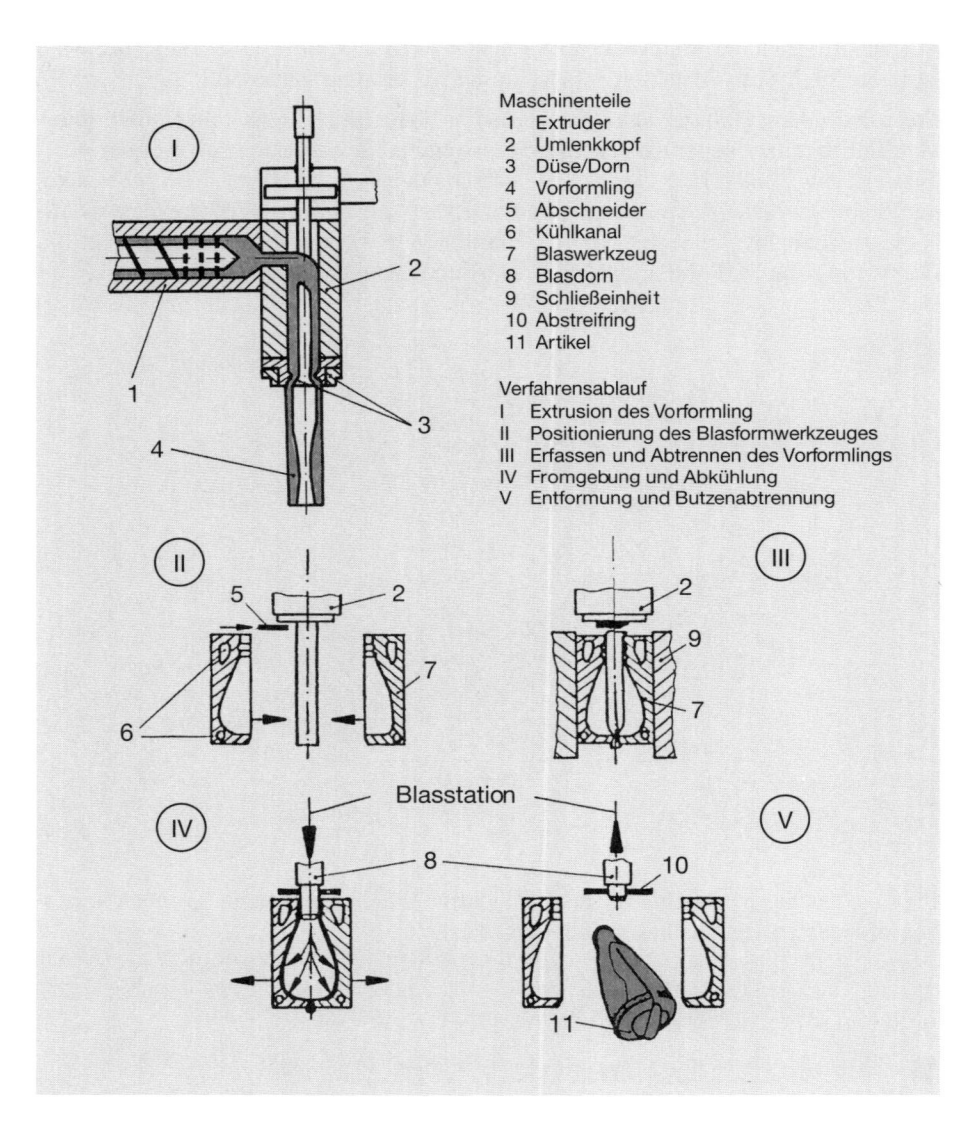

Maschinenteile
1 Extruder
2 Umlenkkopf
3 Düse/Dorn
4 Vorformling
5 Abschneider
6 Kühlkanal
7 Blaswerkzeug
8 Blasdorn
9 Schließeinheit
10 Abstreifring
11 Artikel

Verfahrensablauf
I Extrusion des Vorformling
II Positionierung des Blasformwerkzeuges
III Erfassen und Abtrennen des Vorformlings
IV Fromgebung und Abkühlung
V Entformung und Butzenabtrennung

Bild 11.13 Extrusionsblasformen

Vorformling
Der Extruder verarbeitet den Kunststoff wie bereits beschrieben zu einer homogenen Schmelze. Der angebaute Umlenkkopf lenkt die aus dem waagerecht stehenden Extruder kommende Schmelze in die Senkrechte um, wonach sie ein Werkzeug

zu einem schlauchartigen Vorformling ausformt. Dieser Vorformling hängt nun frei senkrecht nach unten.

Das Blasformwerkzeug besteht aus zwei beweglichen Hälften, die die Negativform des zu fertigen Teils besitzen. Nachdem der Vorformling aus dem Umlenkkopf ausgetreten ist, schließt sich das Werkzeug um ihn und verschließt ihn am unteren Ende durch Zusammenquetschen. Anschließend wird das Werkzeug vom Maschinengestell zur Blasstation bewegt. Blasformwerkzeug

In der Blasstation taucht der Blasdorn ins Werkzeug und damit in den Vorformling ein. Dabei formt und kalibriert der Blasdorn den Halsbereich des Hohlkörpers, während gleichzeitig dem Vorformling Blasluft zugeführt wird (Bild 11.14). Blasformen

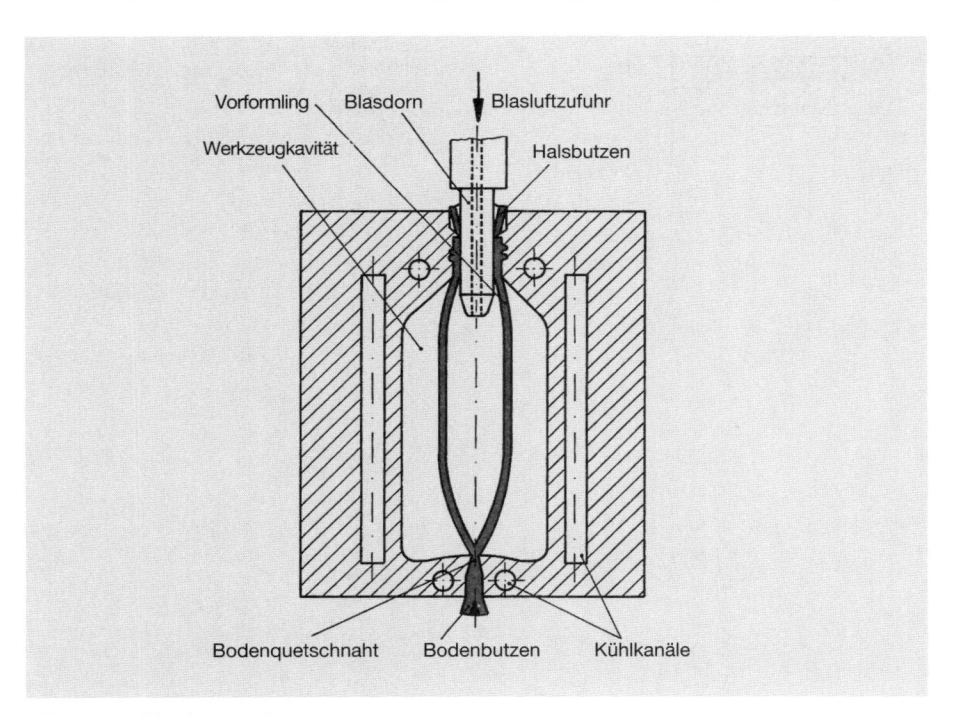

Bild 11.14 Blasformwerkzeug

Durch die Blasluft entsteht im Vorformling ein Druck, durch den er aufgeblasen wird und sich an die Werkzeugwände anlegt. So bekommt er die gewünschte Form. In diesem Moment beginnt auch die Abkühlung durch das Werkzeug. Blasluft

Zur Verkürzung der Abkühlzeit erzeugt man im Formteil eine Luftzirkulation, indem man eine Abluftbohrung am Blasdorn anbringt. Die Luft kann so über eine Drossel, die zum Erhalt des Blasdrucks dient, abströmen. Als Blasmedium kann neben mit CO_2 versehener Luft auch gekühlter Stickstoff eingesetzt werden. Abkühlung

Nachdem das Formteil genügend abgekühlt ist und damit eine genügende Festigkeit besitzt, wird der Blaskopf zurückgefahren, das Werkzeug öffnet sich und das Formteil kann entnommen werden. Formteilentnahme

Erfolgskontrolle zur Lektion 11

Nr.	Frage	Antwortauswahl
11.1	Die Produkte werden bei der Extrusion _____ hergestellt.	kontinuierlich diskontinuierlich
11.2	Welches Teil einer Extrusionsanlage hat die Aufgabe, den Kunststoff homogen aufzuschmelzen? _____ .	Die Kalibrierung Der Extruder Das Werkzeug
11.3	Die gebräuchlichste Schneckenform ist die _____ .	Entgasungsschnecke Kurzkompressions-schnecke Drei-Zonen-Schnecke
11.4	Damit das Extrudat, das aus dem Werkzeug austritt, nicht „wegfließt", sollte der verarbeitete Kunststoff eine _____ Viskosität besitzen.	niedrige hohe
11.5	Das Werkzeug bestimmt die _____ des Extrudats.	Länge Form Temperatur
11.6	Die Coextrusion dient zur Herstellung von Folien und Tafeln aus _____ .	einer Schicht mehreren Schichten
11.7	KFZ-Tanks, Surfbretter und Flaschen werden durch _____ hergestellt.	Coextrudieren Extrusionsblasformen

Lektion 12

Spritzgießen

Themenkreis	Vom Kunststoff zum Produkt
Leitfragen	Wie ist eine Spritzgießmaschine aufgebaut? Welche Funktionen haben die einzelnen Bauteile? Wie läuft das Spritzgießverfahren ab?
Inhalt	12.1 Grundlagen 12.2 Spritzgießmaschine 12.3 Werkzeug 12.4 Verfahrensablauf 12.5 Weitere Spritzgießverfahren Erfolgskontrolle zur Lektion 12
Vorwissen	Einteilung der Kunststoffe (Lektion 5)

12.1 Grundlagen

Spritzgießen

Das Spritzgießen stellt das wichtigste Verfahren zur Herstellung von Formteilen aus Kunststoff dar. Mit ihnen können Formteile von einigen Milligramm bis 100 kg hergestellt werden. Das Spritzgießen zählt zu den Urformverfahren. In Bild 12.1 ist der Spritzgießprozess schematisch dargestellt.

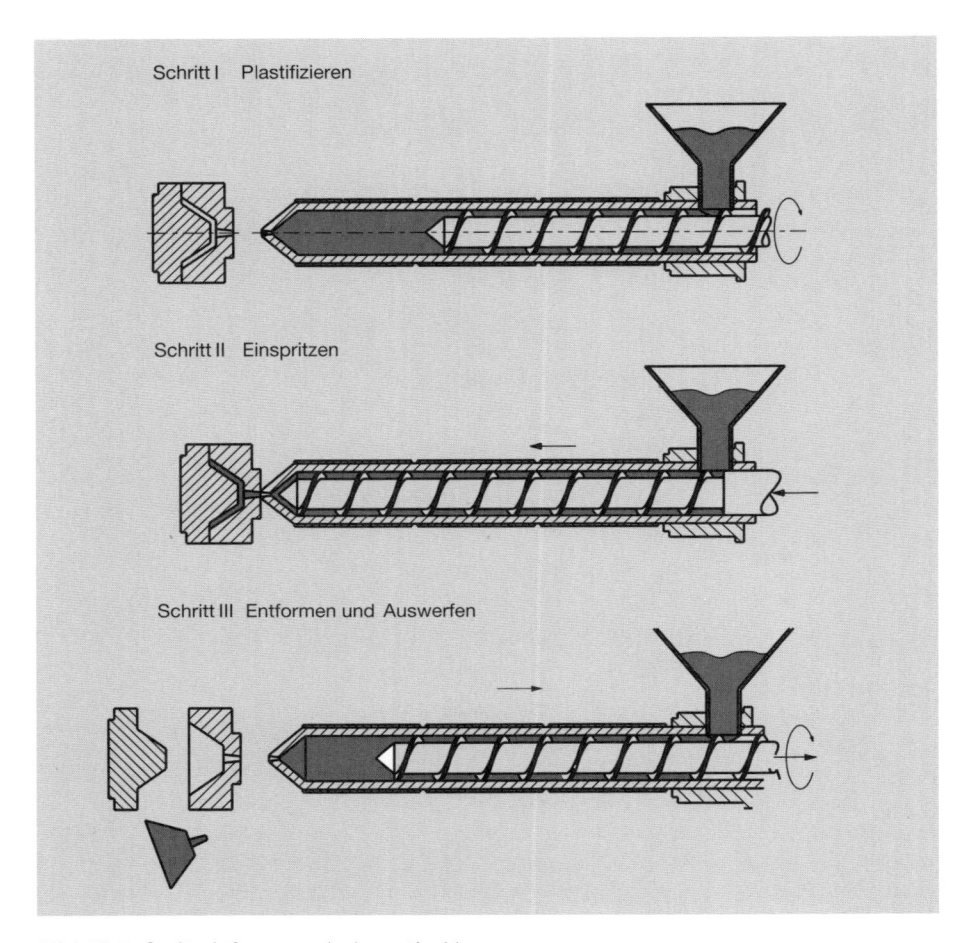

Bild 12.1 Spritzgießprozess (schematisch)

Massenartikel

geringe Nacharbeit

Das Spritzgießen eignet sich für Massenartikel, da der Rohstoff meist in einem Arbeitsgang in ein Fertigteil umgewandelt werden kann. Im Gegensatz zum Metallguss und Pressen von Duroplasten und Elastomeren entstehen beim Spritzgießen von Thermoplasten bei guter Werkzeugqualität keine Grate. Daher ist die Nacharbeit am Spritzgießformteil gering bzw. kann ganz entfallen. So können selbst komplizierte Geometrien in einem Arbeitsgang gefertigt werden.

Kunststoffe, die mit dem Spritzgießverfahren verarbeitet werden, sind in der Regel Thermoplaste, aber auch Duroplaste und Elastomere werden verarbeitet (Tabelle 12.1).

Tabelle 12.1 Kunststoffe für das Spritzgießen

Thermoplaste	Duroplaste	Elastomere
Polystyrol (PS)	Ungesättigtes Polyesterharz (UP)	Nitril-Butadien-Rubber (NBR)
Acrylnitril-Butadien-Styrol (ABS)		Styrol-Butadien-Rubber (SBR)
Polyethylen (PE)	Phenol-Formaldehyd-Harz (PF)	Polyisopren (IR)
Polypropylen (PP)		
Polycarbonat (PC)		
Polymethylmethacrylat (PMMA)		
Polyamid (PA)		

Entscheidend für die Wirtschaftlichkeit ist der Ausstoß an Teilen pro Zeiteinheit. Er ist stark von der Abkühldauer des Formteils im Werkzeug und diese wieder von der Wanddicke des Formteils abhängig. Die Abkühldauer steigt mit dem Quadrat der Wanddicke! Dies muss bei Formteilen mit großen Wanddicken berücksichtigt werden und ist hinsichtlich der Wirtschaftlichkeit von großer Bedeutung. Die Dauer zwischen zwei Formteilen, die fertig aus der Maschine fallen, nennt man Zykluszeit.

Abkühldauer

Zykluszeit

Es lassen sich folgende Merkmale des Spritzgießens auflisten:

Merkmale

- direkter Weg von der Formmasse zum Fertigteil,
- keine oder nur geringe Nachbearbeitung des Formteils notwendig,
- Verfahren vollautomatisierbar,
- hohe Reproduzierbarkeit der Formteile und
- hohe Qualität der Formteile.

■ 12.2 Spritzgießmaschine

Spritzgießmaschinen sind in der Regel Universalmaschinen. Die Aufgabenstellung umfasst die diskontinuierliche Herstellung von Formteilen aus vorzugsweise makromolekularen Formmassen, wobei das Urformen unter Druck geschieht.

Definition

Die Erfüllung dieser Aufgaben übernehmen dabei die verschiedenen Baugruppen, aus denen eine Spritzgießmaschine aufgebaut ist (Bild 12.2).

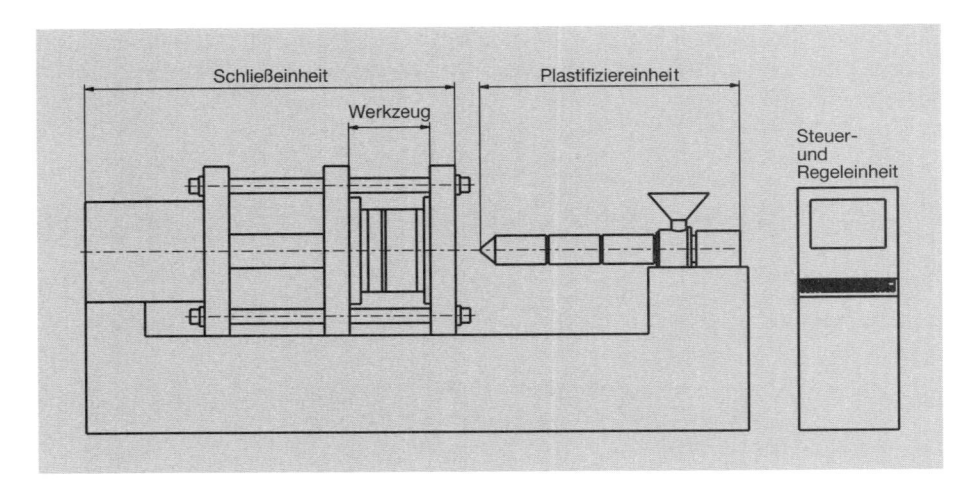

Bild 12.2 Aufbau einer Spritzgießmaschine

Spritzeinheit

Aufgaben Von dieser Baugruppe wird der Kunststoff aufgeschmolzen, homogenisiert, gefördert, dosiert und in das Werkzeug gespritzt. Die Spritzeinheit hat somit zwei Aufgaben. Zum einen den Kunststoff zu plastifizieren und zum anderen den Kunststoff in das Werkzeug einzuspritzen. Üblich ist heute der Einsatz von Schubschneckenmaschinen. Diese Spritzgießmaschinen arbeiten mit einer Schnecke, welche auch als Spritzkolben dient (Bild 12.3). Die Schnecke dreht sich in einem beheizbaren Zylinder, dem von oben durch einen Trichter das Material zugeführt wird.

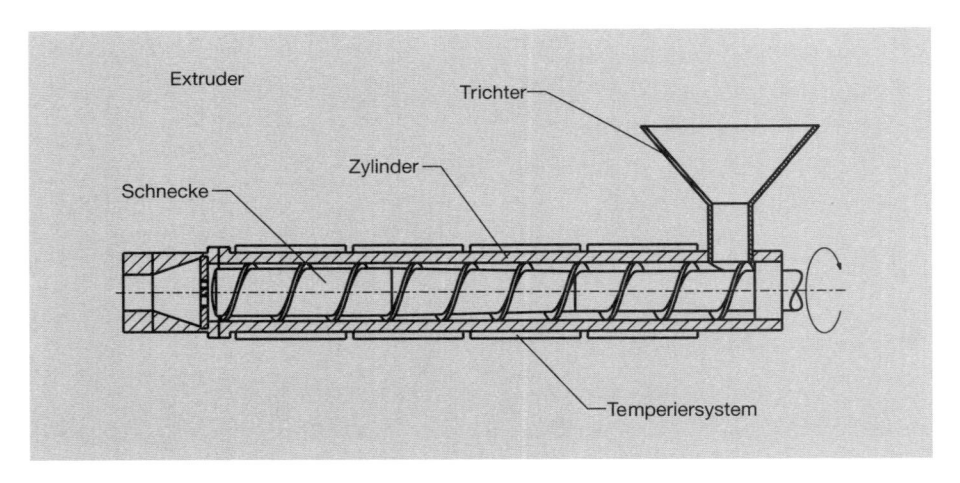

Bild 12.3 Spritzeinheit einer Schneckenspritzgießmaschine

Die Spritzeinheit ist im Allgemeinen beweglich auf dem Maschinenbett gelagert. In der Regel können die Zylinder, Schnecken und Düsen ausgetauscht werden, so dass man sie an den zu verarbeitenden Stoff oder auch das Schussvolumen anpassen kann.

Schließeinheit

Die Schließeinheit einer Spritzgießmaschine ist mit der einer liegenden Presse vergleichbar. Die düsenseitige Aufspannplatte ist fest, die schließseitige ist beweglich gestaltet, so dass sie auf vier Holmen gleiten kann. Auf diesen vertikalen Aufspannplatten werden die Werkzeuge so aufgespannt, dass die fertigen Formteile nach unten herausfallen können.

Bei den beiden gebräuchlichsten Antriebssystemen der schließseitigen Aufspannplatte handelt es sich um: Antriebssysteme

- den hydraulisch betätigten Kniehebel und
- die rein hydraulische Schließeinheit.

Kniehebelsysteme werden bei kleineren bis mittleren Maschinengrößen eingesetzt. Kniehebelsysteme
Der Kniehebel wird dabei hydraulisch angetrieben (Bild 12.4).

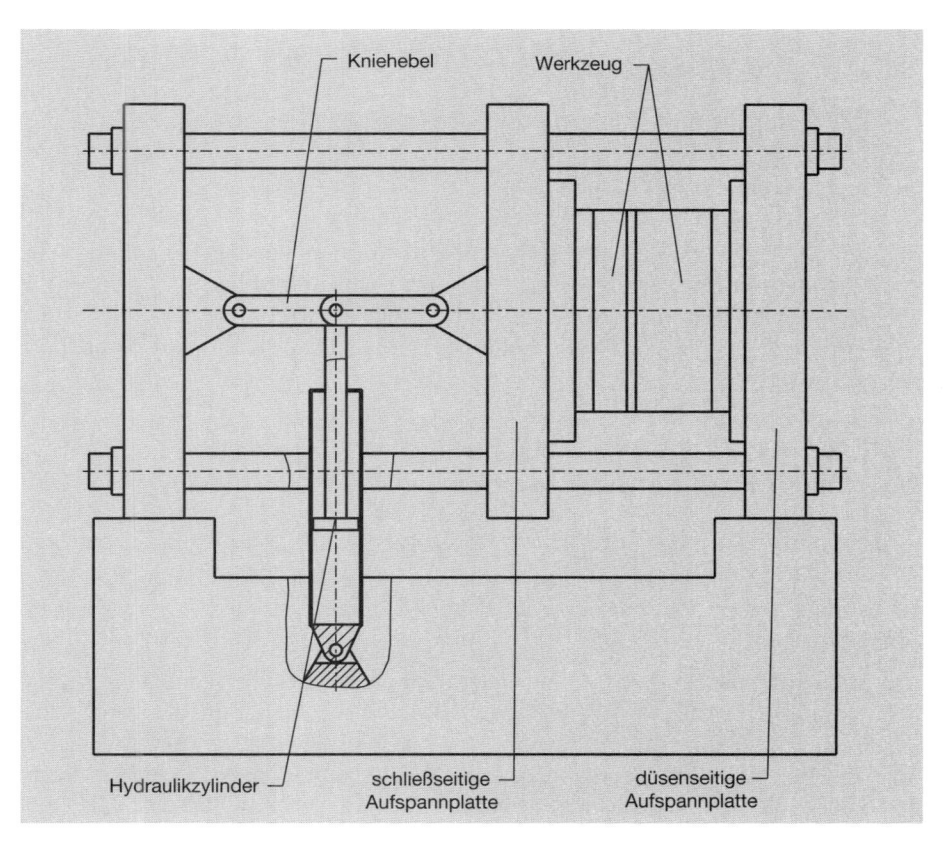

Bild 12.4 Kniehebelschließeinheit

Die Vorteile dieses Systems sind der schnelle, günstige Bewegungs- und Geschwindigkeitsablauf und die Selbstverriegelung. Die Nachteile sind mögliche Holmbrüche oder bleibende Verformungen des Werkzeugs bei schlechter Einstellung des Systems und der hohe Wartungsaufwand.

hydraulische Schließeinheit

Die Gefahr von Holmbrüchen besteht im Falle des rein hydraulischen Systems (Bild 12.5) nicht, da die Hydraulikflüssigkeit nachgiebig ist und so zu große Verformungen auffängt.

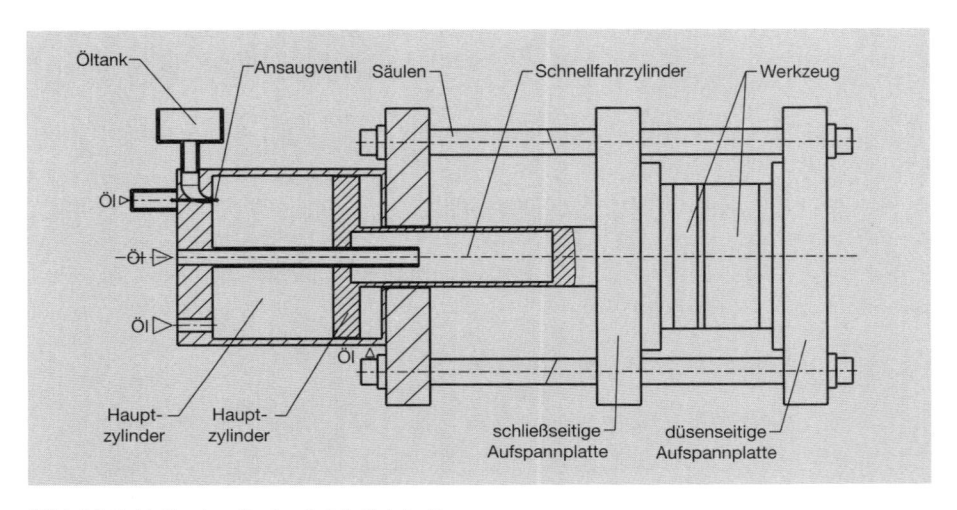

Bild 12.5 Vollhydraulische Schließeinheit

Die Vorteile dieses Systems sind seine höhere Präzision, beliebige Positionierung, keine Gefahr von unzulässigen Werkzeugverformungen und Holmbrüchen. Nachteile sind seine langsamere Schließgeschwindigkeit, die geringere Steifigkeit der Schließeinheit, bedingt durch die hohe Nachgiebigkeit des Öls, und der höhere Energiebedarf.

Maschinenbett und Schaltschrank

Maschinenbett

Das Maschinenbett dient zur Aufnahme von Plastifizier- und Schließeinheit. Es umschließt den Behälter für das Hydrauliköl und den Antrieb für die Hydraulik. Manchmal ist auch die Steuerungs- und Bedieneinrichtung direkt im Maschinenbett untergebracht.

Schaltschrank

Der Schaltschrank enthält die Instrumente, die elektrischen Schaltelemente, die Regler und das Energieversorgungssystem. Es handelt sich hier um die Steuer- bzw. Regeleinheit der Maschine. Bei modernen Maschinen erfolgt die Parametereingabe über Tastatur und Bildschirmdialog. Der im Schaltschrank angebrachte Mikrorechner besorgt die Ablaufsteuerung, überwacht Prozess- und Produktionsdaten, speichert Daten ab und dokumentiert den Prozess.

12.3 Werkzeug

Das Werkzeug gehört nicht direkt zur Spritzgießmaschine, da es für jedes Formteil individuell konstruiert werden muss. Es besteht mindestens aus zwei Hauptteilen, wobei jedes auf eine Aufspannplatte der Schließeinheit befestigt wird. Die maximale Werkzeuggröße wird von der Größe der Aufspannplatten und dem Abstand zweier benachbarter Holme der Spritzgießmaschine vorgegeben. *Spritzgießwerkzeug*

Das Werkzeug besteht im Wesentlichen aus den folgenden Elementen: *Elemente*

- Formplatten mit der Kavität
- Angusssystem
- Temperiersystem
- Auswerfersystem

Diese Elemente erfüllen im Wesentlichen folgende Aufgaben: *Aufgaben*

- Aufnahme und Verteilung der Schmelze,
- Ausformung der Schmelze zur Formteilgestalt,
- Abkühlung der Schmelze (Thermoplaste) bzw. Zuführung der Aktivierungsenergie (Elastomere und Duroplaste) und
- Entformung.

In Bild 12.6 ist ein Spritzgießwerkzeug beispielhaft dargestellt.

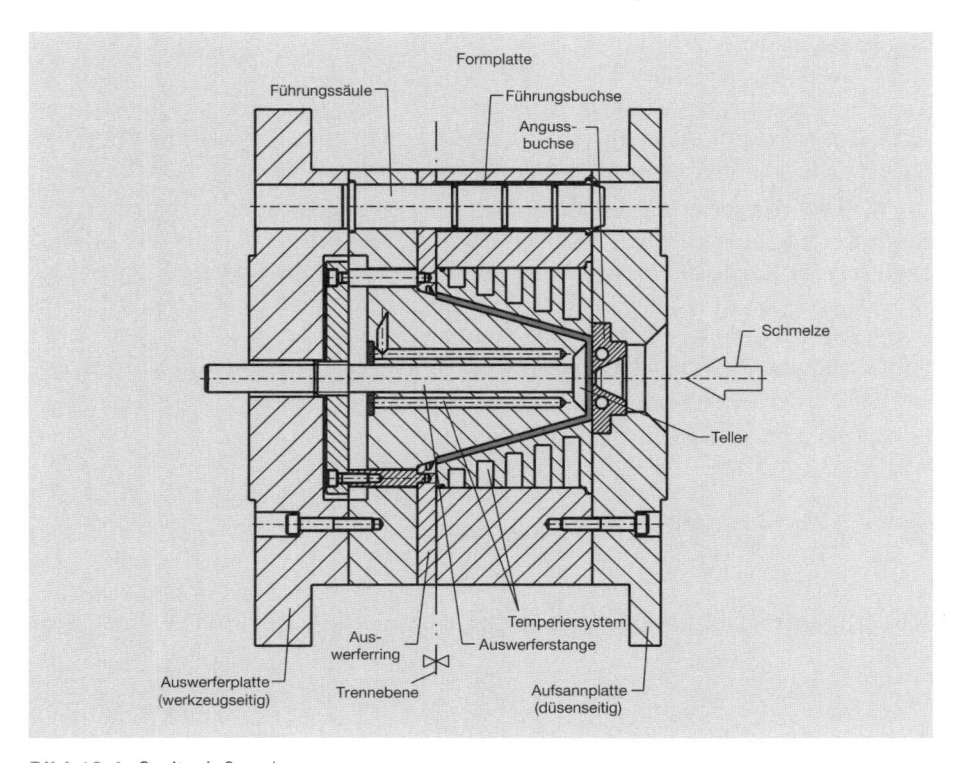

Bild 12.6 Spritzgießwerkzeug

Einteilungskriterien — Die Einteilung der Werkzeuge erfolgt nach folgenden Kriterien:
- grundsätzlicher Aufbau
- Art des Entformungssystems
- Art des Angusssystems
- Anzahl der Kavitäten
- Anzahl der Trennebenen
- Größe des Werkzeugs

Werkzeugkosten — Die Kosten für Werkzeuge sind sehr hoch. Sie betragen im Allgemeinen von 10.000 bis zu einigen 100.000 €, weshalb sich nur Fertigungen lohnen, die größere Stückzahlen umfassen.

Entformungssystem

Auswerfereinheit — Ein bewegliches Funktionselement ist die Auswerfereinheit mit den Auswerferplatten und Stiften. Am Ende der Kühlzeit wird das Werkzeug durch die Schließeinheit geöffnet. Die Auswerferbolzen werden über einen Hydraulikzylinder in Richtung des Formteils bewegt, und das Formteil wird durch die Auswerferstifte aus der Kavität herausgedrückt, so dass es aus dem Werkzeug fällt.

Angusssystem

Aufgaben — Die Schmelze wird in der Einspritzphase durch das Angusssystem gepresst und durch den Anschnitt in das Formnest geleitet, welches das Formteil ausbildet. Das Angusssystem kann als beheiztes oder als unbeheiztes System ausgeführt werden.

Mehrfachwerkzeuge — Eine höhere Wirtschaftlichkeit kann durch die Verwendung von mehreren Formnestern in einem Werkzeug erreicht werden. Hierbei ist der Anguss so gestaltet, dass sich ein Kanal, der aus Richtung der Plastifiziereinheit kommt, in mehrere Kanäle verzweigt, die zu den einzelnen Formnestern führen. Hierbei sollte das Angusssystem so gestaltet sein, dass die einzelnen Formnester möglichst gleichzeitig gefüllt sind und die Schmelze beim Eintritt in die Formnester den gleichen Druck und die gleiche Temperatur haben.

■ 12.4 Verfahrensablauf

Spritzgießzyklus — Der Fertigungsablauf, allgemein als Spritzgießzyklus bezeichnet, ist in Bild 12.7 zu sehen.

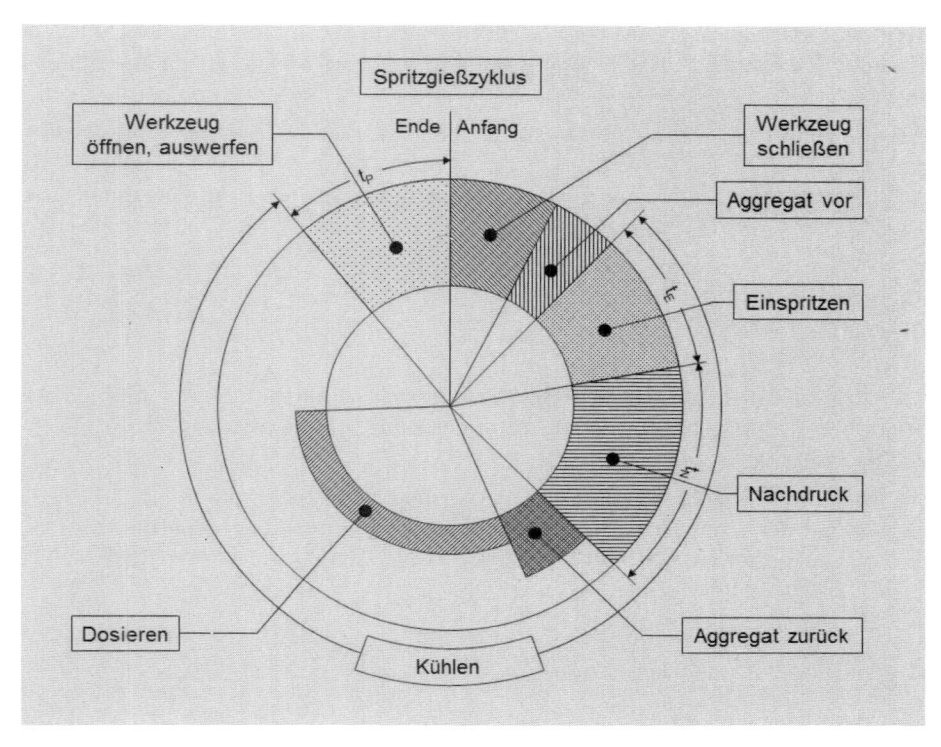

Bild 12.7 Spritzgießzyklus

Um die zeitliche Abfolge der einzelnen Verfahrensschritte zu verdeutlichen, sind in Bild 12.8 die Arbeitsgänge schematisch über der Zeit aufgetragen.

zeitliche Abfolge

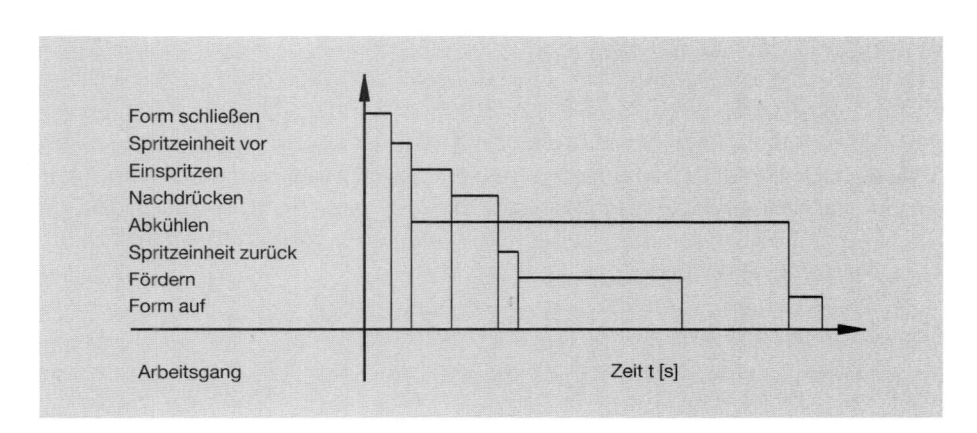

Bild 12.8 Zeitliche Schrittfolge eines Spritzgießzyklus

Man sieht hier deutlich, dass die Verfahrensschritte jeweils nacheinander erfolgen bis auf den wichtigen Abkühlvorgang, der sich mit anderen Vorgängen überschneidet.

Wirtschaftlichkeit

Diese Verfahrensschritte werden von der Steuereinrichtung der Maschine koordiniert und wiederholen sich bei jedem Spritzvorgang. Die Zykluszeit sollte dabei so gering wie möglich sein, um eine hohe Ausstoßleistung und damit eine gute Wirtschaftlichkeit des Prozesses zu erreichen.

Dosieren

Schneckenspitze

Das Material wird durch eine Schnecke, die sich in einem Zylinder dreht, vom Trichter in Richtung der Schneckenspitze gefördert. Hierbei wird das Material verdichtet und aufgeschmolzen.

Während die Schnecke Material fördert, wird sie gleichzeitig durch das Material, das sich vor der Schneckenspitze sammelt, zurückgedrückt. Die Förderung des Materials hält an, wenn die Schnecke eine bestimmte Position erreicht hat (Bild 12.9).

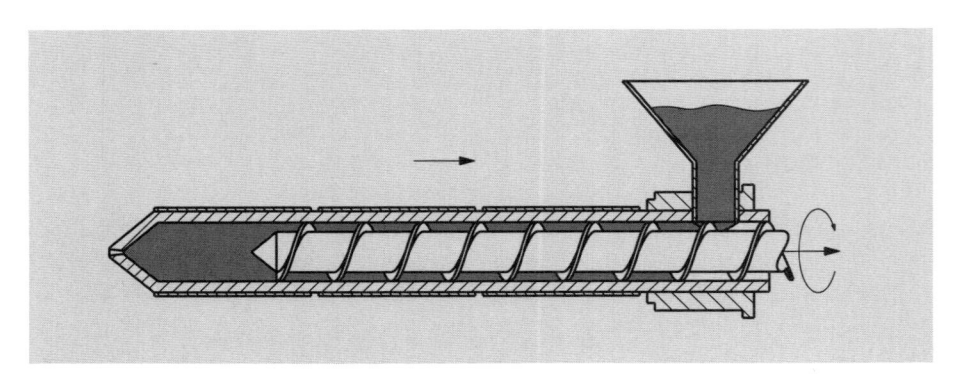

Bild 12.9 Schneckenposition nach dem Dosieren

Dosierweg

Dosiervolumen

Dann hat sich vor der Schneckenspitze genug Material gesammelt, um das Formteil zu spritzen. Den zurückgelegten Weg der Schnecke nennt man Dosierweg, das Volumen des Materials vor der Schnecke Dosiervolumen. Beide Parameter werden für jedes Werkzeug neu eingestellt.

Einspritzen

Rückstromsperre

Kolben

Beim Einspritzen fährt die Schnecke ohne Drehung, angetrieben durch den hydraulischen Einspritzzylinder, nach vorne und schiebt die dosierte Schmelze durch eine Düse ins Werkzeug. Bedingt durch die Rückstromsperre wirkt die Schnecke hierbei als Kolben.

Der Einspritzdruck wird an der Maschine als feste Größe vorgegeben und stellt eine obere Grenze dar, die nicht überschritten werden darf. Eine andere Größe, die eingestellt werden muss, ist die Einspritzgeschwindigkeit. Sie kann aber während des Einspritzens variiert werden.

Einspritzdruck

Einspritzgeschwindigkeit

Fließvorgänge im Werkzeug

Die Fließvorgänge im Werkzeug können in drei Phasen unterteilt werden:

Phasen

1. Phase: Einspritzphase
2. Phase: Kompressionsphase
3. Phase: Nachdruckphase

In der Einspritzphase wird das Werkzeug volumetrisch gefüllt. Sobald das der Fall ist, verlangsamt sich die Geschwindigkeit der Schmelze. Die Kompressionsphase beginnt. Zur Verdichtung des Formteils wird weiter Masse in das Werkzeug gefördert. Dieser Anteil beträgt ca. 7 %. Der Druck im Formnest steigt während der Kompressionsphase steil an. Bei Erreichen eines festgelegten Druckniveaus im Werkzeug wird auf den Nachdruck umgeschaltet.

Einspritzphase

Kompressionsphase

Bei der Abkühlung schwindet das Material im Formnest und so muss neues Material nachgeführt werden, um das Volumen des Formteils konstant zu halten. Hierzu dient die Nachdruckphase. Der Druck im Formteil nimmt mit der Zeit auch bei konstantem Nachdruck ab, da das Formteil immer mehr erstarrt. Ist er auf Umgebungsdruck abgefallen, ist die Nachdruckphase beendet.

Schwindung

Nachdruckphase

Wichtig ist der Zeitpunkt zu dem auf Nachdruck umgeschaltet wird. Wird zu früh umgeschaltet wird das Formteil nicht genügend verdichtet und es kommt zu Einfallstellen, während ein zu spätes Umschalten ein Überspritzen und damit eine Gratbildung am Formteil zufolge haben kann.

Umschaltzeitpunkt

Nachdem die Nachdruckphase beendet ist, beginnt die Spritzeinheit direkt mit der neuen Dosierung.

Abkühlvorgang

Die Kühlzeit beginnt mit dem Füllvorgang und endet mit der Entformung. Diese Zeit wird so eingestellt, dass das Formteil nur noch eine bestimmte Temperatur hat und damit formstabil ist. Dieser Vorgang wird durch Kühlkanäle im Werkzeug, durch die ein Kühlmedium fließt, unterstützt.

Kühlzeit

Kühlkanäle

12.5 Weitere Spritzgießverfahren

Fluidinjektionstechnik

Die Fluidinjektionstechnik (FIT) kann vom Ablauf her dem Mehrkomponentenspritzgießen zugeordnet werden. Statt einer zweiten Kunststoffschmelze wird ein Prozessmedium benutzt, das über einen sogenannten Injektor in die schmelzeflüssige Seele des Vorspritzlings zur Hohlraumbildung injiziert wird. Dabei handelt es sich um Gas, zumeist Stickstoff, im Fall der Gasinjektionstechnik (GIT) und Wasser bei der Wasserinjektionstechnik (WIT). Das primäre Ziel bei der Entwicklung dieser Verfahren war die Reduzierung des Bauteilgewichtes sowie der Herstellungskosten.

Hohlraumbildung

Das klassische Anwendungsgebiet von GIT und WIT ist die Herstellung langer und dickwandiger Formteile, bei denen der Hohlraum selbst eine Funktion übernimmt, wie z. B. bei Medienleitungen.

GIT/WIT

Aufgrund der deutlich besseren Kühlwirkung des Wassers im Vergleich zum Gas erreicht man bei der WIT eine deutliche Reduzierung der Zykluszeit von bis zu 70 %.

Zykluszeit

Spritzgießen von Duroplasten und Elastomeren

Im Gegensatz zu Thermoplasten, die durch Abkühlung erstarren, erreichen Elastomere und Duroplaste bei der Herstellung ihre Stabilität durch eine chemische Reaktion, bei der eine Vernetzung der Ausgangsprodukte erfolgt. Diese Reaktion wird bei der Verarbeitung in einer Spritzgießmaschine durch Wärme gestartet.

Vernetzungsreaktion

Diesen Besonderheiten muss der Spritzgießprozess angepasst werden. Das betrifft in erster Linie die Temperaturen. In der Spritzeinheit müssen die Temperaturen niedriger gehalten werden als bei Thermoplasten, um ein vorzeitiges Vernetzen zu verhindern. Sie liegen deshalb bei 80 bis 100 °C. Da ein Teil der Wärme durch die Reibung erzeugt wird, muss der Plastifizierzylinder eventuell sogar gekühlt werden, um die Temperaturen niedrig halten zu können.

Temperaturen

Erst im Werkzeug wird dem Material Wärme zugeführt, um die Vernetzung rasch voranzutreiben. So wird das Werkzeug nicht wie bei Thermoplasten gekühlt, sondern bis zu Temperaturen von 160 bis 200 °C beheizt. Dieser Teil des Zyklus nimmt die meiste Zeit in Anspruch. Er dauert wie die Kühlung bei Thermoplasten umso länger, je größer die Wanddicken des Formteils sind. Von der Herstellung besonders dicker Teile ist deshalb Abstand zu nehmen.

Vernetzungsstart

Beim Werkzeug ist besonders darauf zu achten, dass Trennflächen wie z. B. die Trennebene besonders dicht gearbeitet werden müssen. Grund hierfür ist die sehr niedrige Viskosität der Schmelzen, die sehr leicht zur Bildung von Graten führt.

Trennebene

Erfolgskontrolle zur Lektion 12

Nr.	Frage	Antwortauswahl
12.1	Spritzgießen ist ein _____.	Umformverfahren Urformverfahren Bearbeitungsverfahren
12.2	Spritzgießen eignet sich zur Herstellung von _____.	Einzelstücken Massenartikeln
12.3	Die Dauer zwischen zwei Formteilen, die fertig aus der Spritzgießmaschine fallen, nennt man _____.	Abkühlzeit Spritzgießzeit Zykluszeit
12.4	Mit dem Spritzgießprozess werden in erster Linie _____ hergestellt.	Fertigteile Halbzeuge
12.5	_____ formt die Schmelze zum Fertigteil.	Die Schließeinheit Das Werkzeug Die Plastifiziereinheit
12.6	Beim Abkühlen im Werkzeug _____ das Formteil.	quillt schwindet
12.7	Die _____ nimmt die längste Zeit des Spritzgießzyklus in Anspruch.	Einspritzzeit Dosierzeit Abkühlzeit
12.8	Beim Einspritzen wirkt _____ wie ein Kolben.	die Schließeinheit der Kniehebel die Schnecke

Lektion 13: Faserverstärkte Kunststoffe (FVK)

Themenkreis	Vom Kunststoff zum Produkt
Leitfragen	Was ist ein faserverstärkter Kunststoff (FVK)?
	Aus welchen Bestandteilen ist ein FVK zusammengesetzt?
	Welche Herstellungsverfahren für Bauteile aus FVK gibt es?
Inhalt	13.1 Werkstoffe
	13.2 Verfahrensablauf
	13.3 Handwerkliche Verarbeitungsverfahren
	13.4 Maschinelle Verarbeitungsverfahren
	Erfolgskontrolle zu Lektion 13
Vorwissen	Einteilung der Kunststoffe (Lektion 5)

■ 13.1 Werkstoffe

Matrix
Fasern

Bei faserverstärkten Kunststoffen (FVK) werden Fasern in thermoplastische oder duroplastische Kunststoffe eingebettet. Den Kunststoff, der die Fasern trägt, bezeichnet man als Matrix. Als Fasern kommen z. B. Glas oder Kohlefasern (Carbonfasern) in Frage, wobei alle Fasern einen höheren E-Modul haben als der Kunststoff, in den sie eingebettet werden. Da hierdurch die Festigkeit des Kunststoffs erhöht wird, nennt man diese Gruppe von Kunststoffen „faserverstärkt".

Verbund

Durch den Verbund von Kunststoff mit Fasern werden die Eigenschaften beider Werkstoffe miteinander kombiniert. Insbesondere wird die Festigkeit des Kunststoffs erhöht. Diese Kombination von Eigenschaften macht den faserverstärkten Kunststoff als Ersatz für z. B. Metall interessant.

Vergleich

Um eine Vorstellung von der Festigkeit der faserverstärkten Kunststoffe zu erhalten, betrachten wir den E-Modul verschiedener Stoffe in Bild 13.1.

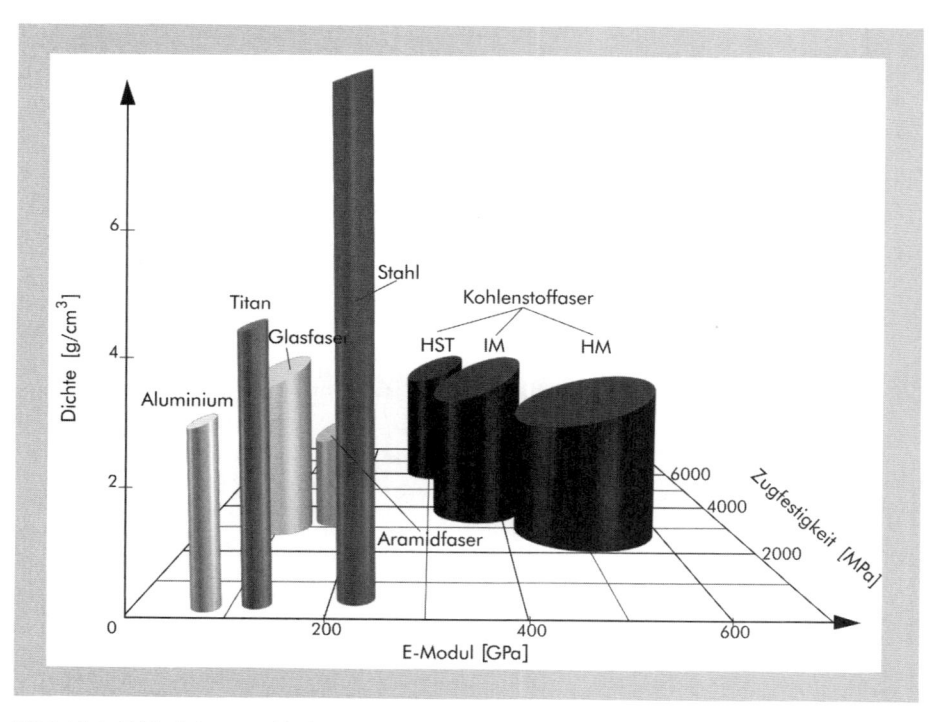

Bild 13.1 E-Module verschiedener Werkstoffe

Isotrop

Ein besonderes Merkmal der faserverstärkten Kunststoffe ist, dass die Erhöhung der mechanischen Belastbarkeit gegenüber dem nicht verstärkten Kunststoff nur in Richtung der Fasern erfolgt. Bei der Konstruktion und der Verarbeitung muss deshalb darauf geachtet werden, dass die Fasern auch in Richtung der späteren Belastungen liegen.

Um den einzelnen Anforderungen an Lage und Wirkung der Fasern in den Bauteilen gerecht zu werden, verarbeitet man die Fasern wahlweise in verschiedenen Formen, z. B. als endlose Fasern oder in Geweben. Die unterschiedlichen Formen sind in Bild 13.2 zu sehen.

Verstärkungsstoffe

VERSTRÄRKUNGSSTOFFE	bevorzugte Beanspruchungsrichtung
Textilglasroving (Strang) aus Glasspinnfäden	↕
geschnittenes Textilglas	✴
Textilglasmatte	✴
Textilglas-Rovinggewebe	✛
Textilglas-Filamentgewebe	✛
UD-Gewebe* aus Glasfilament oder Glasstapelfaser	↔
Oberflächenvlies aus Glasfilament, Glasstapel- oder Chemiefaser	entfällt

* UD = unidirektional („in einer Richtung")

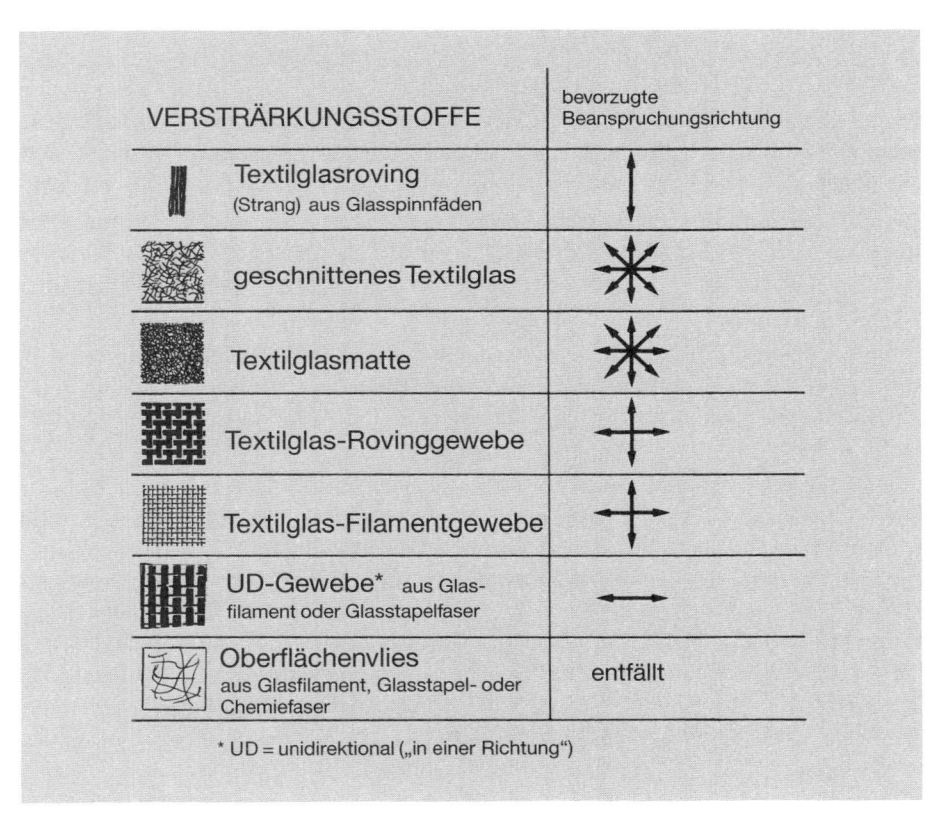

Bild 13.2 Faserformen

Je nachdem wie das Bauteil beansprucht wird, muss die Faserform ausgewählt werden. Ein Textilglasroving lässt sich z. B. nur in einer Richtung hoch beanspruchen, während ein Textilglasroving-Gewebe sich in zwei Richtungen hoch beanspruchen lässt.

Beanspruchungsrichtung

13.2 Verfahrensablauf

Verfahrensschritte Die Herstellung von Bauteilen aus faserverstärktem Kunststoff findet im Allgemeinen in vier Schritten statt:

1. Schritt	Aufbringen und Ausrichten der Fasern
2. Schritt	Tränken der Fasern
3. Schritt	Formen des Bauteils
4. Schritt	Härten des Kunststoffs

Die beiden Schritte Aufbringen/Ausrichten und Tränken können vertauscht sein. Die Reihenfolge der Schritte ist bei den verschiedenen Herstellverfahren unterschiedlich.

Duroplastmatrix Die meisten faserverstärkten Kunststoffe besitzen als Matrix einen Duroplasten. Dieser Duroplast entsteht beim Härten des Bauteils durch eine chemische Reaktion, bei der das Harz, mit dem die Fasern vorher getränkt worden sind, vernetzt wird.

Härter
Beschleuniger Um diese chemische Reaktion bei Raumtemperatur in Gang zu setzen, werden dem Harz je nach Art Härter und/oder Beschleuniger zugemischt. Ist die Härtung abgeschlossen, lässt sich an der Struktur des Kunststoffs, auch durch Erwärmen, nichts mehr ändern.

Luftblasen Das fertige Bauteil wird im praktischen Einsatz durch Kräfte belastet, die es nicht beschädigen sollen. Das ist aber nur dann sicher, wenn die Fasern sehr gut am Kunststoff haften. Diese Haftung kann durch Luftblasen an den Fasern beeinträchtigt werden. Beim Aushärten des Kunststoffs dürfen deshalb keine Luftblasen mehr an den Fasern haften. Wäre das der Fall, könnte sich der Kunststoff bei hoher Belastung von der Faser lösen, und das Bauteil würde zerstört. Es muss deshalb beim Tränken der Fasern mit Harz darauf geachtet werden, dass möglichst keine Luftblasen mit in das Harz gelangen, anderenfalls muss das Bauteil vor bzw. während des Aushärtens verdichtet und entlüftet werden.

13.3 Handwerkliche Verarbeitungsverfahren

Handlaminieren

Positivform Die einfachste Art der Herstellung von Bauteilen aus faserverstärkten Kunststoffen ist das Handlaminieren. Hier werden auf eine Positivform (Werkzeug) schichtweise immer abwechselnd Harzansatz und Fasermatten aufgebracht. Die Fasermatte wird mit einer Laminierrolle angedrückt und dabei sehr gut mit Harz getränkt, wie in Bild 13.3 dargestellt.

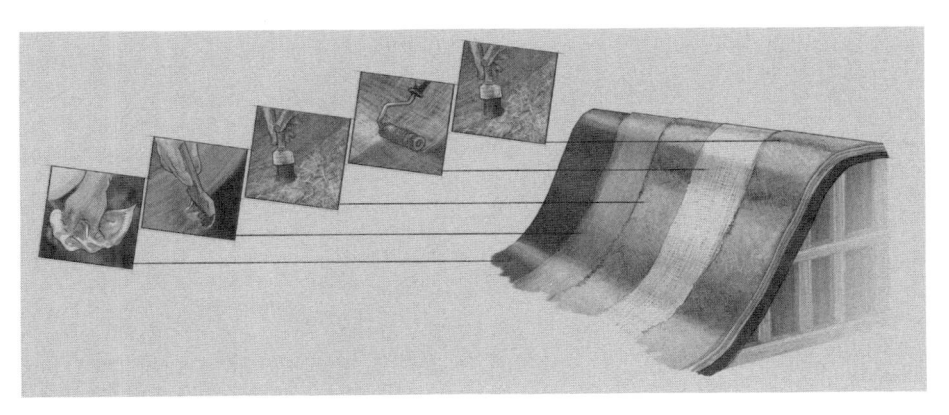

Bild 13.3 Handlaminieren

Vor dem eigentlichen Laminieren werden auf die Form noch ein Trennmittel und eine Feinschicht aufgebracht. Das Trennmittel dient zum besseren Trennen des fertigen Bauteils von der Form. Die Feinschicht bewirkt eine bessere Oberfläche des Formteils, da die Fasern sich nicht durch diese Schicht durchdrücken.

Oberfläche

Einsatzgebiete des Verfahrens sind z. B. der Bootsbau, der Segelflugzeugbau oder der Windkraftanlagenbau.

Anwendung

13.4 Maschinelle Verarbeitungsverfahren

Faser-Harzspritzen

Beim Faser-Harzspritzen werden die geschnittenen Fasern mittels Druckluft auf eine Form geblasen. Gleichzeitig wird das Harz aus einer anderen Düse auf die Form gespritzt. Die aufgebrachte Schicht wird verdichtet und gleichzeitig entlüftet, bevor das Teil aushärtet. In Bild 13.4 ist das Faser-Harzspritzverfahren dargestellt.

Verfahren

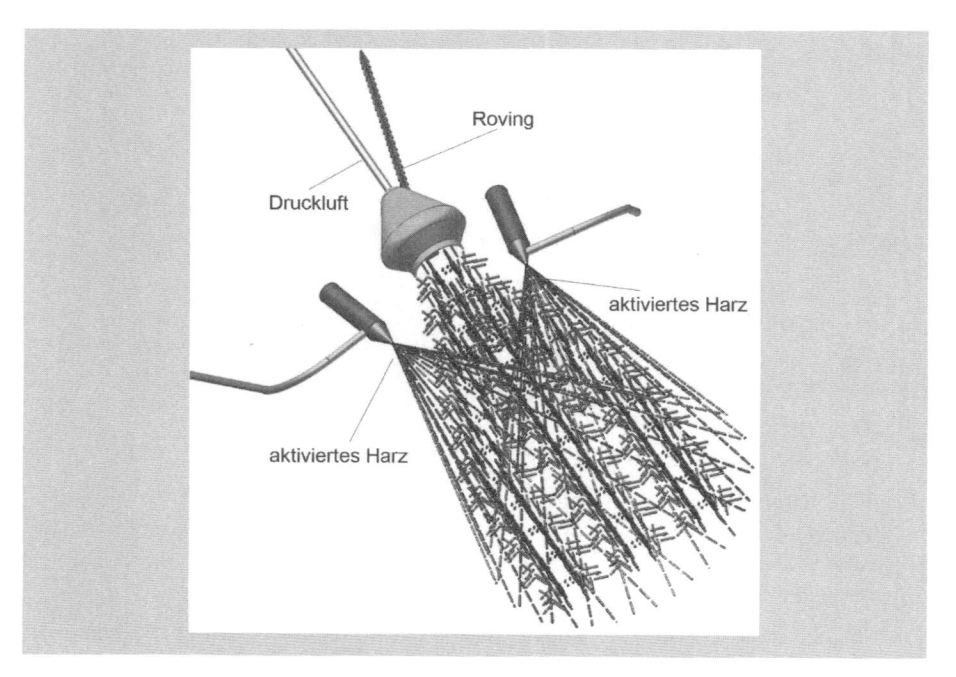

Bild 13.4 Faser-Harzspritzen

Anwendung Da beim Spritzen umweltschädliche Emissionen wie z. B. Styrol entstehen, ist es ratsam Roboter einzusetzen, die in gasdichten Kabinen arbeiten. Das Verfahren wird aber trotzdem häufig noch manuell eingesetzt. Mit dem Faser-Harzspritzverfahren werden z. B. Badewannen gefertigt.

Wickeln

Verfahren Beim Wickelverfahren werden die zuvor mit Harz getränkten Faserstränge (Rovings) auf einen sich drehenden Kern gewickelt. Die Vorrichtung zur Führung der Fasern, das sogenannte Fadenauge, wird hierbei waagerecht verfahren. So wird der Kern in der gewünschten Weise mit Fasern bedeckt. In Bild 13.5 ist das Verfahren dargestellt.

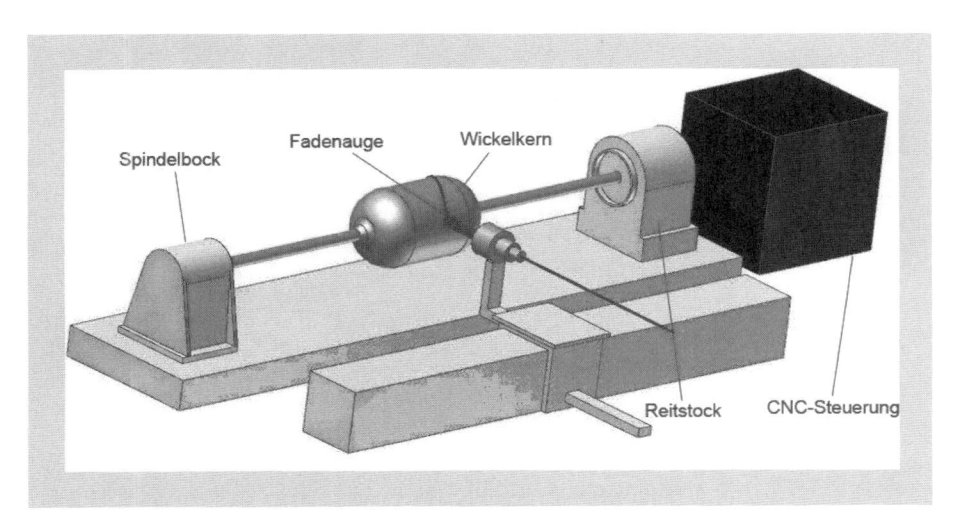

Bild 13.5 Wickelanlage

Die Führung der Faserstränge und die Drehgeschwindigkeit des Kerns müssen exakt geregelt sein, da die Fasern zum einen abrutschen, wenn sie falsch auf dem Kern liegen, und zum anderen exakt die in der Auslegung vorgesehenen Richtungen haben sollen, um später die Kräfte aufnehmen zu können. — Faserrichtung

Bei komplizierten Bauteilen kann man die Fadenführung Punkt für Punkt von Hand vornehmen und in einem Computer abspeichern. Er steuert bei der automatischen Fertigung einen Roboter, der die Punktabfolge dann wiederholt. — Roboter

Vorteile des Verfahrens sind seine gute Automatisierung und Reproduzierbarkeit. Beispiele für Bauteile, die mit dieser Methode gefertigt werden, sind Rohre und Druckbehälter. — Anwendung

Pressen

Mit dem Verfahren des Pressens können große, flächige Bauteile mit guten mechanischen Eigenschaften hergestellt werden. — Verfahren

Beim Pressen werden sogenannte SMC- bzw. GMT-Pressmassen verarbeitet. SMC (Sheet-Moulding-Compound) besteht aus einem Harzansatz mit geschnittenen und/oder „Unendlich langen" Fasern, der später zu einer duroplastischen Matrix aushärtet. Bei GMT (Glasmattenverstärkte Thermoplaste) ist die Matrix aus einem thermoplastischen Werkstoff. — Pressmassen

Aus den SMC- und GMT-Halbzeugen (Bahnen) werden für das Pressverfahren Zuschnitte herausgetrennt und zu Paketen gestapelt. Das Zuschnittpaket wird in das Werkzeug der Presse gelegt, welches dann geschlossen und mit Druck beaufschlagt wird. Hierbei fließt das Material in alle Ecken der Kavität und füllt diese. In Bild 13.6 ist das Pressverfahren für SMC dargestellt. — Pressverfahren

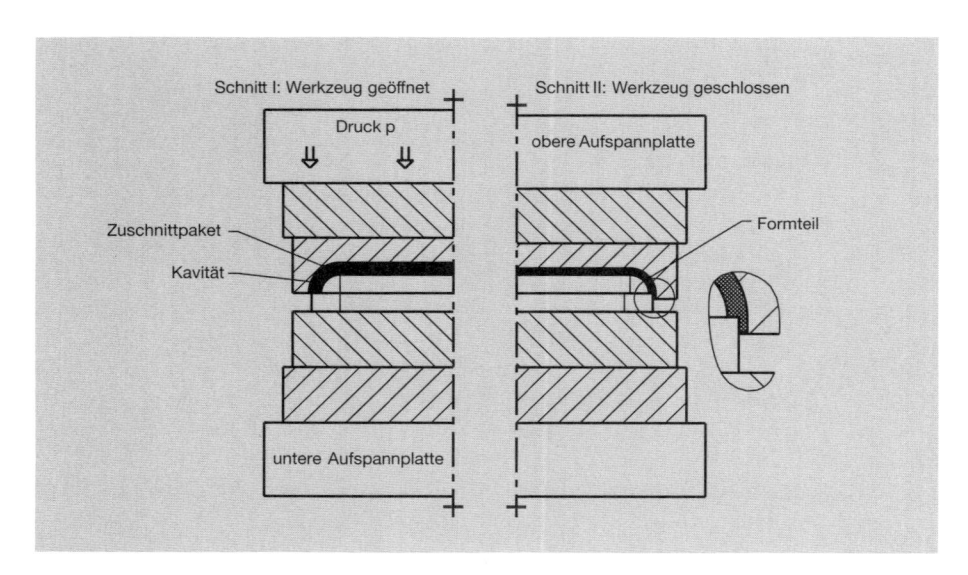

Bild 13.6 Pressen von SMC

Werkzeug
: Bei SMC ist das Werkzeug beheizt, wodurch im Material die chemische Reaktion in Gang gesetzt wird, die das Teil aushärtet. GMT wird mit einer Temperatur ins Werkzeug gelegt, bei der der Kunststoff noch als Schmelze vorliegt. Im kühleren Werkzeug wird der Kunststoff wieder fest.

Bauteileigenschaften
: Wichtig für das spätere Verhalten des Bauteils sind Form und Lage des Zuschnittpakets im Werkzeug. Durch beides wird das Fließverhalten des Kunststoffs im Werkzeug und damit die Ausrichtung der Fasern beeinflusst, die sich auf die Eigenschaften des Bauteils auswirken.

Anwendung
: Das Verfahren wird angewandt, um z. B. Wandelemente für Schaltschränke oder Motorhauben von Pkw herzustellen.

Pultrusion

Pultrusion
: Für die kontinuierliche großserientechnische Herstellung von endlosfaserverstärkten Profilen steht das Pultrusions- oder auch Strangziehverfahren zur Verfügung. In einem Harzbad werden die vorgetrockneten Faserrovings getränkt und anschließend in einem beheizten Düsenwerkzeug in die gewünschte Profilform gebracht. Durch die eingebrachte Wärme vernetzt das Harz. Das Bild 13.7 zeigt eine Pultrusionsanlage: In Produktionsrichtung (von links nach rechts) folgen die Prozessschritte Imprägnierung (Tränkbad), Konsolidieren, Aushärten, Kalibrieren (Werkzeug) und Abziehen.

Anwendungen
: Bekannte Anwendungen von Pultrudaten sind Segellatten, Zugentlastungselemente für optische Kabel, Leiter und Träger für die Elektrotechnik.

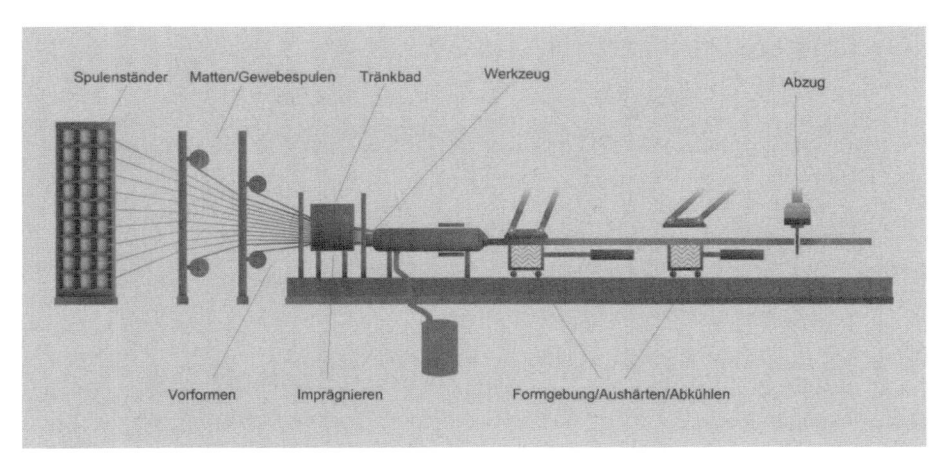

Bild 13.7 Pultrusionsanlage

■ Erfolgskontrolle zur Lektion 13

Nr.	Frage	Antwortauswahl
13.1	Bei faserverstärkten Kunststoffen bezeichnet man den Kunststoff, der die Fasern trägt, als _____ .	Matrix Gewebe Matte
13.2	Der E-Modul von Stahl beträgt 210 G/Pa, der E-Modul von Kohlefasern kann dagegen bis zu _____ G/Pa betragen.	50 100 590
13.3	Die grundsätzlichen Verfahrensschritte der Verarbeitung von Faserverbundkunststoffen sind: a) Aufbringen und Ausrichten der Fasern, b) _____ der Fasern, c) _____ des Bauteils und d) _____ des Kunststoffs.	Formen Härten Tränken
13.4	Boote aus faserverstärkten Kunststoffen werden oft nach dem _____ hergestellt.	Wickelverfahren Handlaminierverfahren Pressverfahren
13.5	Das SMC-Verfahren und das GMT-Verfahren sind beides Pressverfahren. a) Beim SMC-Verfahren wird eine _____-Matrix verwendet. b) Beim GMT-Verfahren wird eine _____-Matrix verwendet.	thermoplastische duroplastische thermoplastische duroplastische

14 Lektion

Kunststoffschaumstoffe

Themenkreis	Vom Kunststoff zum Produkt
Leitfragen	Welche Eigenschaften haben Kunststoffschaumstoffe?
	Wie werden sie hergestellt?
Inhalt	14.1 Beschaffenheit von Schaumstoffen
	14.2 Die Herstellung von Schaumstoffen
	Erfolgskontrolle zur Lektion 14
Vorwissen	Einteilung der Kunststoffe (Lektion 5)

14.1 Beschaffenheit von Schaumstoffen

Grundlagen

Gasblasen

Volumenanteil

Unter Kunststoffschaumstoffen versteht man Kunststoffe, in denen Gasblasen eingeschlossen sind. Der Raum, den die Gasblasen in solch einem Schaum einnehmen, beträgt bis zu 95 %, während der eigentliche Kunststoff nur ca. 5 % ausmacht. Als Beispiel soll ein Würfel mit dem Volumen von einem dm^3 dienen. Dieser Würfel aus kompaktem Polystyrol wiegt ca. 1 Kilogramm. Der gleiche Würfel aus verschäumtem Polystyrol wiegt nur 20 Gramm.

offenzellig

Sind die Gasblasen miteinander verbunden, spricht man von offenzelligem Schaumstoff (Bild 14.1).

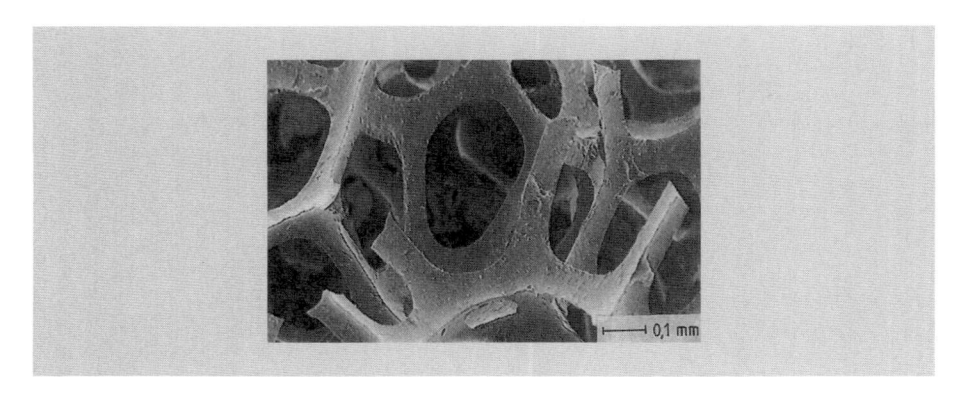

Bild 14.1 Offenzelliger Schaumstoff

geschlossenzellig

Beim geschlossenzelligem Schaumstoff liegt jede Gasblase einzeln mit einer eigenen „Haut" vor (Bild 14.2).

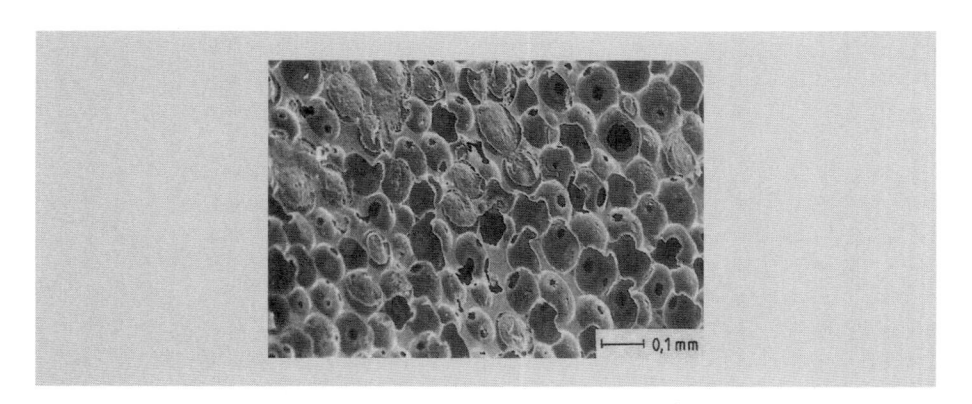

Bild 14.2 Geschlossenzelliger Schaumstoff

Zwischen diesen beiden Extremen gibt es fließende Übergänge, bei denen im Schaumstoff sowohl geschlossene als auch offene Zellen vorliegen.

Die Zellenverteilung kann je nach Schaumstoffart unterschiedlich sein. Dieser Sachverhalt wird durch die beispielhafte Gegenüberstellung von einem Polyurethan-Schaumstoff und einem Integral-Schaumstoff in Bild 14.3 verdeutlicht.

Zellenverteilung

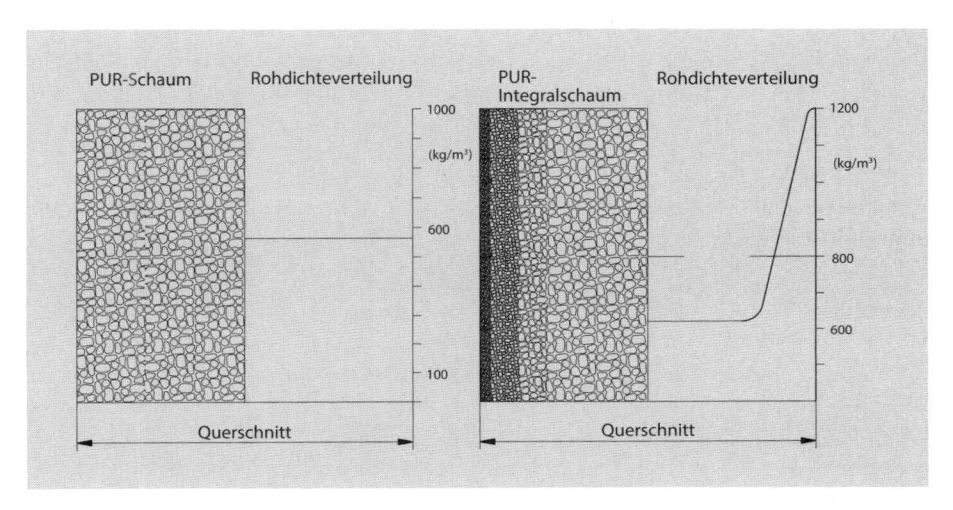

Bild 14.3 Zellenverteilung im PUR- und Integral-Schaumstoff

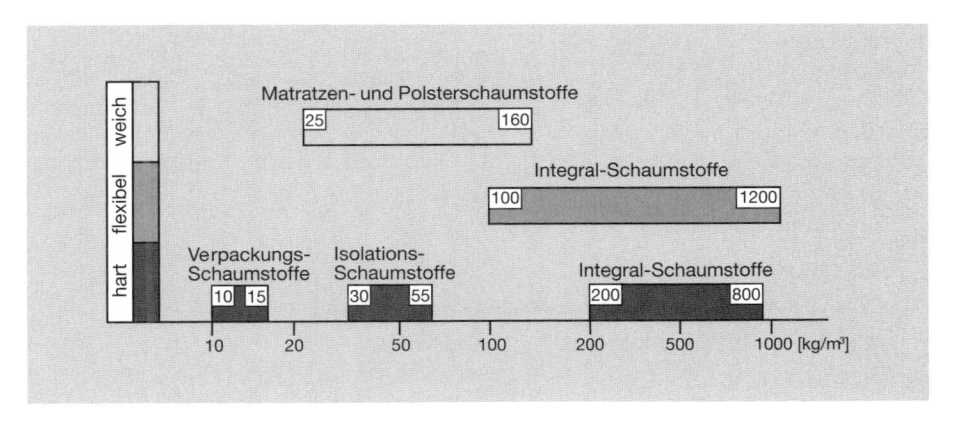

Bild 14.4 Dichte von Schaumstoffen

Beim PUR-Schaumstoff sind die Zellen gleichmäßig über dem Querschnitt verteilt, wodurch sich eine ebenso gleichmäßige Dichteverteilung ergibt. Der Integral-Schaumstoff besitzt dagegen eine ungleichmäßige Zellenverteilung. Während es in der Mitte des Querschnitts sehr viele Zellen gibt, nimmt ihre Zahl zum Rand hin ab. Die äußerste Schicht besteht praktisch aus kompaktem Kunststoff. Diese Verteilung der Zellen kommt durch eine spezielle Verfahrenstechnik des Schäumens zustande.

PUR-Schaumstoff
Integral-Schaumstoff

Die so gefertigten Teile besitzen durch die kompakte Außenhaut eine hohe Steifigkeit und sind trotzdem noch sehr leicht. Einen Überblick über die Dichte der verschiedenen Kunststoffschaumstoffe gibt Bild 14.4.

Kunststoffe zum Verschäumen

Zum Verschäumen eignen sich theoretisch fast alle Kunststoffe, doch technisch werden hiervon nur wenige eingesetzt. Die Übersicht über Kunststoffe und Verfahren gibt Tabelle 14.1.

Tabelle 14.1 Kunststoffschaumstoffe

Verfahren	Aktivierung	Reaktionstyp	Treibart	Zellstruktur	Beispiele
Spritzguss	thermisch	Erweichen/Abkühlen	chemisch	geschlossen	PVC, PE
Extrusion	thermisch	Erweichen/Abkühlen	chemisch	offen	PVC, PE
Mehrkomponentensystem	Mischung	Polyaddition	chemisch/physik./mechan.	offen/geschlossen	PUR
Mehrkomponentensystem	thermisch	Polyaddition	chemisch	geschlossen	PA, EP
2-Schritt-Sinter-Verfahren	thermisch		physik.	geschlossen	PS-E (Styropor)

Eigenschaften Unabhängig vom verwendeten Kunststoff und Verfahren haben Kunststoffschaumstoffe folgende Eigenschaften:
- niedrige Dichte
- niedrige Wärmeleitfähigkeit
- gewichtsspezifische günstige mechanische Eigenschaften
- einfache, vielfältige Formgebungsmöglichkeiten
- leichte Bearbeitbarkeit
- Materialeinsparung

Härte von Schaumstoffen

Härte Ein Merkmal von Schaumstoffen ist ihre Härte. Eine Übersicht über die verschiedenen Kunststoffe und ihre Härte nach dem Verschäumen zeigt Tabelle 14.2.

Weichschaumstoffe Sogenannte Weichschaumstoffe lassen sich leicht verformen und nehmen nach der Entlastung wieder ihre ursprüngliche Gestalt ein. Hartschaumstoffe lassen sich in zähharte und sprödharte Schaumstoffe unterteilen. Die zähharten Schaumstoffe verformen sich unter Belastung, bevor sie brechen.

Werden sie vor dem Bruch wieder entlastet, so stellt sich ein Teil der Verformung zurück. Die sprödharten Schaumstoffe hingegen zeigen keinerlei Verformung, bevor sie brechen.

Hartschaumstoffe

Tabelle 14.2 Härte von Schaumstoffen

Verschäumter Kunststoff	Härtebereich
Duroplaste	
Polyurethan (PUR)	zäh-hart bis weich-elastisch
Phenol-Formaldehyd-Harz (PF)	spröd-hart
Thermoplaste	
Polyethylen (PE)	zäh-hart bis weich-elastisch
Polypropylen (PP)	zäh-hart
Polystyrol (PS)	zäh-hart

■ 14.2 Herstellung von Schaumstoffen

Grundlagen

Zur Herstellung von Schaumstoffen werden dem Kunststoff Treibmittel und oft Zuschlagstoffe zugesetzt. Diese Komponenten müssen sehr gut vermischt werden, da es sonst zu Fehlstellen und Unregelmäßigkeiten im Schaumstoff kommen kann. Zu Beginn des Schäumens muss das Gemisch fließfähig sein. Haben die vom Treibmittel gebildeten Blasen dann die gewünschte Größe erreicht, müssen sie fixiert werden, was durch eine Verfestigung des Kunststoffs geschieht.

Treibmittel
Zuschlagstoffe

Beim Verschäumen von Duroplasten liegt der Kunststoff zu Beginn des Verfahrens noch als völlig oder fast unvernetztes Harz vor, das von sich aus sehr niedrigviskos ist. Die Fixierung der entstandenen Blasen geschieht durch den reagierenden und dabei vernetzenden Kunststoff, dessen Viskosität bei dieser Reaktion schnell ansteigt. Thermoplaste hingegen müssen zum Verschäumen aufgeschmolzen werden und fixieren die Blasen durch Erstarren des Kunststoffs bei ihrer Abkühlung.

Duroplaste

Thermoplaste

Die Treibmechanismen, durch die die Blasen entstehen, können nach ihren Ursachen in mechanische, physikalische und chemische Verfahren unterschieden werden.

Treibmechanismen

Beim mechanischen Treibverfahren entstehen die Blasen entweder durch das Einrühren eines Gases mittels eines Rührers oder durch das Einpressen des Gases in die Kunststoffschmelze unter Hochdruck.

mechanisch

Bei physikalischen Treibverfahren verdampft eine niedrig siedende Flüssigkeit durch Wärme und bildet die Blasen.

physikalisch

| chemisch | Bei chemischen Treibverfahren reagiert das Treibmittel unter Wärmeeinwirkung, wobei Gase frei werden und Blasen bilden. |

Technische Ausführungen

| Mischen | Zum Mischen der Komponenten für das Verschäumen werden zwei verschiedene Verfahren angewandt. |

Niederdruckverfahren

| Niederdruckmischer | Eine Möglichkeit ist der Niederdruckmischer, bei dem das Vermischen durch mechanisches Rühren erfolgt. Der Vorteil ist, dass nur der Druck zum Fördern der Komponenten durch die Leitungen erforderlich ist. Nachteil des Verfahrens ist zum einen, dass pro Zeiteinheit nur eine relativ geringe Menge vermischt und gefördert werden kann. Für Kunststoffe, die sehr schnell reagieren, ist das Verfahren also ungeeignet. Zum anderen fließt das Gemisch nur unter seinem eigenen Gewicht aus der Mischkammer. Es können also nur Werkzeuge zum Schäumen benutzt werden, in die das Material ohne zusätzlichen Druck gegossen werden kann. |

Hochdruckverfahren

| Hochdruckmischer | Die andere Möglichkeit des Mischens ist der Hochdruckmischer. Bei ihm prallen die Komponenten des Kunststoffs unter hohem Druck in der Mischkammer aufeinander und werden so verwirbelt. Der Vorteil dieses Verfahrens ist, dass auch schnell reagierende Kunststoffe verwirbelt werden können, da der Durchsatz pro Zeiteinheit sehr hoch ist. Die Mischung gelangt so schnell in das Werkzeug und beginnt erst dort zu reagieren. Durch den Druck können auch geschlossene Werkzeuge benutzt werden, in die das Gemisch eingespritzt werden muss. Nachteil ist der hohe technische Aufwand, um den erforderlichen hohen Druck aufzubringen. Das Bild 14.5 zeigt die beiden Mischer im Vergleich. |

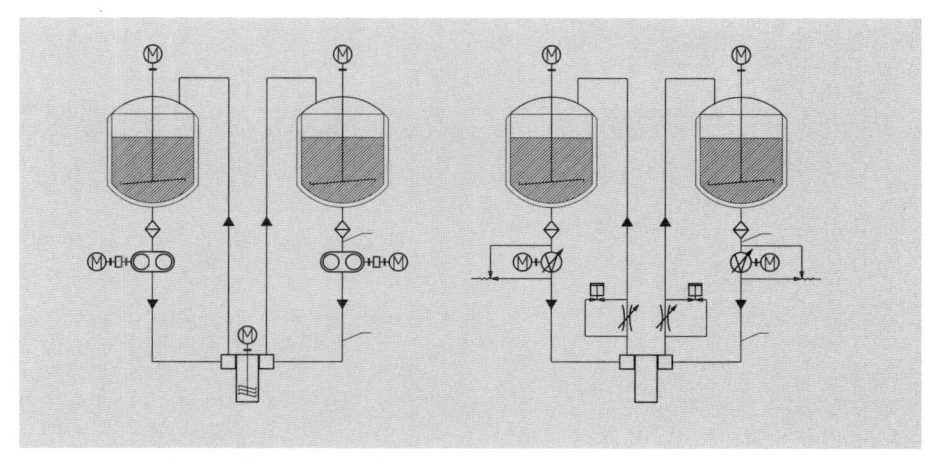

Bild 14.5 Nieder- und Hochdruckmischanlagen

Die Werkzeuge für die Teile aus Kunststoffschaumstoffen sind verschiedenartig. Für Halbzeuge, aus denen Polster oder Isolationen hergestellt werden, wird eine stetig laufende Papierwanne verwendet, die oben offen ist. Sie ist in Bild 14.6 dargestellt.

Werkzeuge

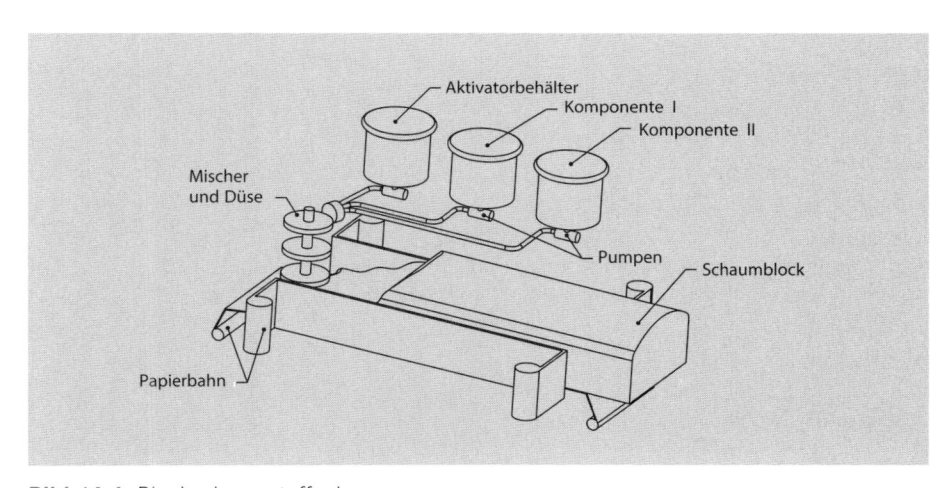

Bild 14.6 Blockschaumstoffanlage

Eine andere Form ist ein Werkzeug, das dem Spritzgießwerkzeug ähnlich ist. In dieses Werkzeug wird das Gemisch mittels eines Hochdruckmischers gespritzt, bis das Werkzeug zu einem Drittel gefüllt ist. Dann beginnt das Gemisch zu schäumen und füllt die Form vollständig aus. Dieses Verfahren ist unter dem Namen „RIM" bekannt. RIM ist die Abkürzung des englischen Begriffs „Reaction Injection Moulding" und bedeutet, dass die Ausformung des Formteils durch eine Verbindung von Einspritzen und Reaktion erfolgt. Mit diesem Verfahren werden z. B. Armaturenbretter für Kraftfahrzeuge produziert.

RIM

Anwendungen

■ Erfolgskontrolle zur Lektion 14

Nr.	Frage	Antwortauswahl
14.1	Bei Kunststoffschaumstoffen sind im Kunststoff _____ eingeschlossen.	Füllstoffe Gasblasen
14.2	Kunststoffschaumstoffe sind _____ kompakte Kunststoffe.	leichter als schwerer als genauso schwer wie
14.3	Die Gasblasen sind bei PUR-Schaumstoffen _____ im Kunststoff verteilt.	gleichmäßig nicht gleichmäßig
14.4	Bei Integralschaumstoffen sind in der Mitte des Schaumstoffs wesentlich _____ Zellen als am Rand.	weniger mehr
14.5	Die Härte ist bei allen Kunststoffschaumstoffen _____.	gleich nicht gleich
14.6	Bei der Herstellung von Kunststoffschaumstoffen unterscheidet man mechanische, physikalische und chemische _____.	Mischungen Treibverfahren
14.7	Mit dem _____ können auch schnell reagierende Kunststoffe verarbeitet werden.	Niederdruckverfahren Hochdruckverfahren
14.8	Das RIM-Verfahren ähnelt dem _____.	Extrudieren Spritzgießen

15 Lektion

Thermoformen

Themenkreis	Vom Kunststoff zum Produkt
Leitfragen	Welche Verfahrensschritte gehören zum Thermoformen?
	Welche Kunststoffe lassen sich Thermoformen?
	Welche unterschiedlichen Verfahren gibt es?
Inhalt	15.1 Grundlagen
	15.2 Verfahrensschritte
	15.3 Technische Anlagen
	Erfolgskontrolle zur Lektion 15
Vorwissen	Einteilung der Kunststoffe (Lektion 5)
	Formänderungsverhalten von Kunststoffen (Lektion 6)

15.1 Grundlagen

Thermoformen Unter Thermoformen versteht man das Umformen von Kunststoffen unter Einfluss von Wärme und Kraft. Hierbei gibt es eine Vielzahl von Verfahrenstechniken. Zum Umformen thermoplastischer Kunststoffe hat sich die Krafteinbringung durch Druckluft und/oder Vakuum durchgesetzt.

Verfahrensablauf Der generelle Verfahrensablauf ist wie folgt: Der Kunststoff wird auf eine Temperatur erwärmt, bei der er thermo- bzw. kautschukelastisch ist (Bild 15.1), umgeformt und wieder abgekühlt.

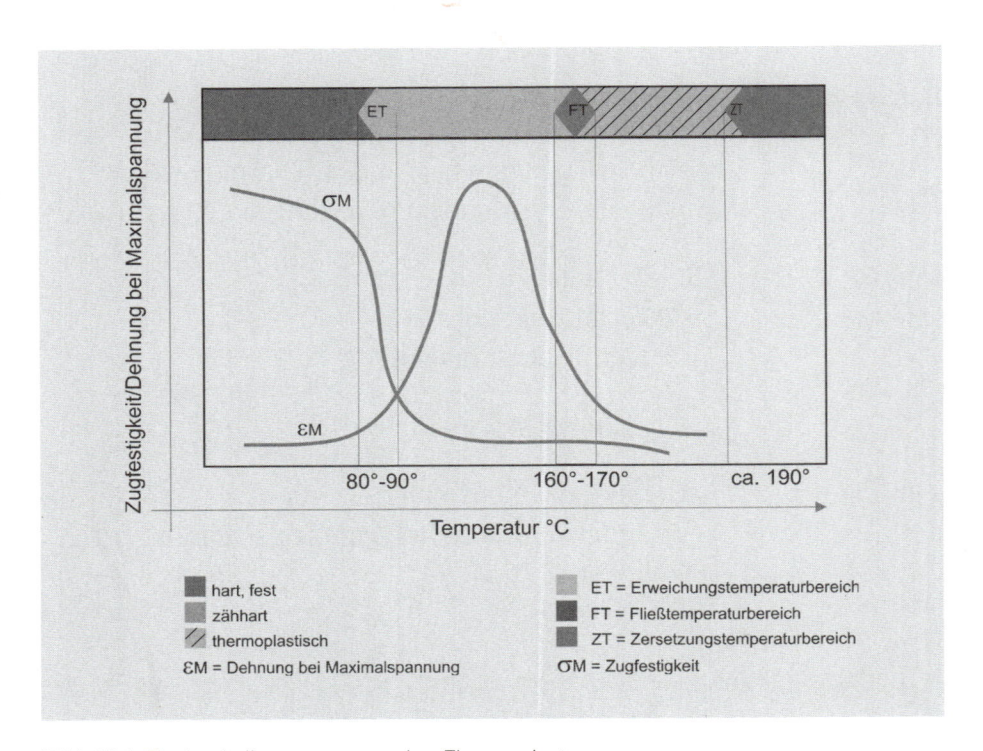

Bild 15.1 Zustandsdiagramm amorpher Thermoplaste

Thermoplaste Da thermoplastische Kunststoffe durch Erwärmung vom festen in den thermoelastischen Bereich überführt werden können, kommen nur sie für diese Verarbeitung in Frage, während z. B. Duroplaste, die beim Erwärmen nicht wieder thermoelastisch werden, so nicht weiterverarbeitet werden können.

Halbzeug Verarbeitet werden vor allem Folien und Platten, deren Dicke zwischen 0,1 und 12 mm liegt. Das Material, auch Halbzeug genannt, liegt entweder als einzelne Platten oder aufgewickelt als Rollen vor.

15.2 Verfahrensschritte

Der Verarbeitungsprozess erfolgt in drei Schritten: dem Erwärmen, dem Ausformen und dem Abkühlen. Verfahrensschritte

Im ersten Schritt wird das Halbzeug erwärmt. Hierzu gibt es drei mögliche Verfahren: Die Erwärmung durch Konvektion, durch Kontakt oder durch Infrarotstrahlung. Erwärmungsarten

Die am häufigsten eingesetzte Methode ist die Erwärmung durch Infrarotstrahlung, da ihre Energie direkt in das Innere des Kunststoffs vordringt. Er wird daher sehr schnell und gleichmäßig aufgeheizt, ohne dass die Oberfläche durch Überhitzung geschädigt wird. Infrarotstrahlung

Der zweite Schritt ist das Ausformen des Teils, wobei der Kunststoff verstreckt wird. Das erwärmte Halbzeug wird in eine Halterung gespannt und mittels Druckluft oder Vakuum in oder auf eine Form gedrückt bzw. gezogen. Ein Nachteil des Verfahrens ist, dass immer nur die Seite des Formteils exakt ausgebildet wird, die am Werkzeug anliegt. Ausformen

Deshalb unterscheidet man zwischen Positiv- und Negativverfahren, je nachdem ob die innere oder die äußere Seite des Teils exakt ausgeformt wird. Das Negativverfahren ist in Bild 15.2 dargestellt. Verfahrensarten

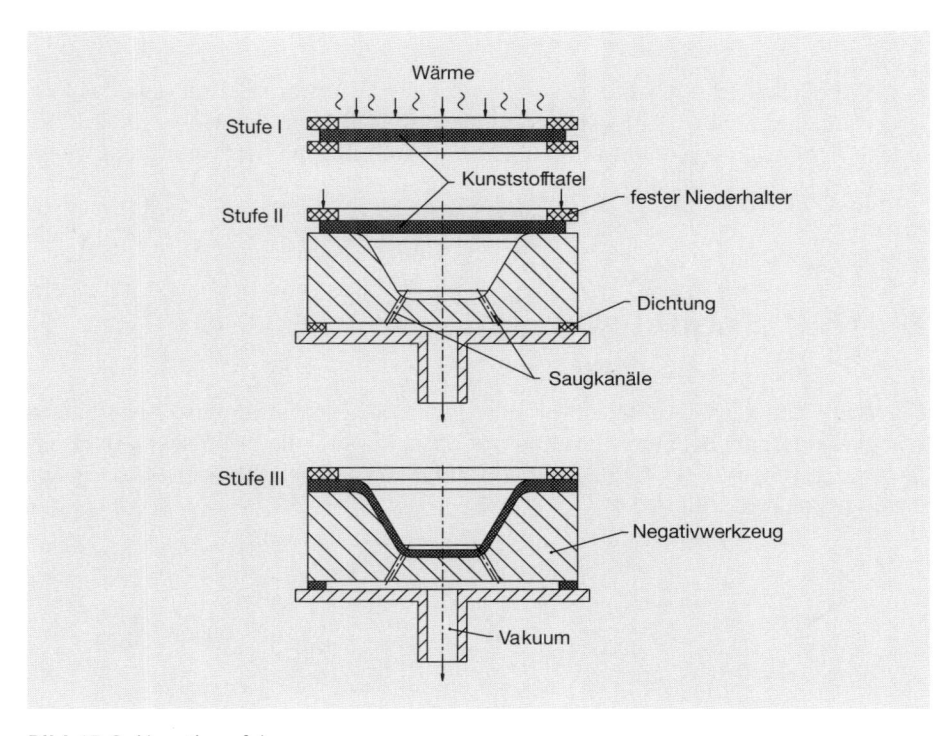

Bild 15.2 Negativverfahren

Negativverfahren | Beim Negativverfahren wird das Halbzeug in das Werkzeug hineingezogen, während es beim Positivverfahren auf das Werkzeug gesaugt wird. Das Halbzeug ist bei diesem Vorgang eingespannt und wird verstreckt. Hierdurch kommt es bei den Bauteilen zu ungleichmäßigen Wanddicken, insbesondere Ecken werden dünn.

Vorverstrecken | Um diesen Effekt zu verringern, wird das Halbzeug vor dem eigentlichen Ausformen oft vorverstreckt. Beim Negativverfahren geschieht dies durch einen Stempel, beim Positivverfahren durch „Aufblasen" des Halbzeugs. Als Beispiel ist in Bild 15.3 das Positivverfahren mit Vorverstrecken gezeigt.

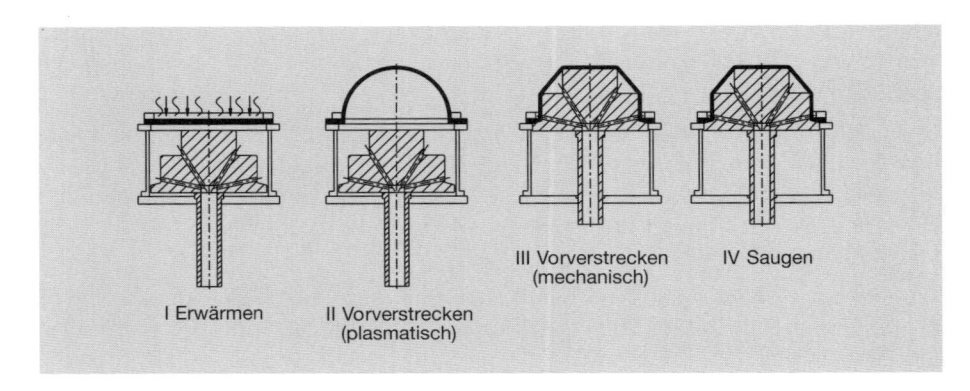

Bild 15.3 Positivverfahren mit Vorverstrecken

Abkühlen | Der dritte Schritt, das Abkühlen, beginnt, sobald das erwärmte Halbzeug das kühlere Werkzeug berührt. Zur Verkürzung der Kühlzeit kann das Werkzeug z.B. für eine Serienfertigung gekühlt werden. Hierzu wird z.B. eine Gebläsekühlung eingesetzt.

■ 15.3 Technische Anlagen

Einstationenmaschine | Die technische Realisierung der Verfahrensschritte geschieht in Ein- oder Mehrstationen-Maschinen. Bei einer Einstationen-Maschine sind die technischen Geräte in Bewegung, wogegen das Halbzeug die Position von seiner Aufheizung bis zur Entformung beibehält (Bild 15.4).

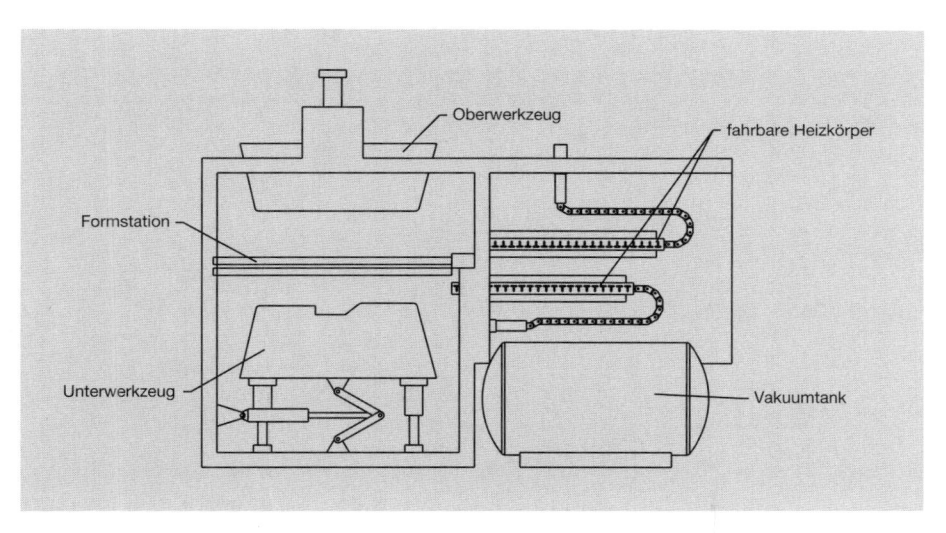

Bild 15.4 Einstationen-Maschine

Bei der Mehrstationen-Maschine bewegt sich das Halbzeug von einer technischen Station zur nächsten weiter (Bild 15.5).

Mehrstationenmaschine

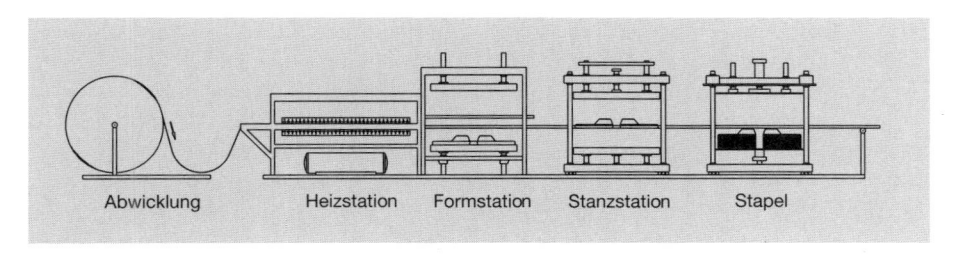

Bild 15.5 Mehrstationen-Maschine

Der Nachteil der Einstationen-Maschine ist ihre lange Zykluszeit, die sich durch die Addition der Zeiten für die Einzelschritte ergibt, während die Zykluszeit bei der Mehrstationen-Maschine gleich der Zeit für den längsten Arbeitsschritt ist.

Zykluszeit

Diese Thermoformverfahren werden in großem Maß zur Herstellung von Verpackungen, wie z.B. Joghurtbechern, aber auch für große Teile wie Schwimmbecken oder Kraftfahrzeugteile verwandt.

Anwendungen

Erfolgskontrolle zur Lektion 15

Nr.	Frage	Antwortauswahl
15.1	Beim Thermoformen wird der Kunststoff zuerst _____, bevor er umgeformt werden kann.	abgekühlt erwärmt geschmolzen
15.2	Es können nur _____ thermogeformt werden, da nur sie beim Erwärmen kautschukelastisch werden.	Thermoplaste Elastomere Duroplaste
15.3	Die häufigste Erwärmungsmethode beim Thermoformen ist die _____.	Konvektion Kontakterwärmung Infrarotstrahlung
15.4	Beim Thermoformen _____ des Teils exakt ausgeformt.	wird nur eine Seite werden beide Seiten
15.5	Um ungleichmäßige Wandstärken zu vermeiden, wird das Halbzeug vor dem Ausformen _____.	vorgespannt vorverstreckt eingespannt
15.6	Die Zykluszeit ist bei Mehrstationenmaschinen _____ bei Einstationenmaschinen.	kürzer als länger als gleich lang wie

16 Lektion: Schweißen von Kunststoffen

Themenkreis	Vom Kunststoff zum Produkt
Leitfragen	Wie funktioniert das Schweißen von Kunststoff?
	Welche Kunststoffe können geschweißt werden?
	Welche technischen Verfahren des Kunststoffschweißens gibt es?
Inhalt	16.1 Grundlagen
	16.2 Verfahrensschritte
	16.3 Schweißverfahren
	Erfolgskontrolle zur Lektion 16
Vorwissen	Einteilung der Kunststoffe (Lektion 5)
	Formänderungsverhalten von Kunststoffen (Lektion 6)

16.1 Grundlagen

Definition — Unter dem Schweißen von Kunststoffen versteht man das Verbinden zweier Teile aus dem gleichen oder sehr ähnlichen Kunststoff unter Wärme und Druck. Die Verbindungsflächen, auch Fügeflächen genannt, werden zum Verschweißen in einen thermoplastischen, d. h. schmelzeflüssigen Zustand gebracht. Dann werden die Flächen unter Druck aufeinander gefügt und die Verbindung abgekühlt bis sie formstabil ist.

Thermoplaste — Aus der Tatsache, dass die Verbindungsflächen schmelzflüssig sein müssen, lässt sich entnehmen, dass weder Elastomere noch Duroplaste, sondern nur Thermoplaste geschweißt werden können.

16.2 Verfahrensschritte

Energiezuführung

Schweißverfahren

Um den Thermoplast aufzuschmelzen, muss ihm Energie zugeführt werden. Hierzu gibt es vier Methoden, die auf verschiedenen physikalischen Vorgängen beruhen und nach denen die Schweißverfahren eingeteilt sind (Bild 16.1). In der Übersicht sind sowohl die vorwiegend industriell in Serie eingesetzten Schweißverfahren, als auch die eher handwerklich genutzten Schweißverfahren aufgeführt. Auf einige Verfahren wird im nächsten Abschnitt eingegangen.

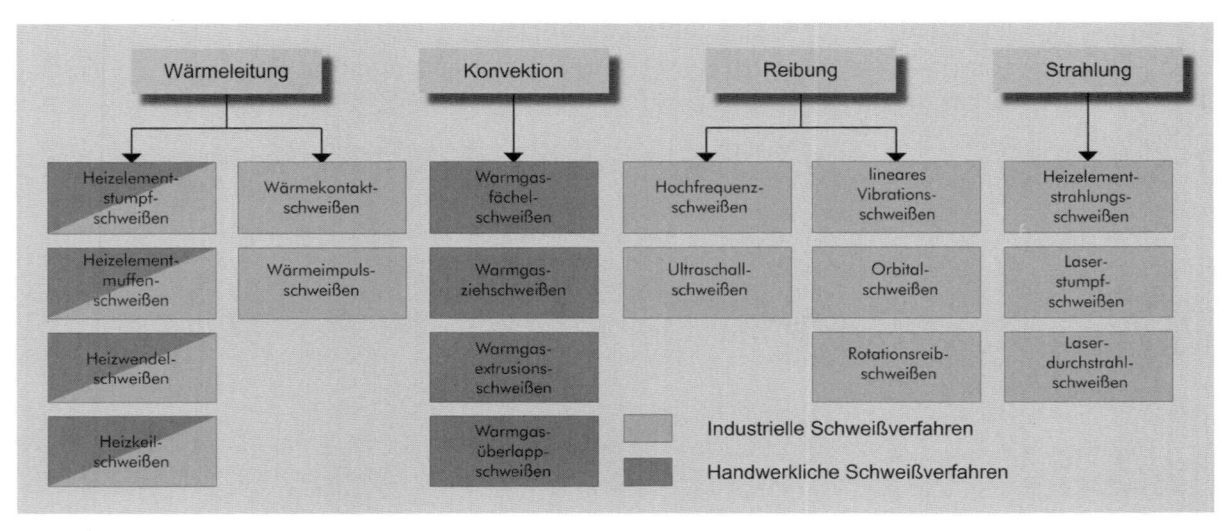

Bild 16.1 Einteilung der Schweißverfahren

Neben der Energiezufuhr in der Kontaktzone ist der Druck sehr wichtig. Er bewirkt, dass die Schmelze fließt und sich die beiden Flächen fest miteinander verbinden. Damit das Material sich auch gut miteinander vermischen kann, muss genügend Kunststoff aufgeschmolzen werden. Deshalb ist die Erwärmungsdauer ebenfalls sehr wichtig.

Druck

Erwärmungsdauer

Das Schweißen besteht im Allgemeinen aus fünf Schritten:

1. Schritt   Säubern der Flächen
2. Schritt   Erwärmen der Flächen
3. Schritt   Aufbringen des Drucks
4. Schritt   Abkühlen unter Druck
5. Schritt   Nachbearbeitung der Schweißnaht

Verfahrensschritte

Ob zwei Thermoplaste miteinander verschweißbar sind, hängt davon ab, ob der Temperaturbereich, in dem sie schmelzflüssig werden, ähnlich ist und ob sie als Schmelze eine ähnliche Viskosität aufweisen. Diese beiden Bedingungen sind wichtig, damit die Kunststoffe zum einen zur gleichen Zeit schmelzflüssig werden und zum anderen gut ineinanderfließen können und so eine feste Verbindung bilden.

Temperaturbereich

Viskosität

■ 16.3 Schweißverfahren

Heizelementschweißen

Alle Heizelementschweißverfahren besitzen als gemeinsames Merkmal, dass die Wärme in die Fügeflächen durch Elemente zugeführt wird. Diese meist elektrisch beheizten, metallischen Elemente geben die Wärme mittels Wärmeleitung an den Kunststoff weiter. Dabei wird grundsätzlich zwischen direktem und indirektem Heizelementschweißen unterschieden.

Verfahren

Beim direkten Verfahren fließt die Wärme direkt vom Heizelement in die Fügefläche, beim indirekten Verfahren erfolgt der Wärmetransport von außen durch das Fügeteil hindurch zur Fügefläche. Aufgrund der schlechten Wärmeleitfähigkeit der Kunststoffe wird das indirekte Verfahren nur bei sehr geringen Wandstärken (Folien) eingesetzt.

direkt

Als Beispiele sind hier das direkte Heizelementstumpfschweißen und das indirekte Wärmeimpulsschweißen beschrieben.

indirekt

Heizelementstumpfschweißen

Das Heizelementstumpfschweißen ist ein häufig angewandtes Schweißverfahren für Kunststoffe. Es dient z. B. der Verbindung von PP- und PE-Rohren oder automatisiert der Fertigung von Kfz-Rückleuchten. Der Ablauf des Schweißens wird in Bild 16.2 gezeigt.

Heizelementstumpf-schweißen

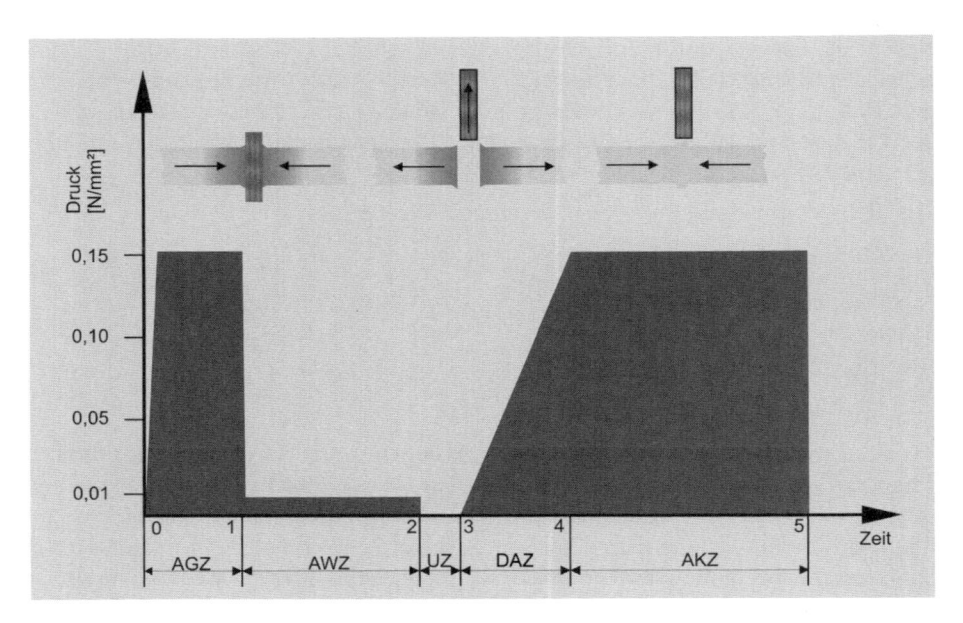

Bild 16.2 Ablauf Heizelementstumpfschweißen

Angleichzeit (AGZ) Angleichzeit (AGZ): Die zu verbindenden Oberflächen werden durch Abschmelzen einander angepasst. Der Druck von ca. 0,15 N/mm² wirkt, bis am Umfang der Fügefläche ein geschlossener Wulst erkennbar ist.

Anwärmzeit (AWZ) Anwärmzeit (AWZ): Der Angleichdruck wird auf ca. 0,01 N/mm² reduziert. Die Oberflächen werden zum Schweißen durch das Heizelement mit diesem reduzierten Kontaktdruck aufgeschmolzen.

Umstellzeit (UZ) Umstellzeit (UZ): Das Heizelement wird möglichst schnell herausgezogen.

Abkühlzeit (KZ) Abkühlzeit (AKZ): Die zu verbindenden Flächen werden bis unmittelbar vor der Berührung zusammengefahren. Danach erfolgt der Aufbau des Fügedrucks, welcher zügig von 0 bis auf den Endwert gleichmäßig aufgebaut werden muss. Dabei ist die Wulst zu beobachten, die gleichmäßig und rund sein muss. Der Druck wird aufrechterhalten, bis die Schweißzone nur noch handwarm ist.

Wärmeimpulsschweißen

Wärmeimpulsschweißen Es ist das am meisten verbreitete indirekte Heizelementschweißverfahren. Wegen der schlechten Wärmeleitfähigkeit der Kunststoffe wird es nur für sehr dünne Folien eingesetzt. Sein größtes Anwendungsgebiet ist die Verpackungsindustrie, zum Verschließen von Beuteln, Tüten und Säcken. Das Verfahren ist in Bild 16.3 dargestellt.

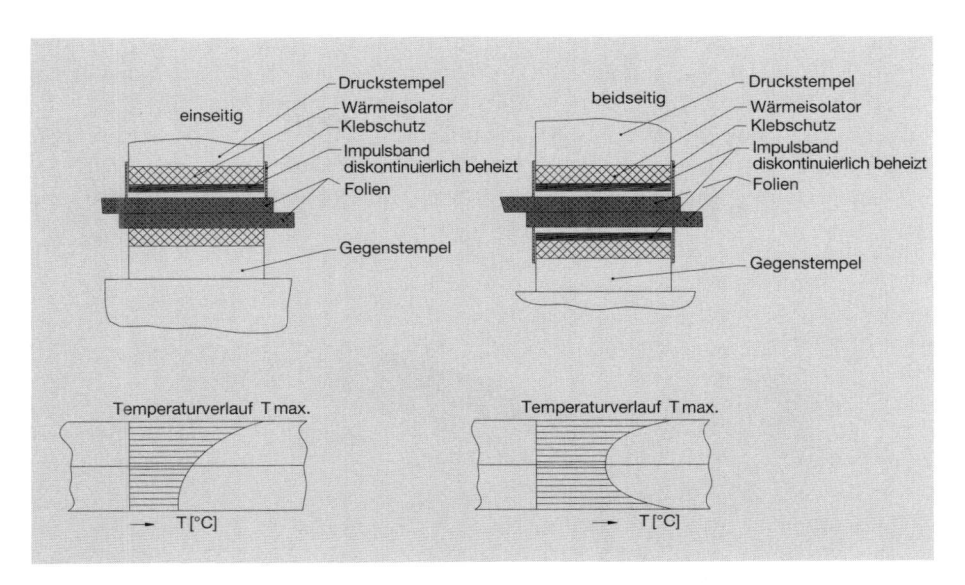

Bild 16.3 Wärmeimpulsschweißen

Beim Schweißen werden dünne Metallschienen, die mit einer Antihaftbeschichtung versehen sind, durch einen kurzen, hohen Stromimpuls erwärmt. Diese Schienen geben die Wärme durch Wärmeleitung an die Folien weiter, die aufschmelzen und verschweißen. Es gibt das ein- und das zweiseitige Verfahren. Beim Einseitigen werden die Folien nur von einer Seite durch eine Metallschiene beheizt, beim Zweiseitigen von beiden Seiten.

Wärmeleitung

Die Verfahren bewirken eine ungünstige Wärmeverteilung in den zu verschweißenden Teilen. Es ist notwendig, dass die Kontaktstelle der Folien Schmelztemperatur erreicht, ohne dass der wärmere Rand die Zersetzungstemperatur des Kunststoffs erreicht.

Wärmeverteilung

Warmgasschweißen

Eine andere Gruppe von Schweißverfahren sind die Warmgasschweißverfahren. Sie werden meist von Hand ausgeführt und erfordern ein hohes Maß an handwerklichem Geschick. Zum Erwärmen wird hier Warmgas, z. B. saubere Druckluft, verwendet. Die Verbindungsflächen werden mit dem Warmgas erwärmt und unter Druck meist mit einem Zusatzwerkstoff geschweißt. Das Verfahren wird vorwiegend zur Herstellung und Reparatur von Bauteilen im Apparate-, Behälter-, Deponie- und Rohrleitungsbau verwendet.

Warmgasschweißen

Dabei wird zwischen dem Warmgasfächel-, Warmgaszieh- und Warmgas-Extrusionsschweißen unterschieden. Beim Warmgasfächel- und Warmgasziehschweißen wird ein Schweißzusatzstab als Rund- oder Profilstab verwendet. Die Fügeflächen von Grundwerkstoff sowie Schweißzusatzstab werden mittels Warmgas plastifiziert

Warmgasfächelschweißen
Warmgasziehschweißen
Schweißzusatzstab

und unter Druck gefügt. Während beim Warmgasfächelschweißen (Bild 16.4) der Schweißzusatzstab frei geführt und die Fügeflächen mit einer fächelnden Bewegung plastifiziert werden, wird beim Warmgasziehschweißen (Bild 16.5) der Schweißzusatzstab in einer Ziehdüse geführt und mit Druck in die Schweißfuge eingebracht. Das Warmgasziehschweißen ist das schnellere sowie gleichmäßigere Schweißverfahren und wird in der Regel dem Warmgasfächelschweißen vorgezogen.

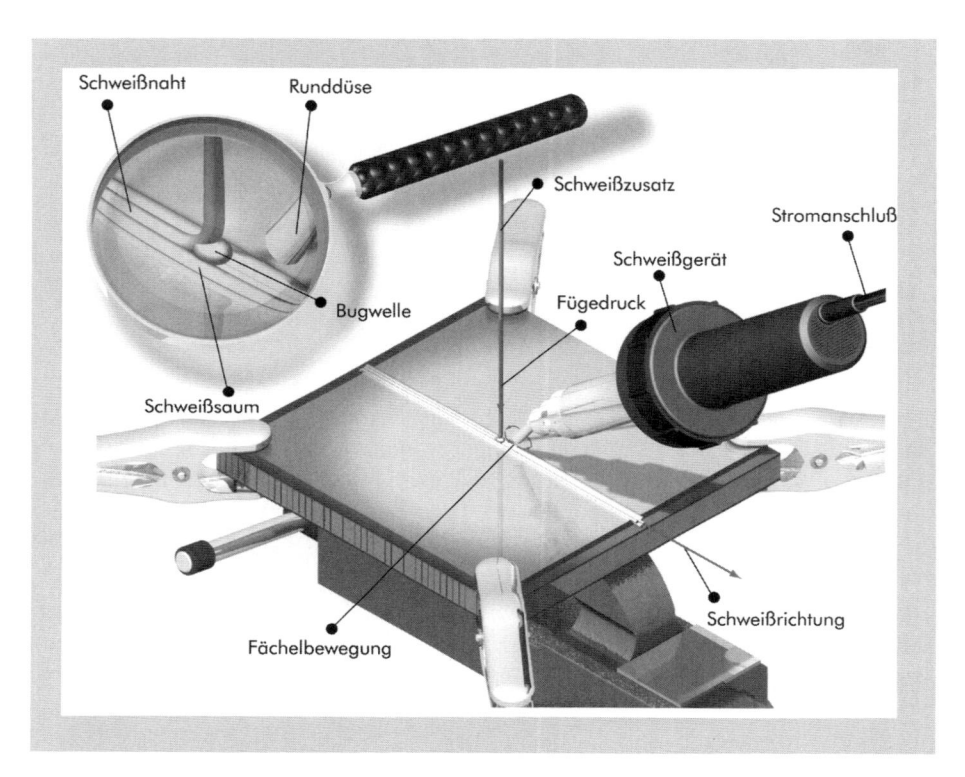

Bild 16.4 Warmgasfächelschweißen

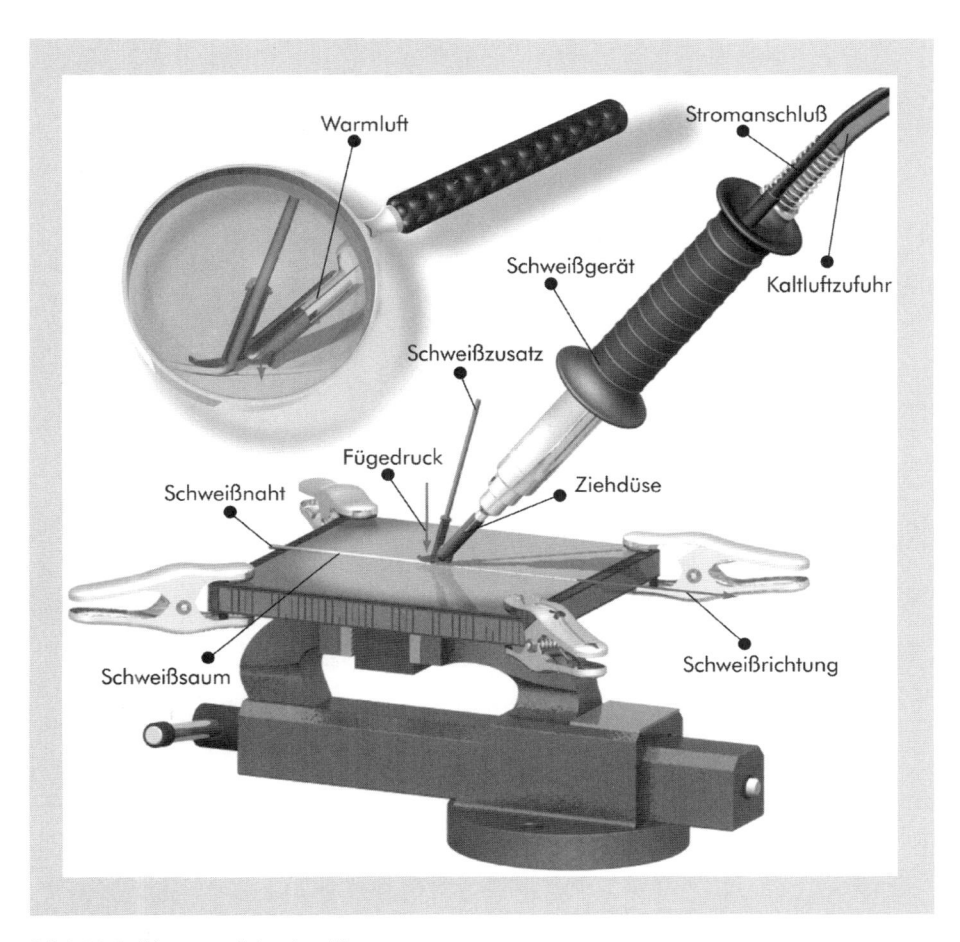

Bild 16.5 Warmgasziehschweißen

Beim Warmgasextrusionsschweißen wird vorrangig das kontinuierliche Schweißverfahren (Bild 16.6) angewendet. Hier wird ein Schweißzusatz in der Regel als Draht der Plastifiziereinheit zugeführt, im Extruder aufgeschmolzen und über einen Schweißschuh als plastifizierter Schweißzusatz der Schweißfuge zugeführt. Der entsprechend angefertigte Schweißschuh formt dabei die Schweißnahtgeometrie aus. Die Vorwärmung der Schweißzone erfolgt über ein am Schweißgerät angebrachtes Warmgasgebläse. Dieses Schweißverfahren ist ein schnelles Schweißverfahren mit einem hohen Masseausstoß.

Warmgasextrusionsschweißen

Schweißschuh

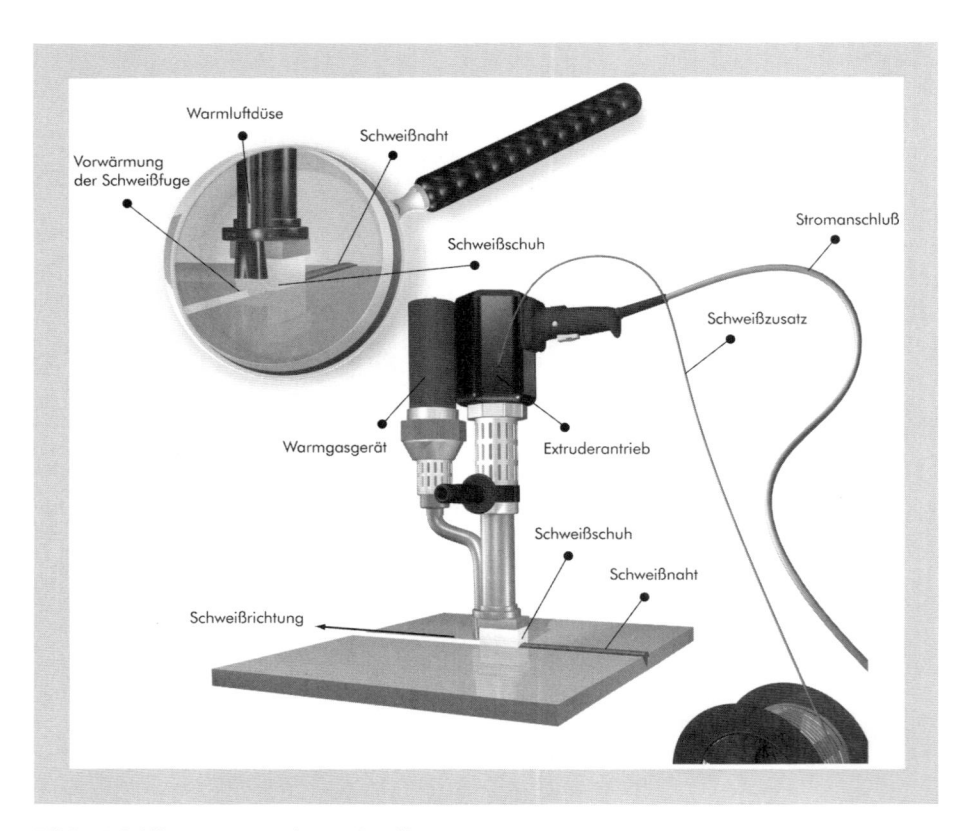

Bild 16.6 Warmgasextrusionsschweißen

Reibschweißen

Reibungswärme | Beim Reibschweißverfahren nutzt man die Reibungswärme aus, um den Kunststoff aufzuschmelzen.

Rotationsreibschweißen

äußere Reibung | Beim Rotationsreibschweißen werden rotationssymmetrische Teile durch äußere Reibung verschweißt. Während das eine Teil rotiert, steht das andere still und wird mit einer bestimmten Kraft gegen das rotierende gedrückt.

Die Fügeflächen passen sich durch Aufschmelzen einander an. Ist an der Naht ein genügend großer Schweißwulst erreicht, wird die Haltevorrichtung entspannt und die Naht kühlt unter Druck ab.

Ultraschallschweißen

Beim Ultraschallschweißen wird das Material durch innere Reibung aufgeschmolzen. Hierbei wird das mechanische Dämpfungsvermögen des Kunststoffs ausgenutzt. Durch eine Apparatur wird eine hochfrequente mechanische Schwingung erzeugt. Diese Schwingung geht durch das Werkstück und wird am Amboss reflektiert, so dass eine stehende Welle erzeugt wird. Ist die Dämpfung des Werkstücks zu hoch, so absorbiert es die Schwingung und sie kann nicht bis zur Fügefläche vordringen. Einsatz findet das Verfahren in Großserien der Haushaltswaren-, Elektro- und Spielzeugindustrie.

Ultraschallschweißen

innere Reibung

Laserstrahlschweißverfahren

Das noch relativ junge Verfahren Laserstrahlschweißen von Kunststoffen hat gegenüber anderen Schweißverfahren Vorteile wie geringe wärmebeeinflusste Zone, geringer Schmelzeaustrieb, die Realisierbarkeit von 3D-Nahtgeometrien, eine flexible Schweißanlagentechnik, vor allem bei kleinen und mittleren Stückzahlen, sowie das Schweißen von thermoplastischen Elastomeren und das Fügen von Mikrobauteilen. Dort, wo kleine Schmelzepolster und ein geringer Schmelzeaustrieb erreicht werden sollen, was u. a. zu einer Substitution der Klebetechnik führen kann, ist das Laserstrahlschweißen geeignet. Bauteile mit eingelegten elektronischen oder mikromechanischen Bestandteilen können ohne Schädigung geschweißt werden. Dieses Fügeverfahren wird durch die preisgünstigen Hochleistungs-Diodenlaser für industrielle Anwendungen besonders interessant.

geringe wärmebeeinflusste Zone

Erfolgskontrolle zur Lektion 16

Nr.	Frage	Antwortauswahl
16.1	Die Fügeflächen der Kunststoffteile werden beim Verschweißen _____.	thermoplastisch thermoelastisch
16.2	Duroplaste und Elastomere _____ geschweißt werden.	können können nicht
16.3	Zwei verschiedene Kunststoffe können miteinander verschweißt werden, wenn sie eine ähnliche _____ und _____ besitzen.	Temperaturleitfähigkeit Viskosität Schmelztemperatur Farbe
16.4	Beim Heizelementschweißen wird die Wärme durch _____ an den Kunststoff weitergegeben.	Konvektion Strahlung Wärmeleitung
16.5	Zur Reparatur von Behältern wird oft das _____ eingesetzt.	Warmgasschweißen Heizelementschweißen Induktionsschweißen
16.6	Die Schweißnahtgeometrie wird beim Warmgasextrusionsschweißen durch den _____ erreicht.	Schweißzusatz Schweißschuh Schweißdruck
16.7	Das Schweißverfahren mit einer geringen wärmebeeinflussten Zone ist das _____.	Warmgasschweißen Heizelementstumpf- schweißen Laserstrahlschweißen

Lektion 17: Mechanische Bearbeitung von Kunststoffen

Themenkreis	Vom Kunststoff zum Produkt
Leitfragen	Welche Eigenschaften von Kunststoffen beeinflussen das mechanische Bearbeiten?
	Welche Bearbeitungsregeln ergeben sich daraus?
	Welche Bearbeitungsverfahren und -werkzeuge gibt es?
Inhalt	17.1 Grundlagen
	17.2 Technische Verfahren
	Erfolgskontrolle zur Lektion 17
Vorwissen	Einteilung der Kunststoffe (Lektion 5)
	Formänderungsverhalten von Kunststoffen (Lektion 6)

17.1 Grundlagen

Verfahren

Zu den mechanischen Verfahren der Kunststoffbearbeitung gehören die spanenden Verfahren Sägen, Fräsen, Drehen, Bohren, Schleifen und Polieren.

Eigenschaften der Kunststoffe

Die Erfahrungen, die beim Einsatz dieser Verfahren zur Metallbearbeitung gewonnen wurden, lassen sich aber nicht direkt auf die Kunststoffbearbeitung übertragen, da Kunststoffe andere Eigenschaften als Metall aufweisen.

- Kunststoff leitet die Wärme schlechter als Metall. Daher wird die bei der Bearbeitung durch Reibung entstehende Wärme schlecht vom Material abgeführt. Die Schnittstelle muss also besonders gut gekühlt werden, damit der Kunststoff nicht schmilzt oder sich sogar zersetzt.
- Die Wärmedehnung von Kunststoffen ist sehr hoch. Daher kann es beim Schneiden durch Kunststoff zum Einklemmen des Sägeblatts kommen oder z. B. beim Bohren zu anderen Maßen. Die Bohrungen können nach dem Abkühlen 0,05 bis 0,1 mm kleiner sein als der gewählte Bohrer.
- Kunststoffe sind besonders kerbempfindlich. Um die mechanische Belastbarkeit nicht zu mindern, müssen die Schnitte beim Bearbeiten glatt sein.
- Kunststoffe besitzen in der Regel eine geringere Festigkeit als Metalle. Deshalb sind die erforderlichen Spanungskräfte geringer.

Bearbeitungsregeln

Aus den genannten Eigenschaften ergeben sich Regeln, die bei der Bearbeitung zu beachten sind:

- Thermoplaste sollten sich beim Bearbeiten nicht über 60 °C, Duroplaste nicht über 150 °C erwärmen.
- Die Erwärmung lässt sich durch die Schnittgeschwindigkeit, den Vorschub und die Schneidengeometrie beeinflussen. Weiter ist es möglich, die Spanungsstelle mit Kühlmedien zu kühlen.
- Zur Erstellung glatter Schnitte sollten ruhig laufende Maschinen eingesetzt werden.

17.2 Technische Verfahren

17.2.1 Sägen

Kreissäge

Für Kreissägen werden Sägeblätter aus Schnellstahl bzw. hartmetallbestückte Blätter verwendet, die hohlgeschliffen sein müssen. Die Zahnteilung sollte relativ klein sein (Bild 17.1).

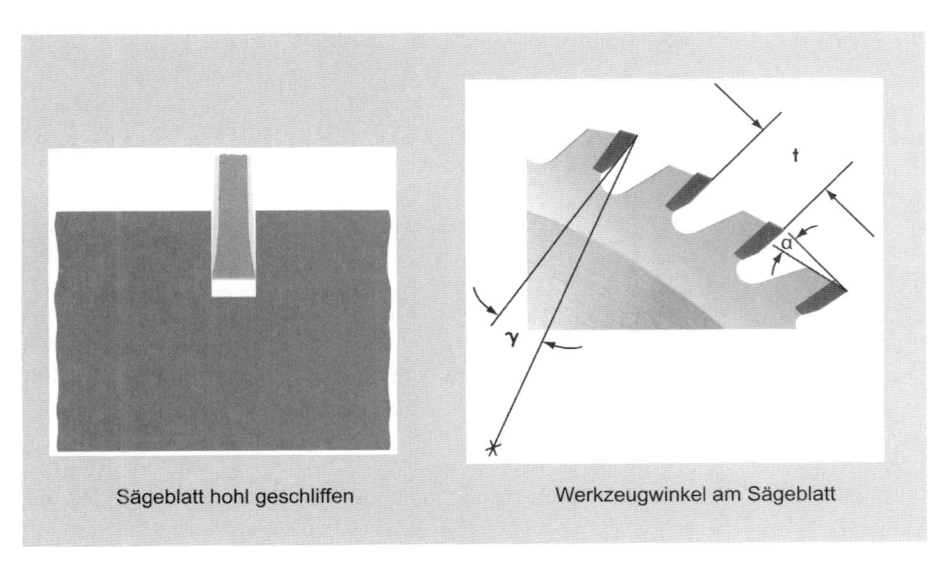

Bild 17.1 Zahngestaltung bei Sägeblättern

Sägeblatt hohl geschliffen   Werkzeugwinkel am Sägeblatt

Bei Bandsägen sind die Zähne leicht verschränkt, um das Verschmieren der Zahnlücken mit Kunststoff zu vermeiden. Einige Richtwerte für das Sägen von Kunststoffen sind in Tabelle 17.1 angegeben:

Bandsäge

Tabelle 17.1 Richtwerte für das Sägen von Kunststoffen

Kunststoffe	Werkzeug	α (°)	γ (°)	t (°)
Thermoplaste	SS (Schnellstahl)	30 – 40	5 – 8	2 – 8
	HM (Hartmetall)	10 – 15	0 – 5	2 – 8
Duroplaste	SS	30 – 40	5 – 8	4 – 8
	HM	10 – 15	3 – 8	8 – 18

17.2.2 Fräsen

Kunststofffräser haben gegenüber Metallfräsern eine geringere Anzahl an Schneiden, gegenüber Holzfräsern aber eine höhere. Sie bestehen aus Schnellarbeitsstahl oder Hartmetall, können aber auch hartmetallbestückt sein. Die Schnittgeschwindigkeit sollte möglichst hoch und der Vorschub verhältnismäßig klein gehalten werden. Je härter der Werkstoff, desto kleiner sollte der Spanwinkel sein (Bild 17.2).

Fräser

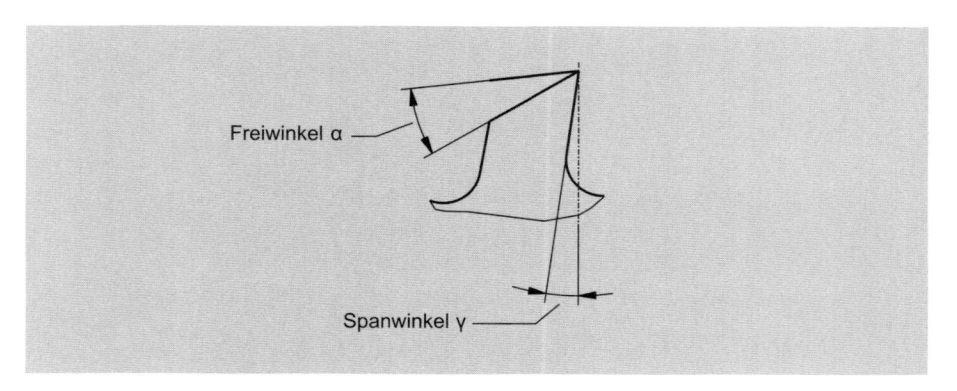

Bild 17.2 Werkzeugwinkel bei Fräsern

Je weicher der Werkstoff, desto kleiner soll die Schneidenzahl und desto größer der Vorschub gewählt werden. Einige Richtwerte für das Fräsen von Kunststoffen sind in Tabelle 17.2 angegeben.

Tabelle 17.2 Richtwerte für das Fräsen von Kunststoffen

Kunststoffe	Werkzeug	α (°)	γ (°)
Thermoplaste	SS (Schnellstahl)	2 – 15	bis 15
Duroplaste	SS HM (Hartmetall)	bis 15 bis 10	15 – 25 5 – 15

17.2.3 Bohren

Bohrer   Die Spiralbohrer für metallische Werkstoffe lassen sich auch für Kunststoffe einsetzen. Bohrer mit steilem Drall führen den Span besser ab.

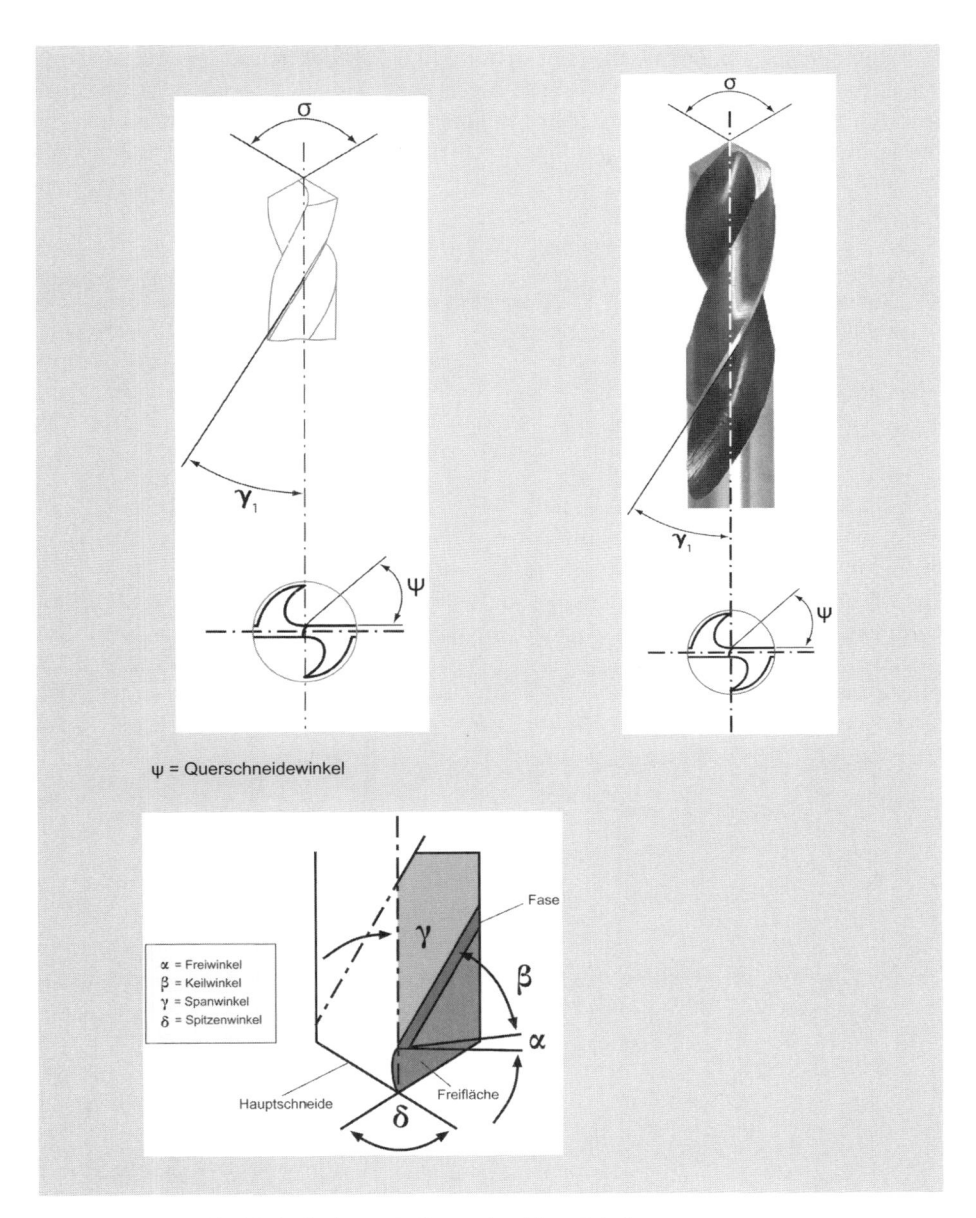

Bild 17.3 Winkel bei Spiralbohrern (ψ Querschneidenwinkel)

Wegen der starken Ausdehnung der Kunststoffe durch die Reibungswärme beim Bohren fallen die Bohrungen 0,05 bis 0,1 mm kleiner als der Bohrerdurchmesser aus. In der Praxis wählt man den Bohrer entsprechend größer, um das gewünschte Maß zu erreichen.

Reibungswärme

Wärmeabfuhr — Bei leicht schmierenden Werkstoffen wie PE und PP wird mit einem großen Vorschub bei kleiner Schnittgeschwindigkeit gearbeitet, um die Wärme mit dem Span abzuführen. Bei 10 bis 150 mm Bohrdurchmesser wird mit einem Diamant besetzten Hohlbohrer gearbeitet. Einige Richtwerte für das Bohren von Kunststoffen sind in Tabelle 17.3 angegeben:

Tabelle 17.3 Richtwerte für das Bohren von Kunststoffen

Kunststoffe	Werkzeug	α (°)	γ (°)	φ (°)
Thermoplaste	SS (Schnellstahl)	3 – 12	3 – 5	60 – 110
Duroplaste	SS HM (Hartmetall)	6 – 8 6 – 8	6 – 10 6 – 10	100 – 120 100 – 120

17.2.4 Drehen

Drehstähle — Die Drehmaschine soll schnelllaufend und mit einer Flüssigkeitskühlung versehen sein. Die Drehstähle können je nach Kunststoff aus Schnellarbeitsstahl sein. Die Benennung der Werkzeugwinkel von Drehstählen für Kunststoffe ist in Bild 17.4 angegeben.

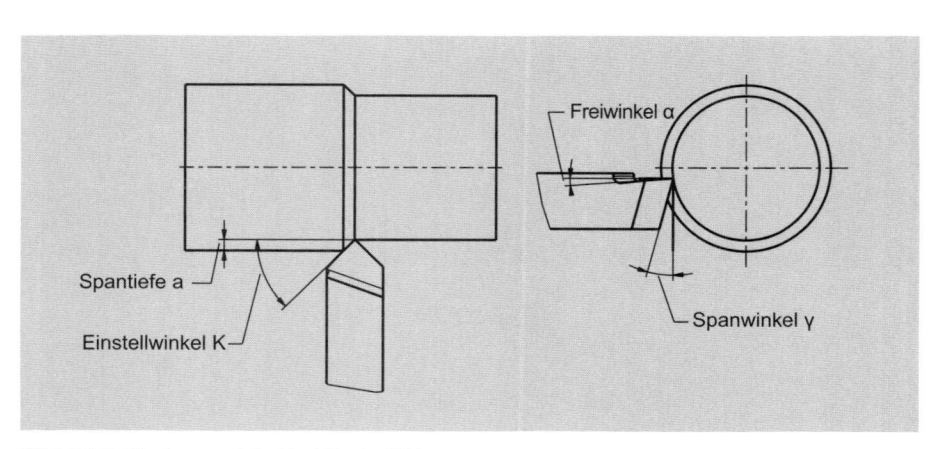

Bild 17.4 Werkzeugwinkel bei Drehstählen

Für Duroplaste und Kunststoffe mit Glasfaserfüllungen werden Drehmeißel mit Hartmetallschneiden eingesetzt. Einige Richtwerte für das Drehen von Kunststoffen sind in Tabelle 17.4 angegeben:

Tabelle 17.4 Richtwerte für das Drehen von Kunststoffen

Kunststoffe	Werkzeug	α (°)	γ (°)	κ (°)	a
Thermoplaste	SS (Schnellstahl)	5 – 15	bis 10	15 – 60	bis 6
Duroplaste	SS HM (Hartmetall)	5 – 10	15 – 25 10 – 15	45 – 60 45 – 60	bis 5 bis 5

17.2.5 Schleifen und Polieren

Das Schleifen erfolgt mit handelsüblichen Schleifpapieren oder mit Schleifbändern. Die Schleifgeschwindigkeit der Bänder soll ca. 10 m/s betragen.

Schleifen

Für das Polieren werden Filz- oder Schwabbelscheiben mit Poliermittel eingesetzt. Um die Oberfläche von Thermoplasten beim Polieren nicht aufzuschmelzen, wird der Vorgang mehrmals unterbrochen.

Polieren

Erfolgskontrolle zur Lektion 17

Nr.	Frage	Antwortauswahl
17.1	Der Kunststoff kann beim Sägen an der Schnittstelle aufschmelzen, da er die Wärme _____ leitet als Metall.	besser schlechter
17.2	Durch die hohe _____ des Kunststoffs kann sich das Sägeblatt beim Schneiden im Kunststoff verklemmen.	Wärmeleitfähigkeit Wärmeausdehnung Viskosität
17.3	Ein Loch, das man in Kunststoff bohrt, ist nach dem Abkühlen des Kunststoffs _____ der Bohrerdurchmesser.	größer als kleiner als genauso groß wie
17.4	Für Kunststoffe und Metalle können _____ Bohrer eingesetzt werden.	die gleichen nicht die gleichen
17.5	Die Schnittgeschwindigkeit sollte beim Fräsen möglichst _____ sein.	hoch niedrig
17.6	Die Drehmaschine sollte mit einer _____ versehen werden.	Flüssigkeitskühlung Luftkühlung

Lektion 18

Kleben von Kunststoffen

Themenkreis Vom Kunststoff zum Produkt

Leitfragen Auf welchen physikalischen und chemischen Grundlagen basiert das Kleben?
Welche Klebverfahren gibt es?
Wie sollte eine Klebverbindung gestaltet sein?
Welche Kunststoffe lassen sich miteinander kleben?

Inhalt 18.1 Grundlagen
18.2 Einteilung der Klebstoffe
18.3 Ausführung der Klebung

Erfolgskontrolle zur Lektion 18

Vorwissen Einteilung der Kunststoffe (Lektion 5)

■ 18.1 Grundlagen

Verbindungstechnik

Das Kleben von Kunststoffen dient als ganzflächige Verbindungstechnik. Im Gegensatz zur Schweißtechnik lassen sich alle Kunststoffarten, also auch Elastomere und Duroplaste kleben. Außerdem können auch sehr unterschiedliche Kunststoffe miteinander und mit anderen Materialien geklebt werden. Vorteile des Klebens sind unter anderem:

- Es lassen sich dünne, kleine und komplizierte Teile kleben.
- Die Klebverbindung kann als Dichtung dienen, Schwingungen dämpfen, thermisch oder elektrisch isolieren und Unebenheiten überbrücken.

Klebmechanismus

Der Mechanismus des Klebens beruht auf dem inneren Zusammenhalt des Klebstoffs, die Kohäsion und auf dem Zusammenhalt zwischen Klebstoff und Fügeteil, die Adhäsion (Bild 18.1). Die mechanische Adhäsion besteht aus der Verankerung des Klebstoffs in den Oberflächenrauhigkeiten des Fügeteils (Bild 18.2).

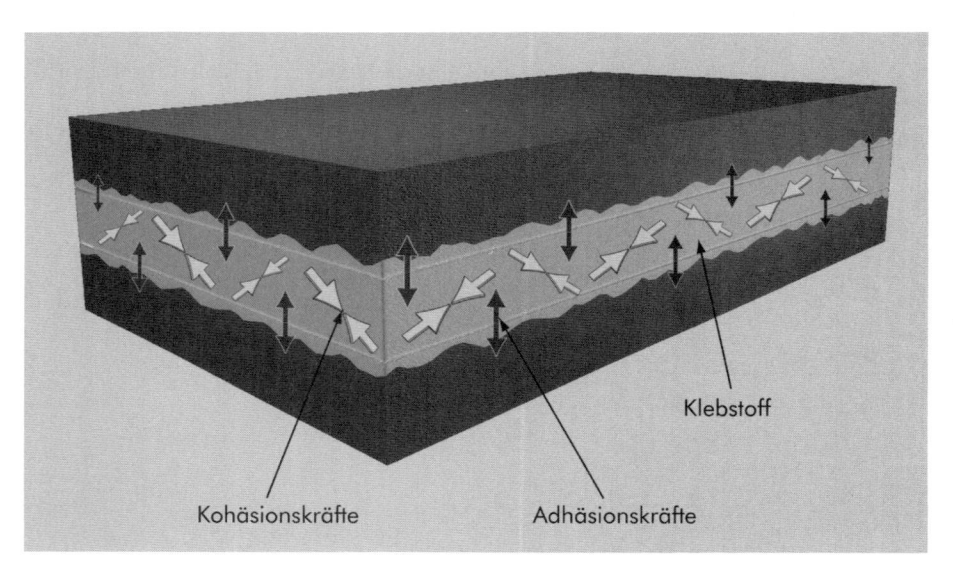

Bild 18.1 Adhäsions- und Kohäsionskräfte

Adhäsion

Diese Adhäsionskräfte sind sehr klein und wirken nur bei direktem Kontakt zwischen Klebstoff und Oberfläche. Deshalb darf nichts diesen Kontakt stören. Um das zu gewährleisten, muss die zu klebende Oberfläche vor dem Auftragen des Klebstoffs von Fett und Schmutzpartikeln gesäubert werden.

Kohäsion

In der Regel wirkt die Kohäsion nur innerhalb des Klebstoffs. Eine Kohäsionskraft kann aber auch zwischen den zwei Fügeteilen entstehen, wenn der zu klebende Kunststoff löslich ist.

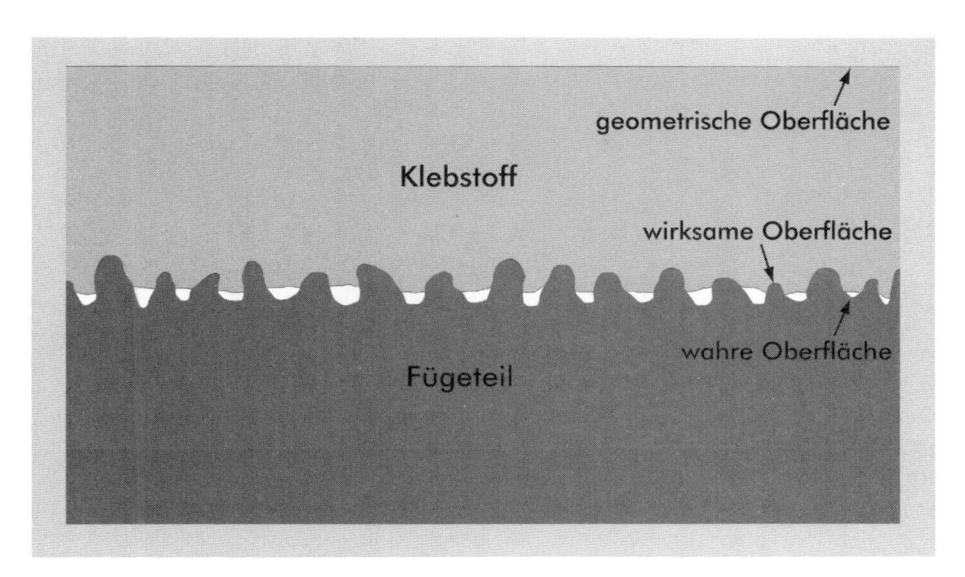

Bild 18.2 Oberflächenrauhigkeiten beim Kleben

Ein reines Lösemittel wird auf die Flächen aufgetragen, diffundiert ein und löst den Kunststoff an, wobei die intramolekularen Bindungen zwischen den Molekülen an dieser Stelle gelöst werden. Beim Aufeinanderpressen der Fügeteile verhaken sich ihre Moleküle miteinander und bilden einen festen Verbund durch Kohäsionskräfte (Bild 18.3).

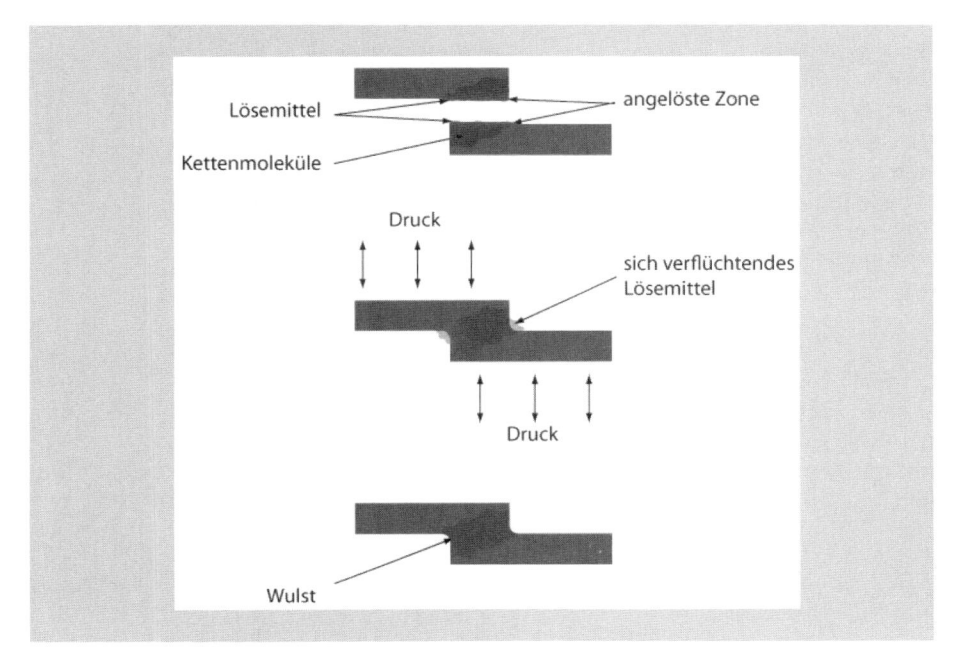

Bild 18.3 Lösemittelkleben

Klebbarkeit Neben der Sauberkeit, Rauhigkeit und Löslichkeit der Fügeflächen spielen auch ihre Polarität und Benetzbarkeit eine entscheidende Rolle, ob sich zwei Teile gut verkleben lassen (Bild 18.4).

Bild 18.4 Gute und schlechte Benetzung von Oberflächen

Eine Übersicht über die Klebbarkeit der verschiedenen Kunststoffe gibt Tabelle 18.1:

Tabelle 18.1 Klebbarkeit von Kunststoffen

Kunststoff	Benetzbarkeit	Polarität	Löslichkeit	Klebbarkeit
Polyethylen	-	unpolar	unlöslich	-
Polycarbonat	+	+	+	++
Polystyrol	-	unpolar	löslich	++
Polyvinylchlorid hart	++	polar	löslich	++
Polymethylmethacrylat	++	polar	löslich	++
Phenol-Formaldehyd Harz	++	polar	unlöslich	++
Ungesättigter Polyesterharz	++	polar	unlöslich	++
Polyamid 66	++	polar	schwer löslich	+

gut: ++   mäßig: +   schlecht: -

Beanspruchungsarten Neben der Beschaffenheit der eigentlichen Klebflächen spielt ihre Art und Lage an den zu klebenden Teilen eine wichtige Rolle. Die Kraft, die später auf die Naht wirkt, sollte in ihr möglichst eine Schubspannung hervorrufen und keine Schälwirkung haben. Die verschiedenen Beanspruchungsarten, die die Kräfte in einer Klebenaht hervorrufen können, sind in Bild 18.5 zu sehen.

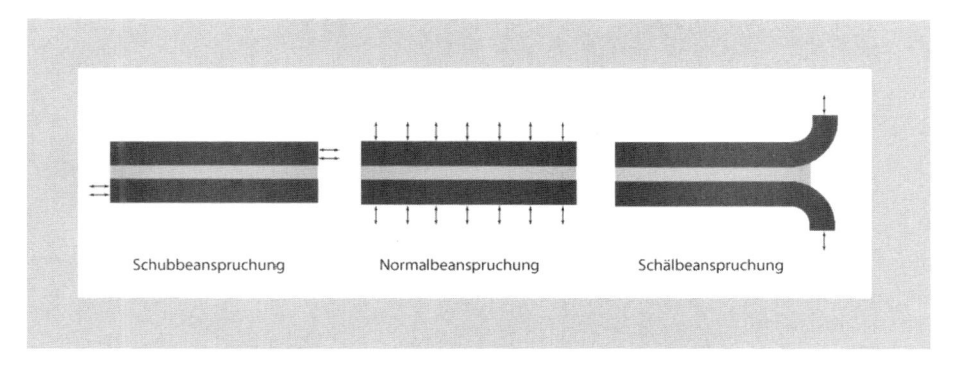

Bild 18.5 Beanspruchungsarten einer Klebenaht

Einige mögliche Formen von Klebverbindungen sind in Bild 18.6 gezeigt.

Verbindungsformen

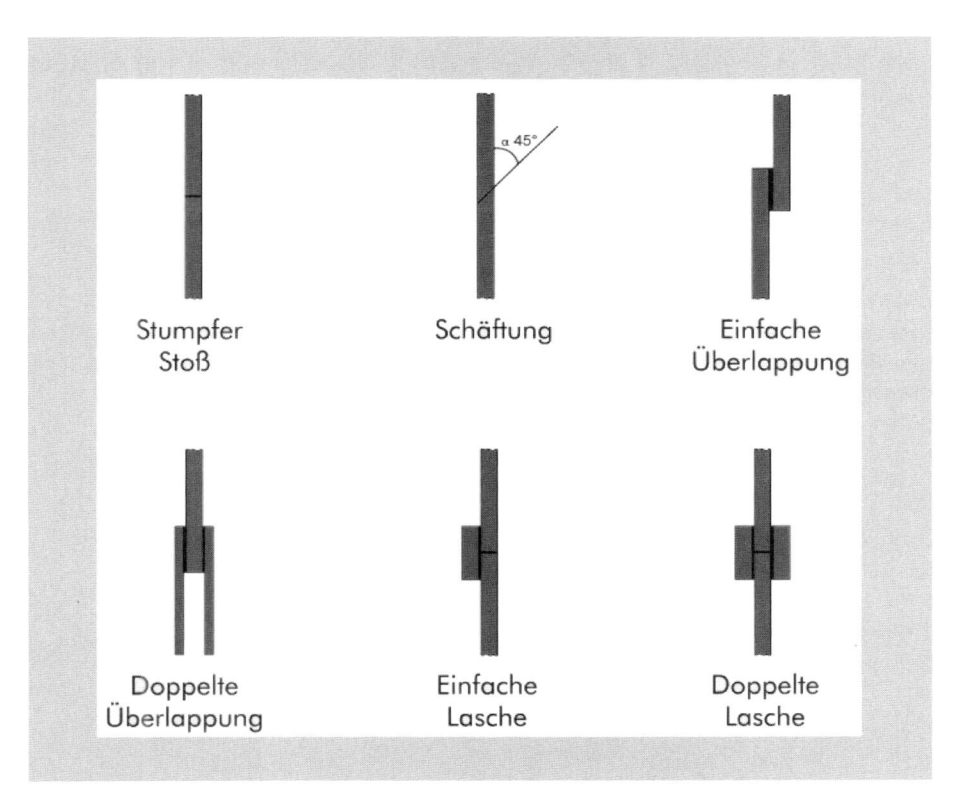

Bild 18.6 Formen von Klebverbindungen

18.2 Einteilung der Klebstoffe

18.2.1 Physikalisch abbindende Klebstoffe

Lösemittel- und Dispersionsklebstoffe

Lösemittel — Zur Erzielung einer guten Benetzung der zu klebenden Oberflächen werden Klebstoffe oft in einem organischen Lösemittel gelöst oder in Wasser dispergiert (sehr fein verteilt).

Lösemittelauswirkungen — Damit der Klebstoff fest wird und die Fügeflächen fest verkleben, muss sich das Lösemittel aus dem Klebstoff entfernen können. Entweder es verdunstet oder es wird von der Fügefläche aufgenommen. Es muss aber untersucht werden, ob sich das Lösemittel nicht negativ auf den Kunststoff auswirkt. Es könnte z. B. innere Spannungen des Kunststoffs freisetzen, wodurch Spannungsrisse im Teil entstehen können.

Kontaktklebstoff — Ein Beispiel für einen Lösemittelklebstoff ist der Kontaktklebstoff. Bei ihm müssen die mit Klebstoff benetzten Fügeteile offen liegenbleiben, bis das Lösemittel aus dem Klebstoff verdunstet ist. Erst wenn sich der Klebstoff trocken anfühlt, werden die Flächen aufeinander gedrückt und verklebt. Eine Korrektur der Klebung ist hier nicht mehr möglich.

Lösemittelkleben

Lösemittelkleben — Eine besondere Art des Klebens ist das Kleben nur mit Lösemittel, welches den Kunststoff anlöst. Das Lösemittel wird auf die Flächen aufgetragen, diffundiert ein und löst den Kunststoff an. Beim Aufeinanderpressen der Fügeteile verhaken sich ihre Moleküle miteinander, und es entsteht ein fester Verbund. Der Vorgang ist in Bild 18.3 zu sehen.

Schmelzklebstoffe

Schmelzklebstoffe — Schmelzklebstoffe werden als plastifizierte Masse auf die Fügeflächen aufgetragen, die dann zusammengepresst werden. Fest wird der Klebstoff, indem er abkühlt. Da diese Abkühlzeit sehr kurz ist, wird dieses Verfahren gern in der Großserienfertigung eingesetzt.

18.2.2 Chemisch abbindende Klebstoffe (Reaktionsklebstoffe)

Reaktionsklebstoffe — Reaktionsklebstoffe binden, wie der Name schon sagt, durch eine chemische Reaktion ab. Bei dieser Reaktion, welche eine Polymerisation, Polyaddition oder Polykondensation sein kann, entstehen vernetzte Makromoleküle (Duroplaste). Die Reaktion wird je nach System durch Härter, Beschleuniger oder Wärme gestartet.

Der Klebstoff kann erst kurz vor der Verarbeitung aus den verschiedenen Komponenten (Zwei- oder Mehrkomponentensysteme) gemischt werden, da die Reaktion schnell einsetzt und der fertig gemischte Klebstoff aushärtet. Nach der Aushärtung kann er nicht mehr verarbeitet werden.

Aushärtung

■ 18.3 Die Ausführung der Klebung

Die Ausführung hat einen entscheidenden Einfluss auf die Qualität der Klebverbindung. Wie vorher bereits angedeutet, erfolgt die Klebung in folgenden Schritten:

Qualität

Herstellung passender Fügeflächen

Die wichtigste Voraussetzung beim Kleben ist, dass die Fügeteile und die Klebnähte klebgerecht gestaltet sind. Von dieser Gestaltung hängt es ab, welche Beanspruchungsart eine auftretende Kraft auf die Klebverbindung hat. Wie oben bereits gesagt, sollte eine angreifende Kraft möglichst keine Schälwirkung auf die Klebnaht haben.

Fügeflächen

Reinigen und Entfetten der Fügeflächen

Ferner ist es wichtig, dass die Klebung nicht durch Verunreinigungen verschlechtert wird. Zur Reinigung werden je nach Verschmutzung Durchlaufbäder mit organischen Löse- oder alkalischen Reinigungsmitteln, Ultraschall- oder Dampfentfettungsbäder verwendet.

Reinigung

Vorbehandlung der Fügeflächen

Um die Oberflächeneigenschaften für die Klebung weiter zu erhöhen, werden sie vorbehandelt. Bei leicht zu klebenden Kunststoffen kann dies durch mechanisches (Schleifen, Sandstrahlen) oder durch chemisches Aufrauhen (Beizen) erfolgen. Oberflächen von schwer klebbaren Kunststoffen werden durch Anlagerung von Sauerstoff (Beflammen, Corona-Behandlung) oder Anoxidieren (Beizen) aktiviert.

Vorbehandlung

Auftragen des Klebstoffs

Beim Auftragen ist auf eine gleichmäßige Benetzung der Fügeflächen und eine konstante Schichtdicke zu achten.

Auftragen

Abwarten bis der Klebstoff verbindungsfähig ist

Die Zeit, die abgewartet werden muss, bevor der Klebstoff verbindungsfähig ist, ist von Klebstoff zu Klebstoff sehr unterschiedlich. Sie ist in jedem Fall einzuhalten, da sonst der Mechanismus des Klebens beeinträchtigt wird, und entweder gar keine oder nur eine schlechte Klebverbindung entsteht.

Zeit

Fügen und Fixieren der zu verklebenden Teile

Fügen — Nach dem Zusammenfügen der zu klebenden Teile wird Druck aufgebracht, der Luft zwischen den Fügeflächen verdrängt und damit auch die Klebfilmdicke bestimmt. Bei einigen Klebstoffen, die eine längere Aushärtungszeit haben, ist es sinnvoll, die zu klebenden Teile nach dem Anpressen zu fixieren, um ein Verschieben zu verhindern.

Aushärten des Klebstoffs

Aushärtung — Die verschiedenen Klebstoffe besitzen eine unterschiedlich lange Aushärtungszeit, die in jedem Fall abgewartet werden muss, bevor die Klebverbindung belastet werden darf.

Entfernen der Fixierung von den geklebten Teilen

Fixierung — Nachdem der Klebstoff ausgehärtet ist, kann die Fixierung von den geklebten Teilen entfernt werden. Doch obwohl der Klebstoff soweit ausgehärtet ist, dass sich die Teile nicht mehr verschieben können, muss oft noch eine weitere Zeit abgewartet werden, bis die Klebverbindung voll belastet werden kann.

Bei richtiger Durchführung ist das Kleben von Kunststoffen heute als vollwertiges Fügeverfahren anzusehen, mit dem unlösbare Verbindungen mit hohem Kraftschluss hergestellt werden können.

Erfolgskontrolle zur Lektion 18

Nr.	Frage	Antwortauswahl
18.1	Im Gegensatz zur Schweißtechnik lassen sich Elastomere und Duroplaste _____.	kleben nicht kleben
18.2	Der Mechanismus des Klebens beruht auf _____.	Kohäsion Adhäsion Kohäsion und Adhäsion
18.3	Damit die Klebung eine gute Festigkeit aufweist, müssen die Fügeflächen besonders _____ sein.	groß glatt sauber
18.4	Die Kräfte, die auf die Klebenaht wirken, sollten keine _____ ausüben.	Zugwirkung Druckwirkung Schälwirkung
18.5	Reaktionsklebstoffe werden nach dem Aushärten zu _____.	Duroplasten Elastomeren Thermoplasten
18.6	Reaktionsklebstoffe werden erst kurz vor der Verarbeitung gemischt, da sie _____ reagieren und dann nicht mehr verarbeitet werden können.	schnell langsam

19 Lektion

Kunststoffabfälle

Themenkreis	Ökologie der Kunststoffe
Leitfragen	Wie viele Kunststoffe werden weltweit produziert?
	Zu welchen Produktarten wird der Kunststoff verarbeitet?
	Wie lange ist die Gebrauchsdauer von Kunststoffprodukten?
	Welche speziellen Probleme bereiten Kunststoffabfälle?
	Weshalb sollen Abfälle wiederverwertet werden?
	Was muss die Abfallwirtschaft bei der Behandlung der Kunststoffabfälle beachten?
Inhalt	19.1 Kunststoffabfälle und deren Wiederverwendung
	19.2 Kunststoffe in Produktion und Verarbeitung
	19.3 Kunststoffprodukte und ihre Lebensdauer
	19.4 Abfallvermeidung und Abfallverwertung
	Erfolgskontrolle zur Lektion 19
Vorwissen	Einteilung der Kunststoffe (Lektion 5)
	Formänderungsverhalten von Kunststoffen (Lektion 6)

19.1 Kunststoffabfälle und deren Wiederverwendung

Kunststoffabfälle

In den letzten Jahren sind Kunststoffabfälle zunehmend in den Mittelpunkt der Kritik gerückt. Die Problematik von Kunststoffabfällen lässt sich hauptsächlich an vier Punkten festmachen:

Volumenproblem
- Kunststoffabfälle haben im Verhältnis zu ihrem Gewicht ein großes Volumen und lassen sich nur schlecht komprimieren, so dass sie bei der Deponierung recht viel Platz in Anspruch nehmen.

Abbaubarkeit
- Kunststoffabfälle sind im Allgemeinen schlecht abbaubar, so dass sie sich nicht in den biologischen Kreislauf eingliedern.

Schadstoffe
- Kunststoffabfälle enthalten zum Teil Stoffe, die bei der Verbrennung in Müllverbrennungsanlagen Probleme bereiten. Dies sind z. B. Chlor in PVC, Stickstoff in PUR und PA, Fluor in PTFE, Schwefel in Kunststoffkautschuk und Schwermetallzusätze in vielen Kunststoffen.

Recyclingfähigkeit
- Kunststoffabfälle sind nicht so ohne weiteres recyclingfähig, da sie oft verschmutzt und vermischt anfallen.

Vermeidung und Verwertung

All diese Probleme träten in den Hintergrund, wenn es besser gelingen würde, Kunststoffabfälle zu vermeiden und zu verwerten. Ein weiterer Vorteil wäre, dass der Kunststoff als hochwertiger Werkstoff nach seinem Gebrauch nicht mehr durch Deponierung ungenutzt bliebe oder bei der Verbrennung nur sein Energieinhalt gewonnen würde.

Im Folgenden wollen wir die Menge und Zusammensetzung der Kunststoffabfälle genauer betrachten, um Möglichkeiten zur Vermeidung und Verwertung dieser Abfälle kennenzulernen.

19.2 Kunststoffe in Produktion und Verarbeitung

Die Kunststoffproduktion wächst seit ihrem Bestehen ständig an. So hat sie sich in den letzten dreißig Jahren mehr als verneunfacht. Dabei produziert die Bundesrepublik Deutschland mehr Kunststoff und Kunststoffprodukte, als sie selber verbraucht, so dass der Export größer als der Import ist. In Bild 19.1 ist die Welt-Kunststoffproduktion seit 1989 dargestellt.

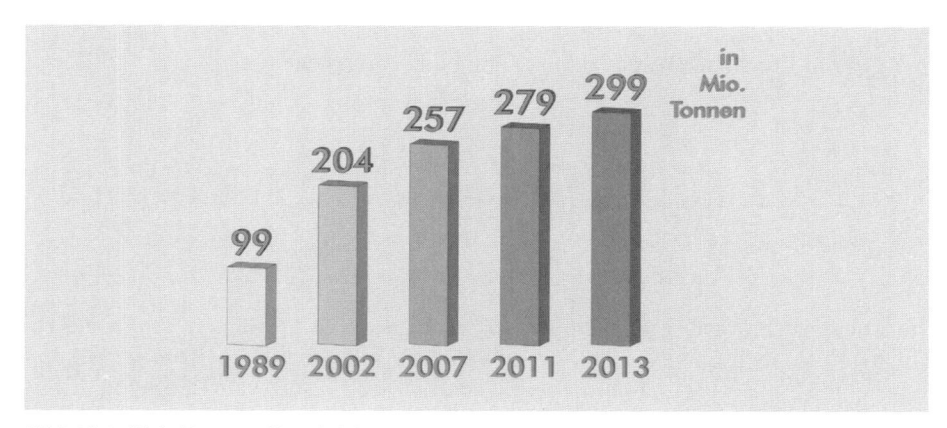

Bild 19.1 Welt-Kunststoffproduktion von 1989 bis 2013 (in Mio. t) [PlasticsEurope]

Seit 1989 steigt die Produktion von Kunststoffen jährlich an und erreicht 2013 eine Jahresproduktion von 299 Mio. Tonnen. Der globale Anstieg in der Kunststoffproduktion betrug somit im Jahr 2013 einen Wert von 3,9 %. Auf dem europäischen Kontinent hingegen blieb die Produktion von Kunststoffen auf einem stabilen Niveau von 57 Mio. Tonnen. Europa hält, bezogen auf die globale Produktion von Thermoplasten und PUR, im Jahr 2013 einen Anteil von 20 % und liegt damit nur knapp vor dem NAFTA-Raum (19,4 %) (engl.: *North American Free Trade Agreement*, Nordamerikanischer Markt). China bleibt mit knapp einem Viertel der weltweiten Produktion führend in dieser Kategorie. Auf die restlichen asiatischen Länder und Japan entfallen 20,8 %. Weitere 5 % macht die Produktion in Südamerika aus, die knapp ein Drittel der weltweiten Biopolymere herstellt.

Jahresproduktion

In Deutschland wurden im Jahr 2013 knapp 19,8 Mio. Tonnen Kunststoffe produziert. Damit verzeichnet die Kunststoffproduktion einen leichten Anstieg im Vergleich zum Vorjahr. Die Inlandsproduktion betrug knapp 10,48 Mio. Tonnen, welches einen leichten Rückgang im Vergleich zum Vorjahr darstellt. Der größte Teil entfiel auf den Kunststoff PE, der insbesondere im Verpackungsbereich eingesetzt wird. Die Dominanz des Verpackungsbereichs zeigt sich auch beim Kunststoffverbrauch, dargestellt in Bild 19.2 nach den einzelnen Anwendungsgebieten.

Jahresverbrauch

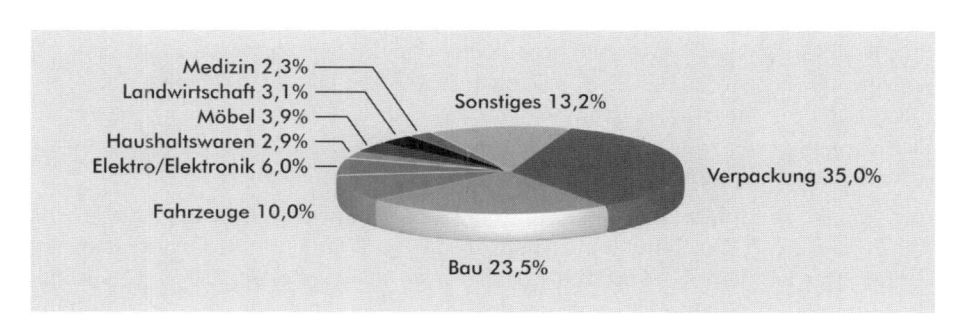

Bild 19.2 Einsatzgebiete von Kunststoffen im Jahre 2013 [PlasticsEurope]

Neben dem Verpackungsbereich spielt der Baubereich (z. B. bei der Gebäudedämmung) beim Kunststoffeinsatz eine zunehmend bedeutsame Rolle.

■ 19.3 Kunststoffprodukte und ihre Lebensdauer

Lebensdauer

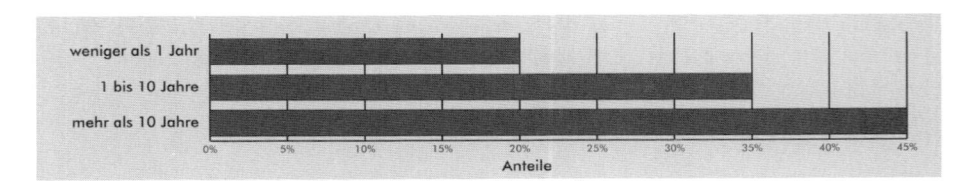

Die Lebensdauer von Kunststoffprodukten wird im Allgemeinen unterschätzt. Kunststoff wird in der Bevölkerung immer noch mit Wegwerfartikeln in Verbindung gebracht. Der Grund dafür liegt sicherlich im Einsatz von Kunststoffen für Einwegverpackungen.

Verpackungen

Schaut man sich jedoch die Einsatzgebiete von Kunststoffprodukten genauer an, die wir im vorigen Abschnitt kennengelernt haben, so stellt man fest, dass die Verpackungen etwa ein Drittel des Verbrauchs ausmachen. Es überwiegen jedoch die Anwendungen, in denen Kunststoff aufgrund seiner Leistungsfähigkeit zu langlebigen Produkten verarbeitet wird. Untersuchungen zeigen folgende Lebensdauerverteilung von Kunststoffprodukten (Bild 19.3).

Bild 19.3 Lebensdauer von Kunststoffprodukten

Gebrauchszeit

Hier sehen wir, dass etwa 20 % der Kunststoffprodukte innerhalb eines Jahres weggeworfen werden, während 35 % aller Kunststoffprodukte ein bis zehn Jahre in Gebrauch sind. 45 % der Kunststofferzeugnisse fallen erst nach mehr als zehn Jahren als Abfall an. Ein Beispiel für langlebige Kunststoffprodukte sind Kunststofffenster, die eine Lebenserwartung von mehr als 50 Jahren haben.

„Optische Speichermedien"

Zum Beispiel sind „optische Speichermedien" wie die CD langlebige Produkte und auch die CD-Box wird in der Regel erst nach langer Zeit als Abfall anfallen. Dagegen fällt die Schutz- oder Verpackungsfolie, in der die CD-Box eingepackt ist, direkt nach dem Kauf als wieder verwertbarer Kunststoff an. Diese ist, wie die meisten Verpackungen, ein kurzlebiges Produkt, welches jedoch recyclierbar ist.

Abfallaufkommen

Von dem in der Bundesrepublik Deutschland verbrauchten Kunststoff fielen im Jahr 2013 ca. 5,7 Mio. Tonnen als Abfall an. Davon konnten 99 % wiederverwertet werden. Der Großteil der Produkte ist also noch in langlebigen Erzeugnissen im Einsatz. Doch in näherer Zukunft werden auch diese Produkte als Abfall auftauchen. In Bild 19.4 sind die Produktion, die Verarbeitung und der Verbrauch von Kunststoffen in Deutschland für das Jahr 2013 dargestellt.

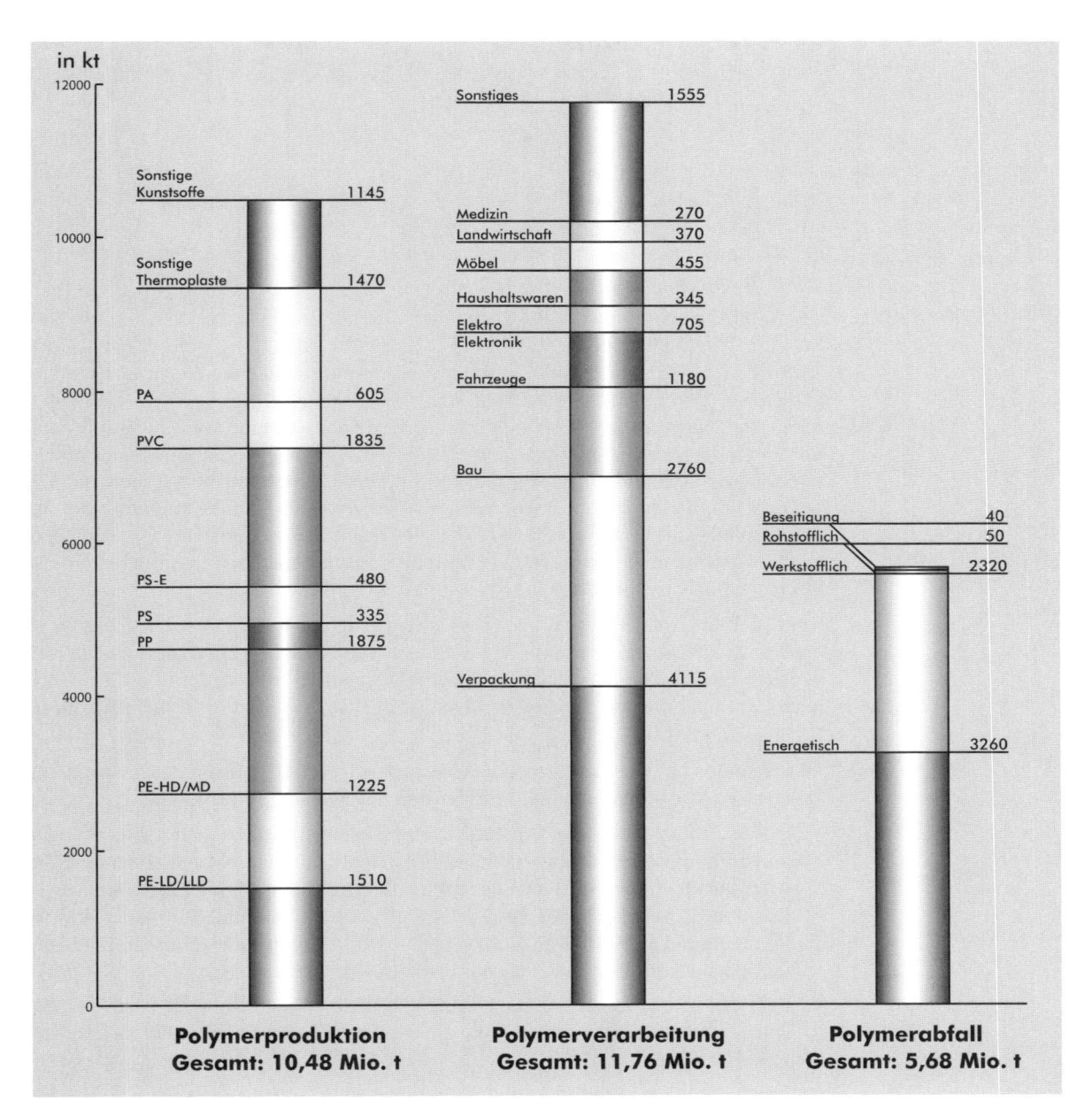

Bild 19.4 Produktion, Verarbeitung und Verbrauch von Kunststoffen in Deutschland 2013 [PlasticsEurope]

Das Abfallaufkommen von Kunststoffen wird auch in den nächsten Jahren weiter stark zunehmen. Die Ursache dafür liegt in den ausgedienten langlebigen Produkten, die dann etwa zwei Drittel des Abfalls ausmachen werden.

Hausmüll

19.4 Abfallvermeidung und Abfallverwertung

Abfallfraktion

blaue, gelbe, grüne Tonne

Die beiden Begriffe Abfallvermeidung und Abfallverwertung werden immer wieder in der Diskussion zur Abfallproblematik als Lösungswege genannt. In Deutschland wird insbesondere die Abfallverwertung immer stärker betrieben, was sich z. B. in der Trennung des Hausmülls in verschiedene Abfallfraktionen (blaue, gelbe und grüne Tonne) zeigt.

Abfallvermeidung

Die Abfallvermeidung, die laut Gesetz der Abfallverwertung vorzuziehen ist, zielt auf eine Verringerung der Abfall- und Schadstoffmenge direkt bei der Produktion ab. Das lässt sich zum Beispiel durch Mehrfachbenutzung oder Weiterverwendung von Produkten erreichen. Die Pfand-Mehrweg-Flasche ist ein gutes Beispiel dafür. Insgesamt bedeutet Abfallvermeidung eine Abkehr von der Wegwerfgesellschaft hin zu einem vernünftigen und ausschöpfenden Umgang mit langlebigen Produkten, die wirklich gebraucht werden. Produkte, die lange und wiederholt benutzt werden, fallen aber auch viel seltener als Abfall an. So bräuchten auch nur viel weniger Abfälle stofflich wiederverwertet oder entsorgt zu werden. Das Abfallproblem wird sozusagen an der Wurzel, der Massenproduktion und dem unnötig hohen Produktverbrauch, bekämpft.

Abfallverwertung

Aber auch die Abfallverwertung sollte schon bei der Produktion berücksichtigt werden. Dazu sollten die Produkte so beschaffen sein, dass sie überhaupt wieder verwertbar sind. Auch im Vertrieb sind Vorkehrungen zu treffen, damit die Produkte nach Gebrauch der Wiederverwertung zugeführt werden und nicht unverwertet im Gemenge des Abfalls landen.

Beispiele

Im Folgenden sollen ein paar Beispiele aufgezeigt werden, wie die Vermeidung und Verwertung von Abfällen bei der Produktion berücksichtigt werden könnte:

- Durch Heißkanalsysteme in Spritzgießwerkzeugen lassen sich große Mengen an Produktionsabfällen vermeiden. Ein „Heißkanal" ist ein beheizter Teil des Angusses in einem Spritzgießwerkzeug. Dadurch, dass dieser Kanal beheizt ist, kann die Kunststoffschmelze in ihm nicht erstarren und für den nächsten Schuss verwendet werden. So lassen sich große Mengen an Angussabfällen einsparen, die sonst wiederverwertet oder entsorgt werden müssen.
- Bei dem Ersatz von schwermetallhaltigen Zusätzen durch weniger giftige Substanzen lassen sich Sonderabfälle, die bei der Müllverbrennung der Abfälle entstehen, vermeiden.
- Viele Produkte bestehen aus mehreren verschiedenen Werkstoffen. Um diese Stoffe einfach voneinander trennen zu können, müssen die Produkte speziell aufgebaut sein. So sollten Produkte recyclinggerecht konstruiert sein, damit sie sich besser reparieren oder demontieren lassen. Nur so können sie, wenn sie defekt oder verbraucht sind, wieder verwertet werden.

Duales Abfallsystem VerpackV

Seit Inkrafttreten der Verpackungsverordnung 1991 gilt in Deutschland das Prinzip der Produzentenverantwortung: Hersteller und Vertreiber müssen Verpackungen, wenn sie ihren Zweck erfüllt haben, zurücknehmen, einer umweltgerechten Verwertung zuführen und diese anschließend dokumentieren.

Eines der Unternehmen, das diese Pflichten übernimmt, ist die Gesellschaft „Duales System Deutschland" mit einem Marktanteil von über 50 % (Anfang 2013). Sie bedient dabei alle Verantwortlichen in der Vertriebskette – vom Packmittelhersteller über den Abfüller bis hin zum Handel. DSD

Kunststoffprodukte, die wieder verwertbar sind, werden mit einem grünen Punkt gekennzeichnet. Mit den Einnahmen aus dem "Grünen Punkt" wird das Duale Abfallsystem finanziert. Die Abfallströme für Kunststoffabfälle einschließlich der Produktions- und Verarbeitungsabfälle für das Jahr 2013 zeigt das Bild 19.5. „Grüner Punkt"

Der Mengenstromnachweis für das Jahr 2013 zeigt, dass die von der Verpackungsordnung geforderten Verwertungsquoten erreicht wurden. So wurden für 2013 insgesamt ca. 5,6 Mio. Tonnen gebrauchte Verkaufsverpackungen aus Haushalt und Kleingewerbe gesammelt und einer Verwertung zugeführt. Somit wurden ca. 99 % aller Kunststoffabfälle verwertet. Mengenstrom

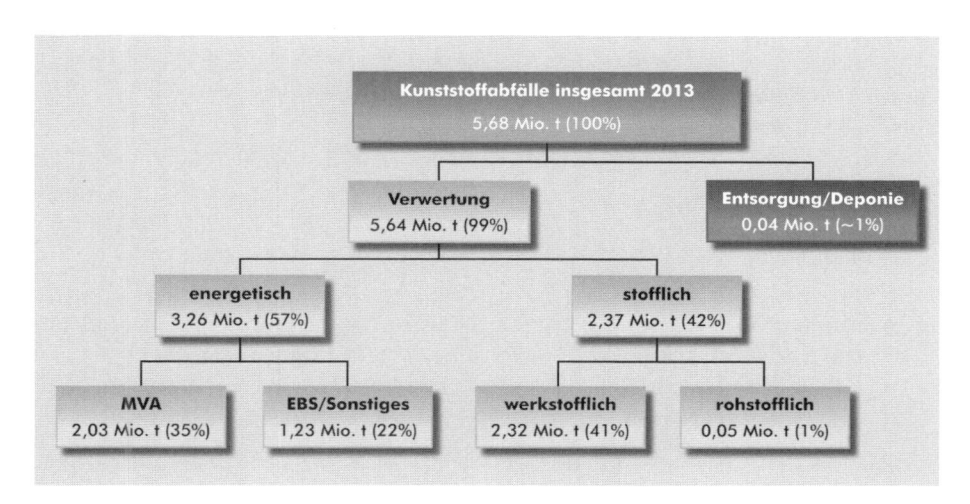

```
                    Kunststoffabfälle insgesamt 2013
                          5,68 Mio. t (100%)
                                 |
                 _____|_____
                |                                 |
            Verwertung                    Entsorgung/Deponie
         5,64 Mio. t (99%)                  0,04 Mio. t (~1%)
                |
        _____|_____
       |                 |
   energetisch       stofflich
  3,26 Mio. t (57%) 2,37 Mio. t (42%)
       |                 |
    ___|___          ____|____
   |       |        |         |
  MVA   EBS/     werkstofflich rohstofflich
        Sonstiges
2,03 Mio. t  1,23 Mio. t  2,32 Mio. t   0,05 Mio. t
  (35%)      (22%)         (41%)         (1%)
```

Bild 19.5 Kunststoffabfallströme 2013 in Deutschland [PlasticsEurope]

■ Erfolgskontrolle zur Lektion 19

Nr.	Frage	Antwortauswahl
19.1	2013 wurden in der Bundesrepublik Deutschland für die Inlandsproduktion etwa _____ Mio. t Kunststoff hergestellt.	5 10,5
19.2	Verpackungen sind _____, Bierkästen sind _____ und Kunststofffenster sind _____ Kunststoffprodukte.	langlebige kurzlebige
19.3	Kunststoffprodukte sind oftmals langlebig, so dass etwa ____ Prozent erst nach mehr als zehn Jahren als Abfall anfallen.	20 35 45
19.4	Kunststoffabfälle verbrauchen relativ zu ihrem Gewicht _____ Raum bei der Deponierung.	wenig viel
19.5	Kunststoffe verrotten_____, im Gegensatz zu rein biologischen Abfällen.	nicht kaum
19.6	Bei der Müllverbrennung setzen manche Kunststoffe Schadstoffe frei, so dass die Vermeidung und Verwertung von Kunststoffabfällen der Verbrennung _____ ist.	vorzuziehen nicht vorzuziehen
19.7	Kunststoffverpackungen werden im Rahmen des Dualen Abfallsystems wiederverwertet. 2013 konnten ca. ___ Mio. t Kunststoff einer Wiederverwertung zugeführt werden.	3,6 5,68 10,34

Lektion 20: Recycling von Kunststoffen

Themenkreis	Ökologie der Kunststoffe
Leitfragen	Sind Kunststoffabfälle überhaupt wieder verwertbar?
	Welche technischen Probleme treten beim Kunststoffrecycling auf?
	Welche Recyclingmöglichkeiten bieten Kunststoffe?
Inhalt	20.1 Wiederverwertung von Kunststoffabfällen
	20.2 Werkstoffliches Recycling
	20.3 Rohstoffliches Recycling
	20.4 Energetisches Verwertung
	Erfolgskontrolle zur Lektion 20
Vorwissen	Einteilung der Kunststoffe (Lektion 5)
	Formänderungsverhalten von Kunststoffen (Lektion 6)
	Kunststoffabfälle (Lektion 19)

20.1 Wiederverwertung von Kunststoffabfällen

Wiederverwertung

Die Wiederverwertung von Abfällen wird seit einigen Jahren immer stärker diskutiert. Das Ziel der Wiederverwertung ist es, die entstandenen Abfälle nicht ungenutzt verkommen zu lassen, sondern sie durch eine Aufbereitung als Werkstoff in der Produktion wieder einzusetzen.

Recycling

Diese Überlegungen führten zu der Idealvorstellung, alle Stoffe ähnlich wie in der Natur zu verwerten, das heißt, sie in einen Kreislauf zurückzuführen; Recycling [cycle(engl.) = Kreis(lauf)], [re(engl.) = zurück, wieder]. Durch Recycling kann man nicht nur die Abfallmenge vermindern, sondern auch Rohstoffe und Energie zur Herstellung von Neumaterial einsparen. Dadurch ist Recycling oft eine große Entlastung für die Umwelt.

Der Nutzen für Mensch und Umwelt ist aber stark abhängig davon, wie gut ein solcher Kreislauf in Gang kommt, wie aufwendig er ist und ob die Produkte, die gewonnen werden, zu gebrauchen sind.

Die Idee des Recyclings setzt sich zunehmend durch, denn die Verwertung von Kunststoffabfällen hat in den letzten Jahren stetig zugenommen (Bild 20.1).

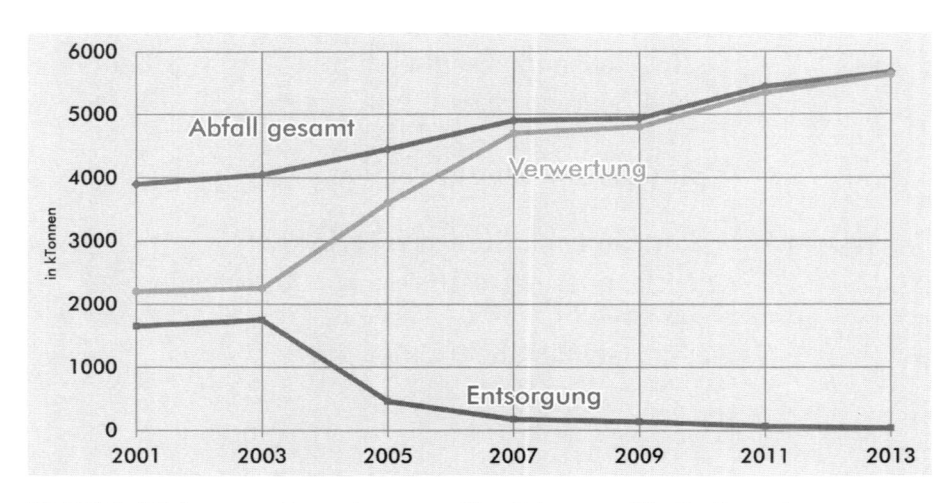

Bild 20.1 Abfallmengen: Verwertung gegenüber Entsorgung [PlasticsEurope]

Kein anderer Werkstoff bietet so viele Recyclingmöglichkeiten wie die Kunststoffe. Welches Recyclingverfahren das technisch, ökologisch und ökonomisch sinnvollste ist, hängt von einer Reihe von Faktoren ab, die nachfolgend behandelt werden.

Recyclingkreisläufe

Die unterschiedlichen Recyclingmöglichkeiten sind in Bild 20.2 dargestellt.

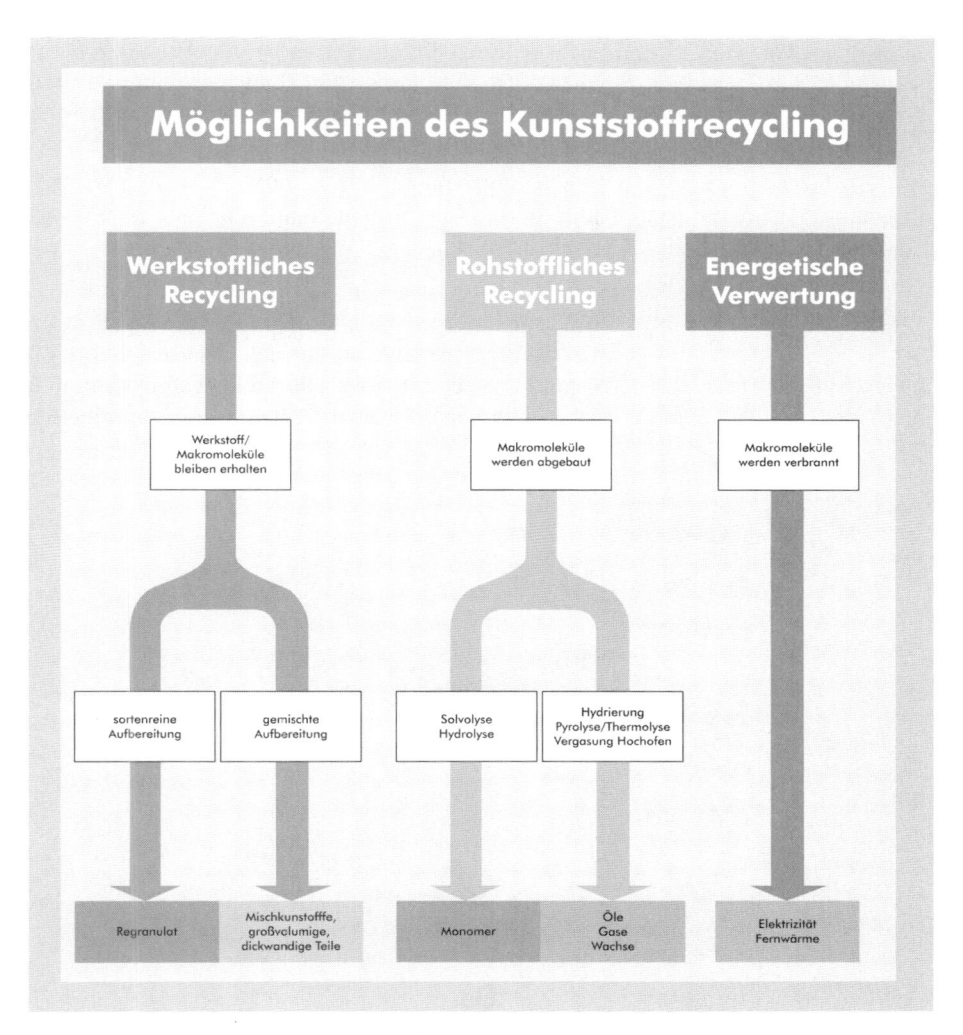

Bild 20.2 Möglichkeiten des Kunststoffrecyclings

20.2 Werkstoffliches Recycling

Recycling von Thermoplasten

Die Wiederverwertbarkeit von Kunststoffen hängt von der Kunststoffart sowie vom Verschmutzungsgrad ab. Thermoplaste können durch aufschmelzen stofflich wiederverwertet werden. Sie sind somit sehr gut für ein werkstoffliches Recycling geeignet. Die Abfälle sollten möglichst von einer Kunststoffsorte sein, damit gute Produkteigenschaften erreicht werden können. In Bild 20.3 ist das werkstoffliche Recycling dargestellt.

Kunststoffart

20 Recycling von Kunststoffen

Innerbetriebliches Recycling
Ausgehend von der Herstellung von Kunststoffen gibt es bei der Produktion von Kunststoffhalbzeugen die Möglichkeit des innerbetrieblichen Recycling, bei dem z. B. Ausschussware, Produktionsabfall zerkleinert und entsprechend aufbereitet dem direkten Produktionsprozess wieder zugeführt wird.

Mehrfachnutzung
Die Wiederverwendung von Kunststoffprodukten zur erneuten Nutzung, wie z. B. Pfandflaschen aus Kunststoff oder Bierkästen, Europaletten etc. ist eine zweite Variante des werkstofflichen Recyclings.

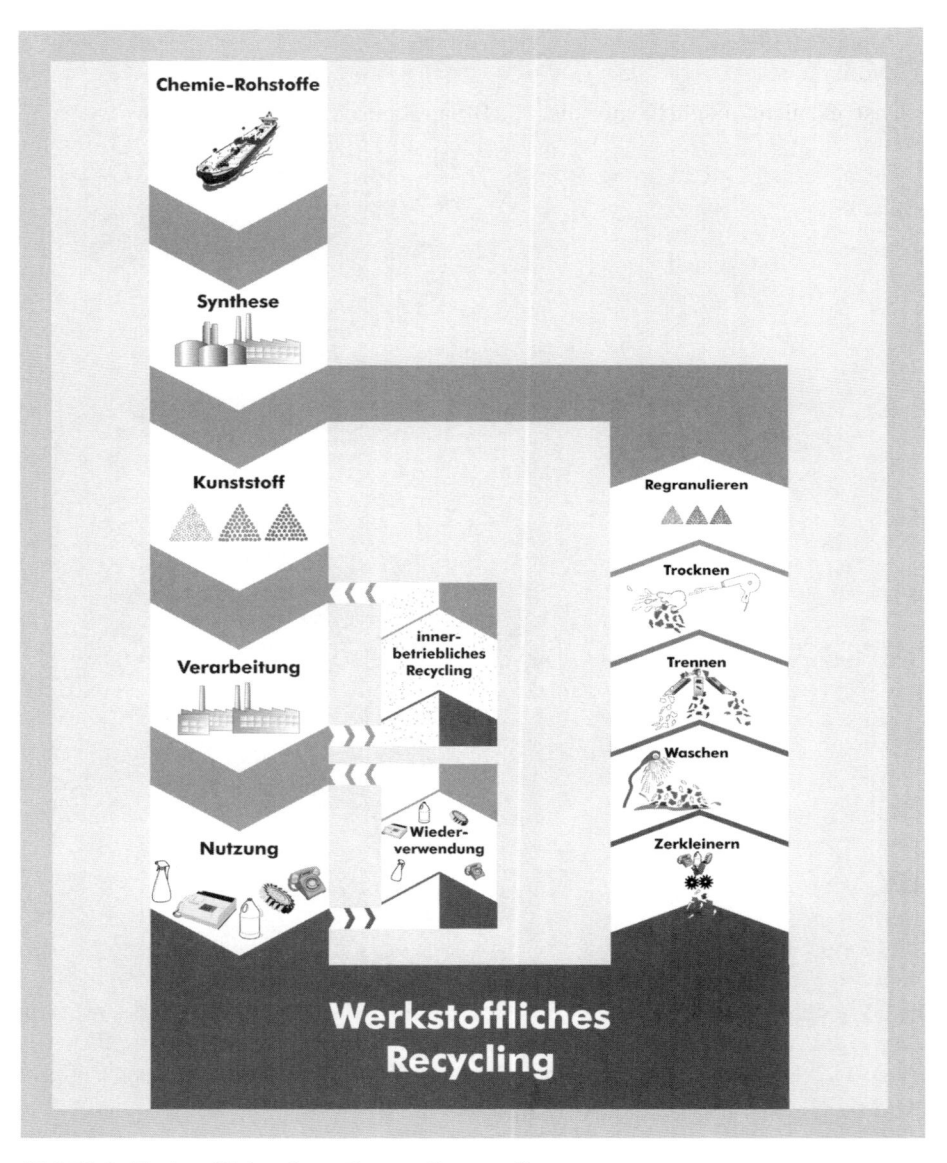

Bild 20.3 Werkstoffliches Recycling von Kunststoffen

Beim Wiedereinschmelzen von Kunststoffgemischen werden durch die erforderlichen Temperaturen gewisse Kunststoffe zerstört, während andere noch gar nicht aufschmelzen. In Bild 20.4 sind die Schmelzetemperatur-Bereiche von PVC, PA und PC dargestellt.

Einschmelzen

PVC hat einen Schmelzetemperatur-Bereich von 120 bis 190 °C, der bei PA zwischen 235 und 275 °C liegt. Bei PC, aus dem zum Beispiel die CD hergestellt ist, liegt er sogar zwischen 270 und 320 °C. Hieran kann man erkennen, dass es bei unterschiedlichen Kunststoffsorten nicht möglich ist, eine gemeinsame Einschmelztemperatur zu finden, da bei einer Temperatur von z. B. 250 °C sich das PVC längst zersetzt hat, das PC noch nicht aufgeschmolzen ist, während diese Temperatur für PA optimal ist.

Schmelzetemperaturbereich

So ist es nicht möglich, aus diesem Dreiergemisch eine homogene Kunststoffschmelze zu erzeugen. Die daraus hergestellten Produkte können somit keine hohen Qualitätsanforderungen erfüllen.

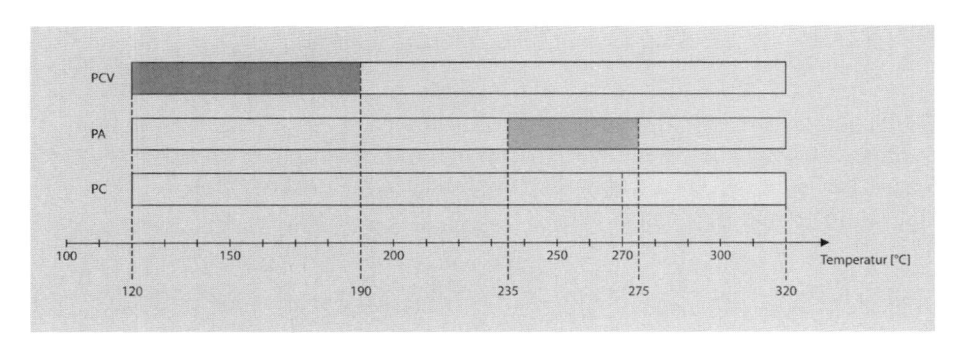

Bild 20.4 Schmelzetemperatur-Bereiche verschiedener Kunststoffe

Verschmutzungen, die den Abfällen anhaften, sollten vermieden oder entfernt werden, weil sie als Fremdkörper mit eingeschmolzen werden und so die Qualität der Produkte senken. Zum Beispiel ist der Verschmutzungsanteil in Gew.-% beim Joghurtbecher durch den verbleibenden Yoghurtrest oft größer als das Gewicht des Gefäßes selber, was nur etwa sechs Gramm wiegt. Wenn man also Kunststoffabfälle sammelt, erfasst man oft mehr „Verschmutzungsanteil" als den eigentlichen Rohstoff „Kunststoff", der dann von dieser Verschmutzung getrennt werden muss.

Verschmutzungen

Die besten Ergebnisse beim Thermoplastrecycling werden erzielt, wenn die zu verwertenden Abfälle vollkommen sortenrein, also in Kunststoffsorte, Kunststofftyp, Additiven und Füllstoffen gleich sind. Weiter muss der Abfall unverschmutzt vorliegen, um hochwertige Produkte herstellen zu können.

Sortenreinheit

Die verschiedenen vorhandenen Aufbereitungstechnologien für Kunststoffabfälle arbeiten in der Regel nach dem in Bild 19.8 dargestellten grundsätzlichen Verfahrensschema: Zerkleinern, Waschen, Trennen, Trocknen und Regranulieren.

Als Beispiel eines werkstofflichen Recyclings technischer Teile nach Gebrauch seien hier: recyclierte PET-Pfandflaschen, Flaschenkästen, Färberhülsen der Textil-

Beispiele

industrie, Steuerungsgehäuse für Heizungsanlagen, Fensterprofile, Heck- und Blinkerleuchten sowie Stoßfänger von KFZ genannt.

Recycling von Duroplasten

Verstärkungsstoffe

Die Unschmelzbarkeit duroplastischer Werkstoffe steht einer unmittelbaren stofflichen Verwertung durch Umschmelzen entgegen. Die eingesetzten Werkstoffe setzen sich aus Harz, Härter, Füll- und Verstärkungsstoffen zusammen. Die Füll- und Verstärkungsstoffe stellen hierbei beträchtliche Mengenanteile dar, die bis zu 80 Gew.-% an der gesamten Zusammensetzung des Werkstoffs betragen können. Diese Tatsache wird beim sogenannten Partikelrecycling zur stofflichen Verwertung genutzt. Sie können also zerkleinert (eingemahlen) und als Füllstoffe in oder mit duroplastischer Neuware verwendet werden.

■ 20.3 Rohstoffliches Recycling

In Bild 20.5 ist der Verfahrensablauf des rohstofflichen Recyclings dargestellt. Hier werden Kunststoffabfälle zerkleinert und unter Druck und hoher Temperatur zu Gasen, Wachsen und Ölen aufbereitet, die wiederum der chemischen Industrie zur Verfügung gestellt werden können.

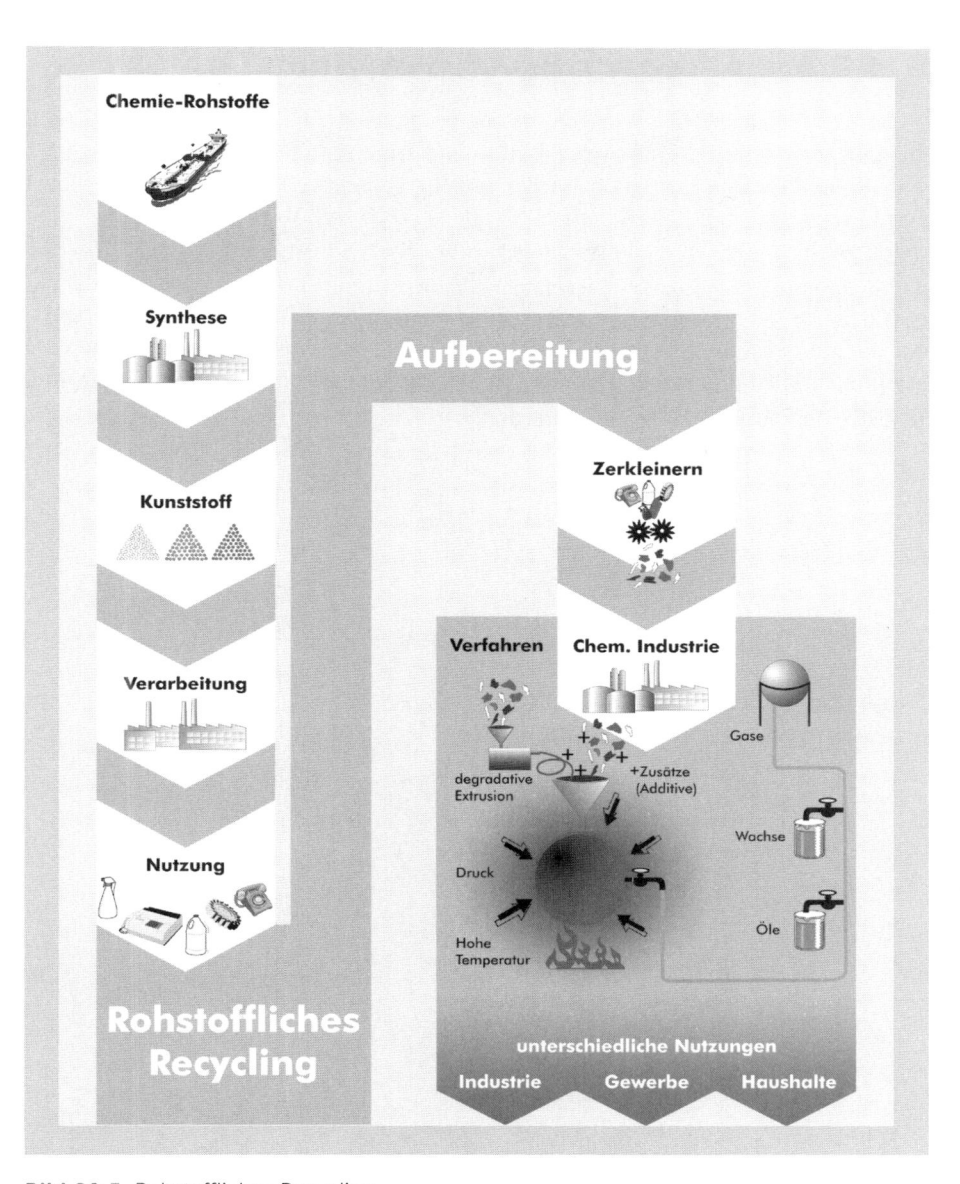

Bild 20.5 Rohstoffliches Recycling

20.4 Energetische Verwertung

energetische Verwertung

Für stark verschmutzte Kunststoffabfälle wird es keine andere Verwertungsmöglichkeit als die einer energetischen Verwertung geben, weil die Aufbereitungskosten für stark verschmutzte Kunststoffabfälle so hoch sein werden, dass andere Recyclingverfahren weder ökologisch noch ökonomisch sinnvoll wären.

Energiegehalt

Im Allgemeinen wird unter energetischer Verwertung (Bild 20.6) das Verbrennen verstanden. Die Verbrennung von Kunststoffen hat zum Ziel, den hohen Energieinhalt der Kunststoffe zu nutzen, das Abfallvolumen zu reduzieren, die festen Verbrennungsrückstände zu inertisieren und eine unkontrollierte Freisetzung von Schadstoffen zu vermeiden.

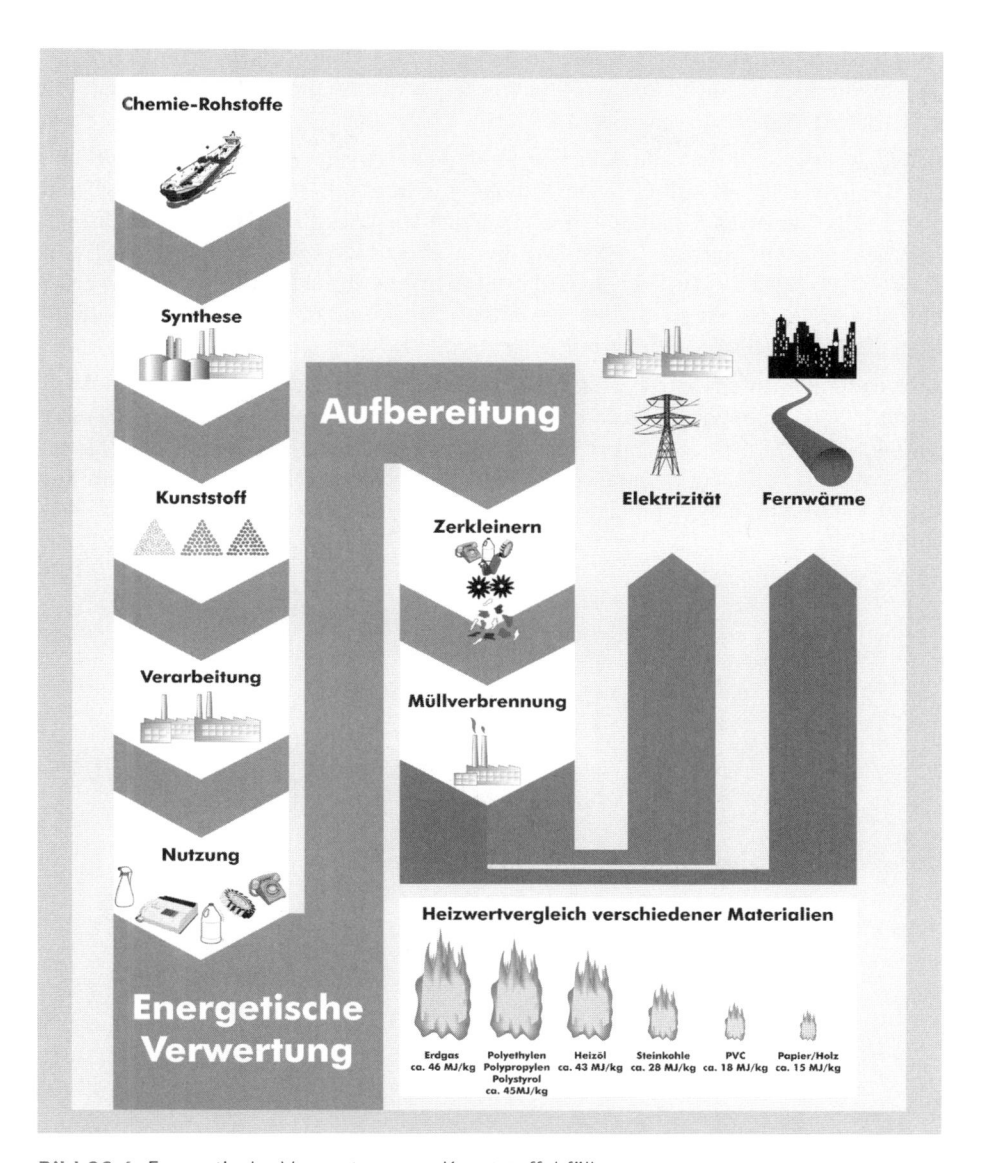

Bild 20.6 Energetische Verwertung von Kunststoffabfällen

Die energetische Verwertung ist für sehr heterogene Abfallgemische (z.B. Hausmüll), in denen die Kunststoffe nur ein Teil des Gemischs sind, sinnvoll. Eine Verbrennung von reinen Kunststoffabfällen ist weder ökologisch sinnvoll, noch in konventionellen Verbrennungsanlagen technisch möglich.

Wie lassen sich optische Speichermedien wie die CD, CD-ROM und DVD wiederverwerten?

Optische Speichermedien

CD/CD-ROM/DVD	Die CD selbst ist ein Verbundmaterial aus drei Schichten, der Schicht aus klarem PC, die die Musikinformation enthält, der reflektierenden Schicht aus Aluminium und einer Lackschicht zum Schutz der CD.
CD/CD-ROM/ DVD-Recycling	Das Recycling von Optischen Speichermedien ist inzwischen ein etabliertes Verfahren. Heute erfolgt im industriellen Maßstab die Rückgewinnung von Polycarbonat auf chemischem Weg. Es können grundsätzlich alle CDs, CD-ROMs und andere Datenträger aus Polycarbonat (PC) aufbereitet werden. Mit einem von der Firma Bayer in den 90er Jahren entwickelten Verfahren wird die Beschichtung vom Polycarbonat rückstandsfrei entfernt und umweltgerecht beseitigt. Das reine PC-Mahlgut wird dann zu hochwertigen Produkten weiterverarbeitet.
CD-Hüllen	Anders sieht es mit den dreiteiligen Hüllen der CDs aus: Boden und Deckel sind aus klarem PS; das Einlegeteil, das die CD festhält, ist aus eingefärbtem PS. Das Inhaltsverzeichnis der CD ist aus Papier. Es ist nicht mit dem Kunststoff verklebt und kann entfernt werden. Sortiert man die Hüllenteile nach der Farbe, so kann man aus klaren Teilen durch Zerkleinern und wieder Einschmelzen, wieder klare Teile herstellen.

Erfolgskontrolle zur Lektion 20

Nr.	Frage	Antwortauswahl
20.1	Das Recycling von Kunststoffen ist _____ .	möglich / nicht möglich
20.2	Neben dem werkstofflichen und energetischen Recycling gibt es noch das _____ .	Deponieren / rohstoffliche Recycling / biologische Recycling
20.3	Stoffliche Wiederverwertung von Abfällen kann dazu beitragen, dass weniger _____ verbraucht werden.	Rohstoffe / Energie und Rohstoffe
20.4	Thermoplaste können durch Aufschmelzen _____ werden.	verwertet / nicht verwertet
20.5	Duroplastabfälle können _____ und dem Produktionsprozess zugeführt werden.	eingemahlen / verbrannt
20.6	Kunststoffabfälle sind besser zu verwerten, wenn sie _____ anfallen.	verschmutzt / sauber
20.7	Das werkstoffliche Recycling von Produktionsabfällen zu hochwertigen Produkten ist möglich, wenn die Kunststoffabfälle unverschmutzt und _____ vorliegen.	vermischt / sortenrein
20.8	Sortenreine Recyclingmaterialien erfüllen _____ Qualitätsansprüche.	auch hohe / nur niedrige

21 Anhang

Qualifizierung in der Kunststoffverarbeitung

Leitfragen

Welche Voraussetzungen muss man für die industrielle Ausbildung zum/zur Verfahrensmechaniker/Verfahrensmechanikerin für Kunststoff- und Kautschuktechnik mitbringen?

Welche Schwerpunkte umfasst die Ausbildung?

Welche Weiterbildungs- und Aufstiegsmöglichkeiten gibt es?

Wie ist die Kunststoffausbildung in der Handwerksbranche organisiert?

Inhalt

21.1 Kunststoffausbildung in der Industrie
21.2 Kunststoffausbildung im Handwerk

21.1 Kunststoffausbildung in der Industrie

Kunststoffberufe

Zukunftsbranche

Die Nachfrage nach qualifizierten Fachkräften ist in der Kunststoffverarbeitung, einer Zukunftsbranche mit über 311.000 Beschäftigten und ca. 59 Mrd. € Umsatz in über 2.866 Betrieben im Jahre 2014, ungebrochen. Im Jahre 2014 konnte die Kunststoffbranche erneut ein Umsatzplus von über 2,6 % verbuchen.

Verfahrensmechaniker/in für Kunststoff- und Kautschuktechnik

Das Berufsbild „Verfahrensmechaniker/in für Kunststoff- und Kautschuktechnik" ist ein anerkannter Ausbildungsberuf nach dem Berufsbildungsgesetz (BBiG). Zudem gibt es seit dem Jahr 2013 einen zweiten eigenständigen Kunststoffberuf, den/die Werkstoffprüfer/in Fachrichtung Kunststofftechnik. Dieser soll die Unternehmen dabei unterstützen, sich den wachsenden Herausforderungen des gesamten Prüf- und Überwachungswesens erfolgreich zu stellen.

Ausbildungsvoraussetzungen Verfahrensmechaniker/Verfahrensmechanikerin für Kunststoff- und Kautschuktechnik	Für den/die Verfahrensmechaniker/Verfahrensmechanikerin für Kunststoff- und Kautschuktechnik ist gesetzlich keine bestimmte Schulbildung als Zugangsvoraussetzung vorgeschrieben. Erwartet wird in der Regel aber ein guter Hauptschulabschluss, das Interesse an den naturwissenschaftlichen Fächern Mathematik/Physik und Chemie, außerdem noch Werken/Technik, ein gewisses Verständnis für technische Zusammenhänge und die Bereitschaft sich mit EDV auseinanderzusetzen. Desweiteren sollte gerne im Team gearbeitet werden, dabei sind auch Führungsqualitäten nicht zu vernachlässigen. Eine Affinität zum handwerklichen Arbeiten und für die Bedienung von Maschinen sollte vorhanden sein. Die Ausbildung steht Frauen wie Männern gleichermaßen offen.

Ausbildungsdauer und Ausbildungsinhalte zum Verfahrensmechaniker/in für Kunststoff- und Kautschuktechnik

Ausbildungsdauer	Insgesamt beträgt die Dauer der Ausbildung drei Jahre. Sie kann unter bestimmten Voraussetzungen verkürzt werden.
Die Ausbildungsstruktur	Die Ausbildung erfolgt in zwei Teilen, einem „Allgemeinen Teil" zu Beginn der Ausbildung und nach ca. der Hälfte der Ausbildung beginnt ein zweiter Teil, der sich auf die „Spezialisierung" in eine der sieben Fachrichtungen konzentriert.
Erster Abschnitt: Allgemeiner Teil	Im Allgemeinen Teil der Ausbildung werden die unterschiedlichen Kunststoffe und ihre Eigenschaften vermittelt, wie man sie richtig be- und verarbeitet oder auch die Planung und Steuerung der Produktion.
Inhalte	Weiter werden Inhalte zu den Themen, • Berufsbildung, Arbeits- und Tarifrecht • Aufbau und Organisation des Ausbildungsbetriebes • Beschaffung, Fertigung, Absatz sowie Verwaltung der Produktionsmaterialien und Ergebnisse • Rechte und Pflichten der Auszubildenden • Sicherheit und Gesundheitsschutz bei der Arbeit • Umweltschutzmaßnahmen gelehrt.
Zweiter Abschnitt	Während der Spezialisierung in der zweiten Hälfte der Ausbildung werden in Abstimmung mit dem jeweiligen Unternehmen die fachrichtungsspezifischen Inhalte gelehrt.
Spezialisierung	Hervorzuheben ist, dass die Fachrichtung auf dem Abschlusszeugnis steht, das Arbeiten mit diesem Abschluss ist jedoch auch in anderen Bereichen nach einer kurzen Einarbeitungszeit auch in anderen Fachrichtungen möglich ist.
Fachrichtungen	Bei den sieben Fachrichtungen handelt es sich um: • Formteile (z. B. Spielfiguren, Flaschen) • Halbzeuge (z. B. Rohre, Folien und Platten, die weiterverarbeitet werden) • Mehrschichtkautschukteile (z. B. Autoreifen) • Compound- und Masterbatchherstellung (Herstellung von Kunststoffmischungen) • Bauteile (z. B. Plexiglas-Platten für Aquarien) • Faserverbundtechnologie • Kunststofffenster

Aufgaben und Tätigkeiten	Sie planen die Fertigung von Kunststoff- und Kautschukprodukten, richten die jeweils entsprechenden Produktionsmaschinen und -anlagen ein und bereiten die Rohmassen bzw. Rohstoffe oder auch Halbzeuge auf. Granulat oder flüssige Massen füllen sie in die Einfüllvorrichtungen, Halbzeuge legen bzw. spannen sie in die entsprechenden Werkzeuge ein. Schließlich fahren sie die Anlagen an, überwachen die Bearbeitungsgänge und regulieren ggf. nach. Als Fachleute für polymere Werkstoffe kennen sie deren spezifische Eigenschaften. Für jedes Produkt – vom Form-, Bau- oder Mehrschichtkautschukteil über das Halbzeug bis hin zu Faserverbundkunststoffen und Kunststofffenstern – wenden sie das geeignete Be- bzw. Verarbeitungsverfahren an. Sie kontrollieren die Qualität der fertigen Produkte, reinigen und warten die Produktionseinrichtungen und halten sie instand.
Prüfung	Die Ausbildungsprüfung ist in zwei Teile untergliedert. Im ersten Teil wird der Wissensstand nach der ersten Hälfte der Ausbildung abgefragt, er geht mit 25 % in die Endnote ein. Der zweite Teil findet am Ende der Ausbildung statt und macht 75 % der Endnote aus.

Ausbildungsdauer und Ausbildungsinhalte zum Werkstoffprüfer/in Fachrichtung Kunststofftechnik

Ausbildungsvoraussetzungen Werkstoffprüfer/in Fachrichtung Kunststofftechnik	Die Ausbildung dauert dreieinhalb Jahre. Sie kann unter bestimmten Voraussetzungen verkürzt werden. Das Berufsbild „Werkstoffprüfer" wird in den Fachrichtungen Metalltechnik, Wärmebehandlungstechnik, Systemtechnik und Fachrichtung Kunststofftechnik ausgebildet. Als Voraussetzung wird in der Regel ein Haupt- oder Realschulabschluss, das Interesse an den naturwissenschaftlichen Fächern Mathematik/Physik und Chemie, außerdem noch Werken/Technik, ein gewisses Verständnis für technische Zusammenhänge und die Bereitschaft sich mit EDV auseinanderzusetzen. Des weiteren sollte gerne im Team gearbeitet werden, dabei sind auch Führungsqualitäten nicht zu vernachlässigen. Eine Affinität zum handwerklichen Arbeiten und für die Verwendung von Maschinen sollte vorhanden sein. Die Ausbildung steht Frauen wie Männern gleichermaßen offen.
Inhalte	Die Ausbildungsinhalte sind: • Analyse von Kunststoffeigenschaften • Durchführung von Prüfverfahren • Bewertung von Prüfverfahren • Schadensanalyse • Aufbau und Organisation des Ausbildungsbetriebes • Beschaffung, Fertigung, Absatz sowie Verwaltung der Produktionsmaterialien und Ergebnisse • Rechte und Pflichten der Auszubildenden • Sicherheit und Gesundheitsschutz bei der Arbeit • Umweltschutzmaßnahmen
Prüfung	Die Ausbildungsprüfung besteht für alle kommenden Werkstoffprüfer/innen aus zwei Teilen. Der erste Teil erfolgt noch in der ersten Hälfte der Ausbildungszeit. Der zweite Teil findet am Ende der Ausbildung statt. Die Ergebnisse beider Teile fließen in die Endnote ein.

Weiterbildung und Aufstiegsmöglichkeiten

Entwicklung	Der/die Verfahrensmechaniker/Verfahrensmechanikerin für Kunststoff- und Kautschuktechnik sowie Werkstoffprüfer/in Fachrichtung Kunststofftechnik arbeitet in einem Industriebereich, der sich ständig weiterentwickelt. Neue Werkstoffe, die Mikroelektronik und mit ihr der Trend zur Automatisierung kompletter Produktionsanlagen verändern Arbeitsabläufe, Produktionsmethoden und die Organisationsstrukturen der Betriebe. Damit ändern sich aber auch die Anforderungen an die Qualifikation der Beschäftigten. Kontroll- und Überwachungstätigkeiten, Störungsdiagnose, aber auch Kommunikations- und Kooperationsfähigkeit werden zu immer wichtiger werdenden Aufgaben.
Weiterbildung	Der/die Verfahrensmechaniker/Verfahrensmechanikerin für Kunststoff- und Kautschuktechnik und der/die Werkstoffprüfer/in Fachrichtung Kunststofftechnik müssen sich auf ein lebenslanges Lernen einstellen. In regelmäßigen Zeitabständen muss er Weiterbildungsmaßnahmen in Form von Schulungen und Lehrgängen besuchen, die von verschiedenen Institutionen der Weiterbildung angeboten werden. Er/Sie bleibt dadurch nicht nur auf dem Stand der Technik, sondern erhöht gleichzeitig seine/ihre Aufstiegschancen im Betrieb.
Industriemeister Kunststofftechniker Diplom-Ingenieur	Darüber hinaus besteht für die Möglichkeit sich über eine berufliche Fort- und Weiterbildung zum Kunststoff-Qualitätsprüfer oder Industriemeister ausbilden zu lassen oder aber durch den Besuch einer Fachschule den Abschluss als Kunststofftechniker zu erlangen. Ebenso steht ihm/ihr grundsätzlich das Studium zum Diplom-Ingenieur, Fachrichtung Kunststofftechnik, offen.

Berufslage und Zukunftsperspektive

Hohe Nachfrage	Der Beruf des/der Verfahrensmechaniker/Verfahrensmechanikerin für Kunststoff- und Kautschuktechnik sowie Werkstoffprüfer/in Fachrichtung Kunststofftechnik stellen Basisberufe der kunststoffbe- und verarbeitenden Industrie dar. Im Jahr 2013 befanden sich bundesweit über 6.700 Verfahrensmechaniker Kunststoff- und Kautschuktechnik in Ausbildung. Zusätzlich begannen in 2013 bundesweit über 2.400 zukünftige Verfahrensmechaniker/innen für Kunststoff- und Kautschuktechnik ihre Ausbildung.
zukünftiger Bedarf	Der Bedarf der Industrie nach qualifizierten Verfahrensmechaniker/Verfahrensmechaniker/innen für Kunststoff- und Kautschuktechnik sowie Werkstoffprüfer/in Fachrichtung Kunststofftechnik wird vom Gesamtverband kunststoffverarbeitende Industrie e.V. (GKV) in Bad Homburg auch zukünftig sehr hoch eingeschätzt.
Information	Auskünfte über die beiden Berufsbilder und ausbildende Betriebe erteilen die Berufsberatung der Arbeitsagenturen, und der Gesamtverband kunststoffverarbeitende Industrie e.V. (GKV) Kaiser-Friedrich-Promenade 43 in 61348 Bad Homburg.

21.2 Kunststoffausbildung im Handwerk

Handwerksausbildung	Die Kunststoffausbildung im Handwerk unterscheidet sich grundlegend von der Ausbildung in der Industrie, denn die Verarbeitung von Kunststoffen im Handwerk lässt sich nicht auf eine Sparte festlegen. Kunststoffe werden in nahezu allen technisch orientierten Handwerksberufen neben den herkömmlichen Werkstoffen verarbeitet. Die besonderen Kenntnisse, die zur materialgerechten Behandlung und Weiterverarbeitung des Werkstoffs wichtig sind, werden in speziell konzipierten Lehrgängen vermittelt.
Kunststoff-Kursstätten	Derzeit sind in Deutschland 38 Kunststoffausbildungsstellen tätig, an denen die vom IKV entwickelten Kunststofflehrgänge durchgeführt werden.
Institut für Kunststoffverarbeitung	Das Institut für Kunststoffverarbeitung in Industrie und Handwerk an der RWTH Aachen, Pontstraße 49 in 52056 Aachen entwickelt und betreut diese speziell auf die Handwerksbranche zugeschnittenen Kunststofflehrgänge, die derzeit von bundesweit 38 Berufsbildungseinrichtungen durchgeführt werden. Die dort angebotenen Kunststoffqualifizierungsmaßnahmen können aktuell unter: *www.ikv-aachen.de* im Internet abgerufen werden.
IKV-Kontext-System	Mit dem sogenannten IKV-Kontext-System, das nach umfangreichen Untersuchungen und Forschungsarbeiten entstanden ist, steht hierzu ein personales Medienverbundsystem zur Verfügung, das auf die Belange des Erwachsenenlernens im Bereich des Handwerks zugeschnitten ist.
Kontext **Wortlücken**	Zentrale Bedeutung kommt dem Begleittext (Kontext) zu, der eine Arbeitsunterlage für Ausbilder und Lehrgangsteilnehmer in unterschiedlicher Form darstellt. Er gibt für den Unterrichtsverlauf einen bestimmten, sachlogischen Weg vor, wobei die Aufteilung des Textes in Lernelemente ein schrittweises Vorgehen in der Stoffbehandlung erlaubt. Die Lernelemente enthalten nur die wichtigsten Lehrstoffinhalte, wobei sinnvoll eingebrachte Wortlücken und Aufgaben den Lehrgangsteilnehmer zu konzentrierter Mitarbeit motivieren. Neben einem effektiven Unterrichtsmittel, das insbesondere dem Lehrgangsteilnehmer den Lernvorgang erleichtert, erhält er mit dem selbst ausgefüllten Kontext ein Nachschlagewerk, das ihm vertraut ist und welches zudem Daten der Verarbeitungsverfahren enthält, auf die er bei Bedarf unmittelbar zurückgreifen kann. In Bild 21.1 ist beispielhaft eine Seite eines Kontextes dargestellt.

Heizelementstumpfschweißen

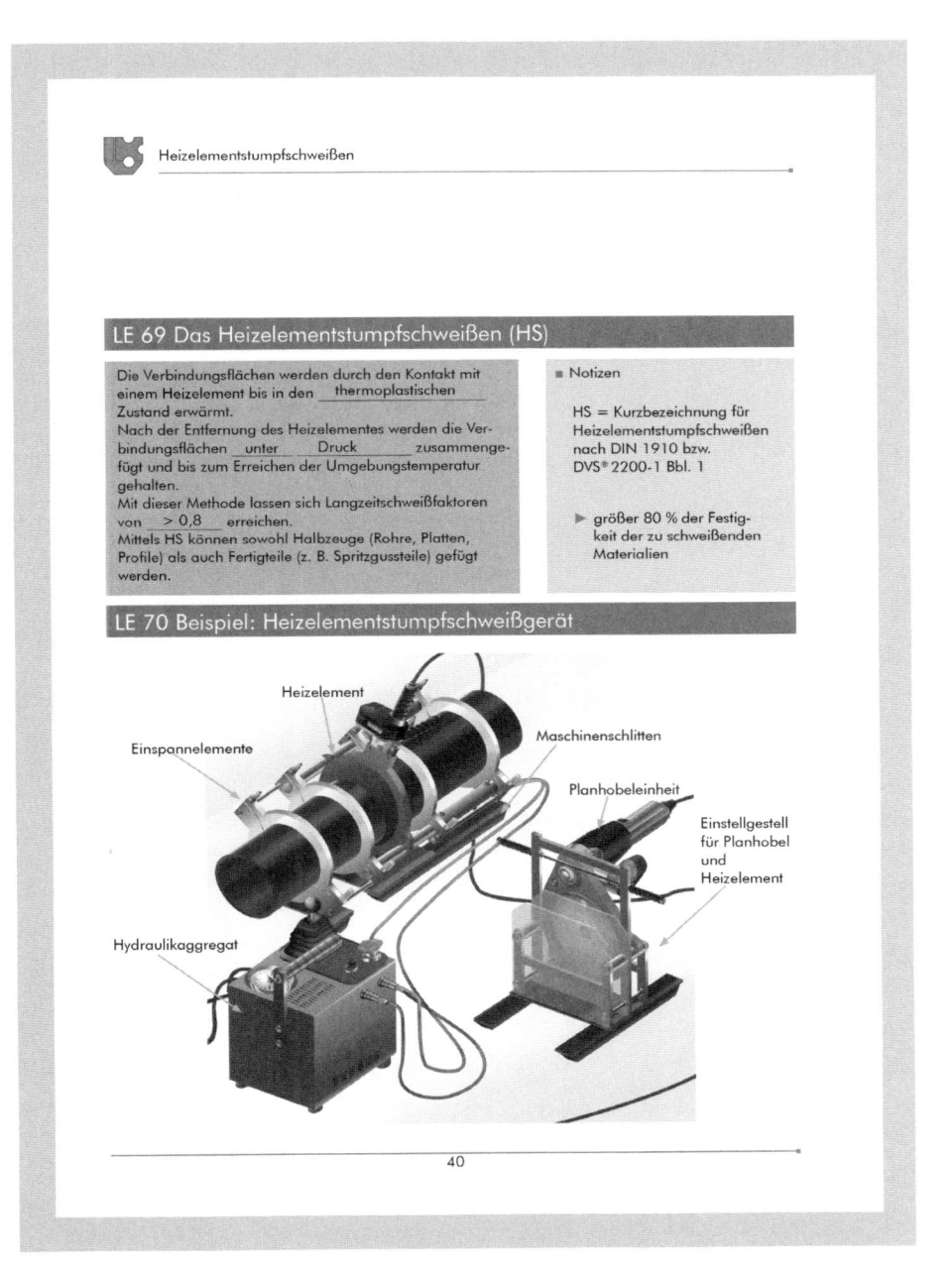

LE 69 Das Heizelementstumpfschweißen (HS)

Die Verbindungsflächen werden durch den Kontakt mit einem Heizelement bis in den __thermoplastischen__ Zustand erwärmt.
Nach der Entfernung des Heizelementes werden die Verbindungsflächen unter __Druck__ zusammengefügt und bis zum Erreichen der Umgebungstemperatur gehalten.
Mit dieser Methode lassen sich Langzeitschweißfaktoren von __> 0,8__ erreichen.
Mittels HS können sowohl Halbzeuge (Rohre, Platten, Profile) als auch Fertigteile (z. B. Spritzgussteile) gefügt werden.

■ Notizen

HS = Kurzbezeichnung für Heizelementstumpfschweißen nach DIN 1910 bzw. DVS® 2200-1 Bbl. 1

▶ größer 80 % der Festigkeit der zu schweißenden Materialien

LE 70 Beispiel: Heizelementstumpfschweißgerät

Heizelement
Einspannelemente
Maschinenschlitten
Planhobeleinheit
Einstellgestell für Planhobel und Heizelement
Hydraulikaggregat

40

Bild 21.1 Beispiel einer Kontextseite mit Lückentext

22 Anhang

Weiterführende Literatur

AKI	*Kunststoffe – Werkstoffe unserer Zeit*, 15. Auflage, Plastics Europe, Frankfurt, 2015
Abts, G.	*Einführung in die Kautschuktechnologie*, Carl Hanser Verlag, München, 2007
Bischoff, W. und Ebeling, F.-W.	*Kunststofftechnik – Aufgaben*, 3. Auflage, Vogel Verlag, Würzburg, 2007
Domininghaus, H., Eyerer, P., Elsner, P. und Hirth, T.	*Kunststoffe - Eigenschaften und Anwendungen*, 8. Auflage, Springer Berlin, Heidelberg New York, 2012
Ehrenstein, G.W.	*Mit Kunststoffen konstruieren*, 3. Auflage, Carl Hanser Verlag, München, 2007
Ehrenstein, G. W. und Pongratz, S.	*Beständigkeit von Kunststoffen*, Carl Hanser Verlag, München, 2007
Erhard, G.	*Konstruieren mit Kunststoffen*, 4. Auflage, Carl Hanser Verlag, München, 2008
Frank, A.	*Kunststoff-Kompendium*, 7. Auflage, Vogel Verlag, Würzburg, 2011
Gebhardt, A.	*Generative Fertigungsverfahren*, 4. Auflage, Carl Hanser Verlag, München, 2013
Greif, H., Limper, A., Fattmann, G. und Seibel, S.	*Technologie der Extrusion*, Carl Hanser Verlag, München, 2004
Hellerich, W., Harsch, G. und Haenle, S.	*Werkstoff-Führer Kunststoffe*, 9. Auflage, Carl Hanser Verlag, München, 2004
Jaroschek, C.	*Spritzgießen für Praktiker*, 3. Auflage, Carl Hanser Verlag, München, 2013
Johannhaber, G.	*Kunststoff-Maschinenführer*, 4. Auflage, Carl Hanser Verlag, München, 2003
Kaiser, W.	*Kunststoffchemie für Ingenieure*, 4. Auflage, Carl Hanser Verlag, München, 2015
Kohlgrüber, K.	*Der gleichläufige Doppelschneckenextruder*, Carl Hanser Verlag, München, 2007
Menges, G., Michaeli, W. und Mohren, P.	*Anleitung zum Bau von Spritzgießwerkzeugen*, 6. Auflage, Carl Hanser Verlag, München, 2007
Michaeli, W., Haberstroh, E., Schmachtenberg, E. und Menges, G.	*Werkstoffkunde Kunststoffe*, 6. Auflage, Carl Hanser Verlag, München, 2011

Michaeli, W.	*Einführung in die Kunststoffverarbeitung*, 7. Auflage, Carl Hanser Verlag, München, 2015
Michaeli, W., Greif, H., Kretschmar, G. und **Ehrig, F.**	*Technologie des Spritzgießens*, 3. Auflage, Carl Hanser Verlag, München, 2009
Röhrl, E.	*PVC-Taschenbuch*, Carl Hanser Verlag, München, 2007
Baur, E., Brinkmann, M., Oswald, T. und **Schmachtenberg, E.**	*Seachtling Kunststoff-Taschenbuch*, 31. Auflage, Carl Hanser Verlag, München, 2013
Schwarz, O.	*Kunststoffkunde*, 9. Auflage, Vogel Verlag, Würzburg, 2007
Schwarz, O., Ebeling, F. W. und **Furth, B.**	*Kunststoffverarbeitung*, 11. Auflage, Vogel Verlag, Würzburg, 2009
Steinko, W.	*Optimierung von Spritzgießprozessen*, Carl Hanser Verlag, München, 2007

23 Anhang

Glossar

Abfallfraktion	Mit Abfallfraktion bezeichnet man die jeweiligen zusammen verarbeitbaren Anteile des Kunststoffabfalls. Fraktion (lat. fractio = Bruch, Bruchteil) bezeichnet in der Chemie eine Untergruppe von Substanzen in einem Stoffgemisch unabhängig vom Aggregatzustand.
ABS	Acrylnitril-Butadien-Styrol (amorphes Copolymeres).
amorph	Ohne (regelmäßige) Gestalt, glasartig, nicht kristallin, ein Zustand höchster Unordnung oder strukturlos.
Aggregatzustand	Kunststoffe haben nur zwei Aggregatzustände: fest und flüssig. Kunststoffe zersetzen sich, bevor sie den gasförmigen Zustand erreichen, den die meisten natürlich vorkommenden Stoffe einnehmen können.
Angussbuchse	Ist Teil eines Spritzgießwerkzeuges. Sie legt sich an die Düse der Spritzeinheit an. Durch sie strömt die Formmasse in das Werkzeug.
Anisotropie	Die Eigenschaften sind richtungsabhängig, sprich in allen Richtungen unterschiedlich.
Benetzbarkeit	Die Benetzbarkeit beim Kleben von Kunststoffen ist Grundvoraussetzung für eine erfolgreiche Klebverbindung. Dabei wird die Benetzbarkeit mit der Oberflächenenergie beschrieben. Die Benetzbarkeit von Kunststoffen lässt sich schnell und einfach mit Hilfe eines auf die Oberfläche aufgebrachten Wassertropfens beurteilen. Bildet sich ein Wassertropfen, ist die Oberfläche niederenergetisch. Verläuft der Wassertropfen, handelt es sich um eine hochenergetische Oberfläche
Bindungen	Bindung ist ein Begriff aus der Chemie. Die chemische Bindung ist ein physikalisch-chemisches Phänomen, durch das zwei oder mehrere Atome oder Ionen fest zu chemischen Verbindungen aneinander gebunden sind.

CFK	Abkürzung für Kohlenstofffaser-Verstärkte-Kunststoffe (CFK). CFK ist ein Verbundwerkstoff aus Kohlenstofffasern (CF) und einer polymeren Matrix.
Chemische Bindung	Kräfte für den Zusammenhalt zwischen Atomen in Molekülen, die von Elektronenpaaren oder von Ionen ausgeübt werden.
Dehnung (bei Höchstkraft)	Nennt man die Längenänderung, die ein Körper erfährt, der unter Einwirkung einer Kraft in eine Richtung gezogen wird. Die Dehnung bei Höchstkraft ist jene, die der Körper bei der größten Kraft erfahren hat. Sie wird in Prozent der Ausgangslänge angegeben.
Delamination	Ablösung der Faser von der Matrix oder ein Matrixriss parallel zu einer Laminatschicht.
Destillation	Wichtigstes Trennverfahren der chemischen Technologie, wobei flüssige oder verflüssigte Stoffe aus anderen durch Verdampfen und Wiederkondensieren abgetrennt werden.
Dispersion	Dispersion bedeutet, wenn Teilchen in einer Flüssigkeit fein verteilt sind.
Dissipationsvorgänge	Reibung wird in Wärme umgesetzt.
DSD	Abkürzung für Duales Abfallsystem Deutschland. Aufgrund der Verpackungsverordnung (VerpackV) gibt es das Duale System Deutschland (DSD), das neben der kommunalen Müllabfuhr die Entsorgung und Verwertung von Verpackungsmüll betreibt. Meist erkennbar an den gelben Behältnissen (Tonnen oder Säcke). Das Duale System unterliegt den Vorgaben des Kreislaufwirtschafsgesetzes (KrGW).
Duroplast	Ist ein Polymer, bei dem die Molekülketten über kovalente Bindungen dreidimensional vernetzt sind. Sie können nach der Aushärtung nicht mehr verformt werden. Oft auch als Duromere bezeichnet.
Elastizitätsmodul (E-Modul)	Ist das konstante Verhältnis von Spannung zu Deformation im elastischen Bereich eines Stoffes. Im Zugversuch, Druckversuch und Biegeversuch kann er ermittelt werden. Wegen des viskoelastischen Verhaltens der Kunststoffe ist die Zeitabhängigkeit dabei zu beachten.
Erweichungstemperaturbereich (ET)	Innerhalb dieses Temperaturbereiches schmelzen die amorphen Bereiche eines Thermoplasten auf.

exotherme Reaktion	Eine chemische Reaktion bei der Wärme freigesetzt wird.
Feinschicht (Gelcoat)	Ist die Harzschicht, die meist eingefärbt, das darunterliegende Harz-Glasfaser-Laminat vor äußeren Einflüssen, wie z. B. Schlag, UV-Licht, Chemikalien usw., schützt. Nach dem Entformen ist die Feinschicht die Sicht- bzw. Außenseite des Formteils. Deswegen wird sie als erste Schicht auf das Werkzeug aufgetragen.
Filament (nach DIN 61850)	Ist eine Endlosfaser bestimmten Durchmessers. Bei Naturfaser ist Seide ein Beispiel dafür und bei Kunstfasern die Kunstseide. Den Gegensatz dazu bildet die Faser endlicher Länge. Beispiele sind bei Naturfasern die Wolle oder Baumwolle und bei Kunstfasern die Zellwolle.
Fließtemperatur (FT)	Oberhalb dieser Temperatur ist der Thermoplast durch geringe Krafteinwirkung umformbar.
Formmasse	Ist ein ungeformter oder vorgeformter Stoff, der durch spanloses Formen (Urform) innerhalb bestimmter Temperaturbereiche zu Formstoffen (Formteil oder Halbzeug) verarbeitet werden kann.
Formteil	Das durch Urformen hergestellte Kunststoffteil, das oft ohne Nacharbeit verwendet werden kann.
Funktionelle Gruppen	Atomgruppen, die chemischen Verbindungen eine bestimmte Reaktionsfähigkeit verleihen und ihre Einteilung in Stoffklassen mit übereinstimmenden chemischen Eigenschaften ermöglichen (Hydroxylgruppen der Alkohole, Carboxylgruppen der organischen Säuren, Aminogruppen der Amine).
FVK	Abkürzung für Faserverbundkunstsoffe (FKK). Oberbegriff für Kunststoffe, in denen Fasern (Aramidfasern, Glasfasern, Kohlestofffasern) im Kunststoff eingebunden sind, meist in Duroplasten, aber auch in Thermoplasten.
GFK	Abkürzung für Glasfaser-Verstärkte-Kunststoffe (GFK). CFK ist ein Verbundwerkstoff aus Glasfasern (GF) und einer polymeren Matrix.

GIT	Abkürzung für Gasinnendruck-Spritzguss. Spezielles Verfahren des SG, in welchem eine heiße Formmasse voreingespritzt wird und in einem zweiten Schritt mit einem Inertgas (sehr reaktionsträge Gase) die Schmelze in den Rest der Form gepresst wird. Dieses Verfahren wird zur Materialeinsparung für großvolumige oder preiswerte Spritzgussteile verwandt. Nennt man das Kunststoffausgangsmaterial für das Urformen. Es liegt meist in zylindrischer Linsenform vor.
Granulat	Nennt man das Kunststoffausgangsmaterial für das Urformen. Es liegt meist in zylindrischer Linsenform vor.
Grüner Punkt	Hiermit werden Verpackungsabfälle gekennzeichnet die wiederverwertbar sind und im dualen Abfallsystem (DSD) gesammelt werden.
Härter	Ist die zweite notwendige chemische Komponente zur Auslösung der Vernetzungsreaktion der Prepolymere, um Duroplaste oder Elastomere herstellen zu können.
Harz	Ist ein amorpher Stoff mit weicher bis fester Beschaffenheit. Härtbare Harze bilden die Grundlage für Duroplaste.
Harzinjektionsverfahren	Mit diesem Verfahren werden Formteile aus Harz mit geschlossenen Werkzeugen hergestellt. In die Formteile sind Verstärkungsmaterialien eingelegt.
Halbzeug	Zwischenprodukte aus Kunststoff, zum Beispiel Rohre und Platten, die noch zum Endprodukt weiterverarbeitet (umgeformt) werden.
Heizwert	Wird definiert als die Wärmemengen, die bei der Verbrennung von 1 kg festem bzw. flüssigem oder 1 m^3 gasförmigen Brennstoff entsteht.
hydraulisch	Mit dem Druck von Flüssigkeiten arbeitend.
Investition	Langfristige Geldanlage zum Ersatz verbrauchter und zur Beschaffung neuer Produktionsmittel.
Ionenaustauscher	Anorganische und organische Stoffe, die ihre eigenen Ionen gegen andere austauschen können, ohne dadurch ihre Stabilität zu ändern. Sie werden z. B. zur Enthärtung (Entsalzung) von Wasser eingesetzt.
Isotropie	Die Eigenschaften sind völlig richtungsunabhängig (isotrop), sprich in allen Richtungen gleich.

Katalyse	Katalyse bedeutet Beschleunigung einer chemischen Reaktion durch Katalysatoren (katálysis = Auflösung).
Kavität	Nennt man einen Formhohlraum in einem Werkzeug, in den das Material eingefüllt wird.
KrGW	Abkürzung für Kreislaufwirtschafsgesetzes, ein Gesetz, das die Wiederverwendung von Kunststoffabfällen in der Bundesrepublik Deutschland regelt.
Kristall	Ist ein Festkörper mit periodisch angeordneten Bausteinen (Atomen oder Molekülen), von ebenen Flächen begrenzt. Ein Zustand höchster Ordnung (griechisch = Eis, Quarz).
kristallin	Aus zahlreichen sehr kleinen unvollkommen ausgebildeten Kristallen aufgebaut.
Kristallitschmelz-temperaturbereich (KSB)	Bei dieser Temperatur (KSB) schmelzen die kristallinen Bereiche eines Thermoplasten auf.
Lagenaufbau	Bezeichnet den Aufbau und die Anordnung der einzelnen Schichten (Laminat) eines Faserverbundwerkstoffes (FVK).
Laminat	Bezeichnet die ausgehärtete duroplastische Matrix bzw. den abgekühlten Faserverbundkunststoff (thermoplastische Matrix).
Matrixwerkstoff	Ist der die Fasern verbindende Werkstoff.
makromolekulare Stoffe	Bestehen aus fadenförmigen oder dreidimensionalen Riesenmolekülen mit mindestens 1.000 Atomen. Dazu gehören auch eine Reihe von Naturstoffen wie Zellulose, Eiweißstoffe und Kautschuk.
Molekül	Eine Molekül Ist die kleinste Einheit einer chemischen Verbindung. Moleküle setzen sich aus Atomen, den kleinsten Teilchen der Elemente zusammen, die auf chemischem Wege nicht teilbar sind. Moleküle bestehen aus zwei oder mehr miteinander verbundenen Atomen. Moleküle können mit chemischen Methoden wieder in ihre Bestandteile zerlegt werden.
Monomer	Ist der Grundbaustein (griechisch = Einzelteil), aus dem die Makromoleküle hergestellt werden, z. B. ist Ethylen das Monomer des Polyethylen.
Multifunktional	Mehrere Funktionen werden in einem Bauteil vereint. Ein Beispiel: Das Kabel einer Deckenlampe trägt den Lampenkörper und leitet die Energie.

Nachdruck	Fördert beim Spritzgießen Schmelze in das erstarrende Formteil. So wird die Volumenschwindung beim Erkalten des Spritzgussteiles vermindert und das Gefüge verdichtet.
Nebenvalenzkräfte	Sind zwischenmolekulare Kräfte, deren geringe Reichweite wenige Nanometer beträgt.
Orthotropie	Ist auch unter dem Begriff der orthogonalen oder rhombischen Anisotropie bekannt. Die Eigenschaften sind richtungsabhängig. Es besteht eine Symmetrie der Eigenschaften zu einem System von drei senkrecht aufeinander stehenden (orthogonalen) Ebenen.
PA	Kurzzeichen für Polyamid (amorpher und teilkristalliner Thermoplast.
PC	Kurzzeichen für Polycarbonat (amorpher Thermoplast).
PE	Kurzzeichen für Polyethylen (teilkristalliner Thermoplast).
PEEK	Kurzzeichen für Polyetheretherketon (teilkristalliner Thermoplast).
PES	IKurzzeichen für Polyethersulfon (amorpher Thermoplast).
Petro-Chemie	Sammelbegriff für großtechnische, chemische oder physikalisch-chemische Umwandlungen von Erdöl (englisch = petroleum) als Rohstoffgrundlage.
Plastifizieren	Nennt man das Überführen von Kunststoffen in den thermoplastischen Zustand durch Wärmezufuhr. Wärme kann durch äußere Beheizung oder innere Reibung erzeugt werden.
PMMA	Kurzzeichen für Polymethylmethacrylat (amorpher Thermoplast).
Polarität (von Kunststoffen)	Die Ausbildung elektrischer Ladungsverteilungen innerhalb der Makromoleküle erzeugt verschiedene Polaritäten.
Polyaddition	Eine chemische Reaktion, bei der die reaktionsfähigen Gruppen bzw. Enden der Monomeren miteinander zu Polymeren reagieren, wobei es zur Wanderung von H-Atomen kommt (Platzwechsel).
Polykondensation	Ähnelt der Polyaddition, nur wird Wasser oder ein anderer niedermolekularer Stoff bei der Reaktion abgespalten. Eine Wanderung von Atomen oder Atomgruppen findet aber nicht statt.

Polymere	Lange Molekülketten, die aus Monomeren gebildet werden. Die Monomereinheit befinden sich als wiederkehrende Baustein in den Ketten (griechisch = viele Teile).
Polymerisation	Bezeichnet eine chemische Reaktion, bei der aus Monomeren unter Auflösung der Doppelbindung (C=C) Polymere entstehen.
POM	Kurzzeichen für Polyoxymethylen (teilkristalliner Thermoplast), auch Polyacetat genannt.
Prepregs (nach DIN 61850)	Sind Formmassen aus flächigen oder linienförmigen Textilglas-Verstärkungsstoffen. Sie werden mit härtbaren Harzmassen vor-imprägniert (engl. preimpregnated). Diese so vorbereiteten Formmassen sind meist Glasfasermatten bzw. Glasfilamentgewebe, die durch Warmpressen zu Formteilen oder Halbzeugen verarbeitet werden.
PS	Kurzzeichen für Polystyrol (amorpher und teilkristalliner Thermoplast)
PUR	Kurzzeichen für Polyurethan (Elastomer).
PVC	Kurzzeichen für Polyvinylchlorid (amorpher Thermoplast).
Pyrolyse	Nennt man die thermische Zersetzung chemischer Verbindungen.
quasiisotrop	Nahezu gleiche Eigenschaften in alle Richtungen. Bei Faserverbundwerkstoffen kann dies durch mindestens drei Verstärkungsrichtungen mit gleichen Schichtdicken erreicht werden.
Raffination	Reinigung und Veredelung von Naturstoffen und technischen Produkten (Zucker, Erdöl o.ä.). Die Raffination findet in einer Raffinerie statt.
Recycling	Ist die Wiederverwertung von Rohstoffen. So werden z.B. Kunststoffangüsse von Spritzgusteilen recycelt, indem man sie zu Granulat verarbeitet und wieder dem Spritzgießprozess zuführt.
RIM	Abkürzung für Reaction-Injection-Moulding. Bezeichnet ein integriertes Misch- und Spritzverfahren für hochreaktive Mehrkomponentenkunststoffe.
Rohstoff	Rohmaterial, ein natürlich vorkommener Ausgangsstoff (z.B. Kohle, Erze, Holz, Felle, Baumwolle, aber auch Wasser und Luft) für ein handwerkliches oder industrielles Erzeugnis. Während des Fertigungsprozesses entsteht das Zwischenprodukt (Halbfabrikat), daraus die Fertigwaren (Fabrikat).

Roving (nach DIN 61850)	Eine bestimmte Anzahl annähernd parallel zu einem Strang zusammengefasster Glasspinnfäden (Textilglas-Roving). Ein Glas-spinnfaden besteht wiederum aus einer bestimmten Anzahl einzelner Glasfilamente, die ohne Drehung in weitgehend paralleler Ordnung zu einem Faden mit einheitlicher Garnfeinheit vereinigt worden sind.
Sandwich	Eine flächige Mehrschichtverbundkonstruktion, die aus zwei hochfesten Außenschichten und einer leichten dicken Innenschicht besteht, mit der man ein hohes Flächenträgheitsmoment bzw. eine hohe Biegesteife erzielt.
Scherfestigkeit (interlaminare)	Wird angegeben als Quotient aus der Kraft, die zum Bruchversagen innerhalb der Scherfläche führt, und der Scherfläche (nach DIN 65148).
Schmelze	Aufgeschmolzene Formmasse.
Schubmodul	Der Schubmodel bezieht sich auf die Schubfestigkeit eines Werkstoffes. Die Schubfestigkeit ist eine Stoffkonstante, die den Widerstand eines Werkstoffs gegen Abscherung beschreibt, also gegen eine Trennung durch Kräfte, die zwei einander anliegende Flächen längs zu verschieben suchen.
Selbstlöschend	Ohne äußere Energiezufuhr erlischt der Brand eines Kunststoffes.
Siegelpunkt	Zeitpunkt, an dem die Formmasse im Angusskanal so weit erstarrt ist, dass kein Fließen mehr stattfindet.
Sonotrode	Ist das Schweißwerkzeug beim Ultraschallschweißen. Die Sonotrode überträgt die Schwingungen auf das zu schweißende Werkstück.
Spritzdruck	Der Druck, der von der Schnecke beim Einspritzvorgang in das Werkzeug auf die Formmasse aufgebracht wird.
SG	Abkürzung für Spritzgießen.
Spritzgießzyklus	Der Spritzgießzyklus ist die zeitliche Summe aller Vorgänge in der Spritzgießmaschine, die nötig sind, um ein Teil herzustellen.
Stabilisatoren	Chemische Zusätze, die einen Kunststoff gegen bestimmte Einflüsse widerstandsfähiger machen, wie z.B. gegen UV-Strahlung, Wärme, Oxidation, Witterung.

Synthese	Aufbau chemischer Verbindungen aus den Elementen oder einfacher gebauten Grundchemikalien (griechisch = zusammenstellen).
Thermoplast (teilkristallin)	Thermoplaste, die sowohl kristalline und amorphe Bereiche aufweisen.
unidirektional	Ausgerichtet in eine Richtung.
UP	Kurzzeichen für ungesättigtes Polyesterharz (Duroplast).
Vernetzung	Ist die Verknüpfung von Kunststoff-Molekülen durch Hauptvalenzen zu einem meist dreidimensionalen Netzwerk. Eine Vernetzung kann bei geeigneten Kunststoffen chemisch durch Zusatz entsprechender brückenbildender Monomeren erfolgen.
viskoelastisch	Bezeichnet den Zustand eines Körpers, der sowohl elastisch (Hooke'scher Körper) als auch viskos (Newton'scher Körper) ist.
Viskosität	Viskositat bezeichnet die Zähigkeit einer Flüssigkeit. Niedrigviskos bedeutet leicht fließend wie etwa Wasser, hochviskos dagegen bedeutet schwer fließend wie etwa Honig.
Vliesstoff (nach DIN 61850)	Nicht gewebtes, festes Flächengebilde aus gebundenen Glasfilamenten oder Glasstapelfasern (Textilglas-Vliesstoff).
Vulkanisieren	Vulkanisieren ist ein chemischer Vernetzungsprozess, der Kautschuk in Gummi verwandelt und dessen Formbeständigkeit und Elastizität verursacht.
Weichmacher	Sind Substanzen, die Weichmachung bewirken. Weichmachen bedeutet physikalisch: Verschiebung der Einfriertemperatur bzw. des Erweichungstemperaturbereichs (ET) von hochpolymeren Werkstoffen nach tieferen Werten, im Allgemeinen unter Raumtemperatur. Damit verwandelt man harte, feste, spröde Kunststoffe in weiche, flexible, schlagbeständige Kunststoffe.
Wirbelschichtverfahren	Staubförmiges oder feinkörniges Gut (z. B. Quarzsand) kann mit aufsteigenden Gasen bei einer bestimmten, charakteristischen Strömungsgeschwindigkeit so aufgewirbelt werden, dass das System in vielen Eigenschaften einer Flüssigkeit ähnelt. Bei der Kunststoff-Pyrolyse ermöglicht das Verfahren eine rasche Wärmeübertragung und die Durchführung des Prozesses in geschlossenen Reaktoren.

WIT	Abkürzung für Wasserinjektionstechnik, ein spezielles Verfahren des Spritzgießens indem Wasser in den Kunststoff injiziert wird, um hohlwangige Körper herzustellen.
Zellulose	Ist das am häufigsten auftretende Kohlenhydrat. Baumwolle, Jute, Flachs, Hanf sind fast reine Zellulose.
Zersetzungstemperatur (ZT)	Ab dieser Temperatur wird ein Material aus Kunststoff durch chemische Zersetzung zerstört.
Zuhaltekraft	Bezeichnet die Kraft, die benötigt wird, um das Werkzeug während des Füllens bei Thermoplasten oder der Härtephase bei Duroplasten zu verschließen.

24 Anhang Lösungen

Antworten zu den Erfolgskontrollen

Lektion 1
1. Duroplaste
2. teilkristalline
3. schmelzbar
4. nicht löslich
5. weitmaschig
6. nicht schmelzbar
7. leichter
8. niedriger
9. unterschiedlich
10. gute
11. wiederverwerten

Lektion 2
1. Erdgas
2. Cracken
3. Propylen
4. Kette
5. Polymer
6. Kohlenstoff (C)
7. Poly
8. verknäuelt
9. Kohlenstoff (C)

Lektion 3	1.	Doppelbindung
	2.	Kupplung
	3.	Copolymere
	4.	Polypropylen (PP)
	5.	Abspaltung
	6.	Wasser
	7.	zwei oder mehr
	8.	Polycarbonat (PC)
	9.	Abscheidung
	10.	funktionellen Gruppen
	11.	Epoxide
	12.	Partnerwechsel
Lektion 4	1.	Atombindung
	2.	zwischenmolekulare Bindungen
	3.	größer
Lektion 5	1.	teilkristalline
	2.	glasklar
	3.	stark
	4.	nicht schmelzbar
	5.	lichtdurchlässig
	6.	Urformen
	7.	Umformen
	8.	Kleben
	9.	Sägen
	10.	umgeformt
	11.	Schweißen
Lektion 6	1.	Reißdehnung
	2.	Festigkeit
	3.	Zähigkeit
	4.	unterhalb
	5.	amorphen
	6.	Steifigkeit
	7.	vernetzt
	8.	+ 130

Lektion 7	1.	Festigkeit
	2.	1.000
	3.	abhängig
	4.	Kriechen
	5.	Erwärmen
	6.	Orientierungen
	7.	Zeit und Temperatur
	8.	Zeitstandschaubild
Lektion 8	1.	leichter
	2.	0,9 - 2,3
	3.	2.000
	4.	Metallpulver
	5.	etwa gleich
	6.	Lichtdurchlässigkeit
Lektion 9	1.	Fläche
	2.	Schergeschwindigkeit
	3.	unabhängig
	4.	Ausrichtung
	5.	Fließwiderstand
	6.	Abnahme
	7.	newtonsches
	8.	Abnahme
	9.	strukturviskoses
	10.	Nullviskosität
Lektion 10	1.	Verarbeitung
	2.	Mischer
	3.	Gewicht
	4.	Plastifizieren
	5.	besser als
	6.	Schneidmühlen

Lektion 11	1.	kontinuierlich
	2.	Der Extruder
	3.	Drei-Zonen-Schnecke
	4.	hohe
	5.	Form
	6.	mehreren Schichten
	7.	Extrusionsblasformen
Lektion 12	1.	Urformverfahren
	2.	Massenartikeln
	3.	Zykluszeit
	4.	Fertigteile
	5.	Das Werkzeug
	6.	schwindet
	7.	Abkühlzeit
	8.	die Schnecke
Lektion 13	1.	Matrix
	2.	590
	3.	b) Tränken; c) Formen; d) Härten
	4.	Handlaminierverfahren
	5.	a) duroplastische; b) thermoplastische
Lektion 14	1.	Gasblasen
	2.	leichter als
	3.	gleichmäßig
	4.	mehr
	5.	nicht gleich
	6.	Treibverfahren
	7.	Hochdruckverfahren
	8.	Spritzgießen

Lektion 15	1.	erwärmt
	2.	Thermoplaste
	3.	Infrarotstrahlung
	4.	wird nur eine Seite
	5.	vorverstreckt
	6.	kürzer als
Lektion 16	1.	thermoplastisch
	2.	können nicht
	3.	Viskosität und Schmelztemperatur
	4.	Wärmeleitung
	5.	Warmgasschweißen
	6.	Schweißschuh
	7.	Laserstrahlschweißen
Lektion 17	1.	schlechter
	2.	Wärmeausdehnung
	3.	kleiner als
	4.	die gleichen
	5.	hoch
	6.	Flüssigkeitskühlung
Lektion 18	1.	kleben
	2.	Kohäsion und Adhäsion
	3.	sauber
	4.	Schälwirkung
	5.	Duroplasten
	6.	schnell
Lektion 19	1.	10,5
	2.	langlebige
	3.	45
	4.	viel
	5.	verrotten kaum
	6.	vorzuziehen
	7.	5,68

Lektion 20

1. möglich
2. Rohstoffliche Recycling
3. Rohstoffe
4. verwertet
5. eingemahlen
6. sauber
7. sortenrein
8. auch hohe

Ausgeschieden